# 演習
# ベクトル制御と交流機駆動の動力学

篠原　勝次
飯盛　憲一
山本　吉朗
　共　著

電気書院

## まえがき

　交流機のベクトル制御の原理はドイツにおいて，1969年にK. Hasse，1971年にF. Blaschke氏により提案された．その後，パワートランジスタ，マイクロプロセッサの発達により，可変速駆動の分野を直流機から交流機に塗り替えた．これだけ発展した分野にもかかわらず，この交流機のベクトル制御に関する演習書がなく，実際の問題を解くときに不便を感じていた．

　先に著者はD. W. Novotny教授とT. A. Lipo教授が書かれたVECTOR CONTROL AND DINAMICS OF AC DRIVES (1998 Oxford University Press)の訳本「ベクトル制御と交流機駆動の動力学」を電気書院より2001年に出版した．この出版に先立ち，この原本の主な図面及び全ての演習問題を解き，その導出を行っていた．そこで，今回この内容に関しての演習書を出版することにした．交流機のベクトル制御の理解を完全なものにするためには，演習問題を自ら解くことが重要である．

　この本で使用している語句，単位，記号について説明する．「滑り」は漢字標記が標準であるが，訳本に合わせ，「すべり」と平仮名標記にした．次に，回転数の単位は$[\text{min}^{-1}]$がJISの標準であるが，原本に用いてある[rpm]を使用した．また，すべりの記号は小文字の「$s$」が標準であるが，原本に用いてある大文字「$S$」を使用した．

　この本をよりよく理解していただくためには，併せて訳本を読まれることを推奨する．訳本の式，図を利用している場合には，訳本の式番号，図番号を示してある．

　分担は訳本と同じで，1・5・6章を篠原，2～4章を飯盛，7～10章を山本が担当した．このような形での演習問題集を三人だけの名前で出版することを勧められたD. W. Novotny教授とT. A. Lipo教授に感謝する．

　この本が，ベクトル制御を学習される学部生，大学院生，産業界の技術者，

研究者の自習用として役に立てば,著者らにとってこのうえない喜びである.また,かえりみて,問題の設定,解答等に不備な点があると思われるので,読者諸兄の忌憚のないご意見をいただければ幸いである.

　最後に本書の出版にあたって,校正等に多大な御尽力をいただいた日本教育訓練センターの久保田出版部長および研究室の平成14〜17年度院生,卒論生に深謝する.

　2005年11月

篠原　勝次

飯盛　憲一

山本　吉朗

# 目　次

1. 交流機駆動の紹介 ········································································ 1
   問題1.1　インバータ波形へのゲート信号幅の影響 ······················· 2

2. 誘導機と同期機の $d, q$ モデル ·················································· 7
   問題2.1　巻線相互インダクタンスの相反性 ································· 8
   問題2.2　空間ベクトルで表した回転子巻線の磁束鎖交数の式 ········ 11
   問題2.3　回転子回路の $d, q$ 方程式 ············································ 14
   問題2.4　$d, q$ モデルでの電力 ···················································· 15
   問題2.5　電源電圧の座標変換 ····················································· 16
   問題2.6　不平衡電源電圧の座標変換 ·········································· 18
   問題2.7　トルクに対するいろいろな表現式 ································ 19
   問題2.8　三相変数によって表されるトルク ································ 23
   問題2.9　平衡したコンデンサ回路の回転座標での表現 ··············· 24
   問題2.10　鉄損抵抗を考慮した $d, q, 0$ 等価回路 ························· 26
   問題2.11　空間ベクトル量の図式的逆変換 ································· 28
   問題2.12　回転子磁束鎖交数をd軸に一致させた場合のベクトル図 ····· 29
   問題2.13　60Hz, 230V電源による5馬力かご形誘導電動機の始動・
          負荷特性(定格速度到達後，電動機は定格トルクの
          0.83倍の負荷が加えられる) ········································· 31
   問題2.14　60Hz, 230V電源による5馬力かご形誘導電動機の始動・
          負荷特性(静止 $d, q$ 軸モデル) ······································· 35
   問題2.15　60Hz, 230V電源による5馬力かご形誘導電動機の始動・
          負荷特性(回転子速度で回転する座標での $d, q$ 軸モデル)　37
   問題2.16　60Hz, 230V電源による5馬力かご形誘導電動機の始動・
          負荷特性(固定子電圧と同期して回転する座標での
          $d, q$ 軸モデル) ···························································· 39
   問題2.17　60Hz, 230V電源による5馬力かご形誘導電動機の始動・
          負荷特性(回転子磁束と同期して回転する座標での

　　　　　$d, q$軸モデル）・・・・・・・・・・・・・・・・・・・・・・・・・・・・・・・・・・・・・・・・・・・・・ 41
　　問題2.18　20kW, 230V突極形同期機の界磁巻線短絡時の静止状態
　　　　　からの加速特性 ・・・・・・・・・・・・・・・・・・・・・・・・・・・・・・・・・・・・・・・・・・ 44
　　問題2.19　5馬力, 230V永久磁石電動機の静止状態からの加速特性・・・・・ 47

3. **半導体電力変換機器の $d, q$ モデル** ・・・・・・・・・・・・・・・・・・・・・・・・・・・・ 51
　　問題3.1　電圧形インバータ相電圧波形の $d, q$ 変換 ・・・・・・・・・・・・・・・・ 52
　　問題3.2　静止座標での電圧形インバータのスイッチング関数・・・・・・・ 56
　　問題3.3　静止座標での電流形インバータのスイッチング関数・・・・・・・ 59
　　問題3.4　同期座標での電圧形インバータのスイッチング関数・・・・・・・ 61
　　問題3.5　電圧形インバータ波形 ・・・・・・・・・・・・・・・・・・・・・・・・・・・・・・・・ 62
　　問題3.6　電流形インバータ波形 ・・・・・・・・・・・・・・・・・・・・・・・・・・・・・・・・ 73
　　問題3.7　電圧形インバータ高調波解析 ・・・・・・・・・・・・・・・・・・・・・・・・・・ 78
　　問題3.8　電流形インバータ高調波解析 ・・・・・・・・・・・・・・・・・・・・・・・・・・ 85
　　問題3.9　電圧形インバータ同期座標モデル ・・・・・・・・・・・・・・・・・・・・・・ 89
　　問題3.10　電圧形インバータで駆動される非突極形同期機の
　　　　　$\delta$ 一定運転時の速度－トルク特性 ・・・・・・・・・・・・・・・・・・・・・・・・ 91
　　問題3.11　電流形インバータで駆動される突極形同期機の
　　　　　有効分等価回路 ・・・・・・・・・・・・・・・・・・・・・・・・・・・・・・・・・・・・・・・・ 96
　　問題3.12　電圧形インバータを用いた自励式誘導発電機の
　　　　　無負荷時の関係式 ・・・・・・・・・・・・・・・・・・・・・・・・・・・・・・・・・・・・・・ 98
　　問題3.13　電流形インバータで駆動される突極形同期機の
　　　　　$\gamma$ 一定運転時の速度－トルク特性 ・・・・・・・・・・・・・・・・・・・・・・・・ 99
　　問題3.14　電流形インバータを用いた自励式誘導発電機の
　　　　　無負荷時の関係式 ・・・・・・・・・・・・・・・・・・・・・・・・・・・・・・・・・・・・ 102
　　問題3.15　スイッチング関数 $g^e{}_{qs}$, $g^e{}_{ds}$ の波形 ・・・・・・・・・・・・・・・・・・ 103
　　問題3.16　スイッチング関数 $h^e{}_{qs}$, $h^e{}_{qs}$ の波形 ・・・・・・・・・・・・・・・・・・ 104
　　問題3.17　電圧形インバータ駆動誘導機の静止座標 $d, q$ モデルを
　　　　　用いた静止状態からの加速特性のシミュレーション・・・・・・・ 105
　　問題3.18　電圧形インバータ駆動誘導機の同期座標 $d, q$ モデルを

　　　　　用いた静止状態からの加速特性のシミュレーション ······· 108
　　問題3.19　電圧形インバータ駆動誘導機の基本波に対する同期座標
　　　　　$d, q$モデルを用いた静止状態からの加速特性のシミュレー
　　　　　ション ························································· 111
　　問題3.20　直流リンク部フィルタの影響を考慮した電圧形インバータ
　　　　　駆動誘導機の静止$d, q$モデルを用いた静止状態からの
　　　　　加速特性シミュレーション ································· 113

4. **誘導機の空間ベクトル解析** ············································ 117
　　問題4.1　誘導機の直流電流制動時の電流,電圧,トルク
　　　　　（固定子座標） ············································· 118
　　問題4.2　誘導機の直流電流制動時の電流,電圧,トルク
　　　　　（回転子座標） ············································· 120
　　問題4.3　誘導機の交流電流制動時の電流,電圧,トルク
　　　　　（固定子座標） ············································· 122
　　問題4.4　誘導機の単相運転時の電流,電圧,トルク ············ 126
　　問題4.5　誘導機の単相運転時のトルク脈動 ···················· 133
　　問題4.6　誘導機の一定速度運転での電源開放時の過渡電流 ··· 136
　　問題4.7　逆相制動（プラッキング）開始までの過渡現象および
　　　　　トルク ························································· 140
　　問題4.8　電圧形インバータ駆動誘導機の高調波解析 ·········· 144
　　問題4.9　回転子速度に対する固有値の軌跡（静止座標） ······ 147
　　問題4.10　回転子速度に対する固有値の軌跡（同期座標） ····· 150
　　問題4.11　回転子速度に対する固有値の軌跡（回転子座標） ··· 152
　　問題4.12　回転子速度に対する$\lambda_1$, $\lambda_2$の実部とそれらの和　　154
　　問題4.13　回転子速度に対する$\lambda_1$, $\lambda_2$の虚部とそれらの和 ········ 156

5. **ベクトル制御とフィールドオリエンテーションの原理** ············· 159
　　問題5.1　誘導機の定出力運転 ·································· 160
　　問題5.2　トルク-すべり角周波数特性 ·························· 166

問題5.3　同期機のフィールドオリエンテーション時の定常特性 ····· 170
　　問題5.4　誘導機のフィールドオリエンテーション時の定常特性 ····· 173
　　問題5.5　電圧・電流制限を考慮した永久磁石同期電動機の
　　　　　　フィールドオリエンテーション運転 ····················· 177
　　問題5.6　誘導機のフィールドオリエンテーション時の運転特性 ····· 182
　　問題5.7　フィールドオリエンテーション駆動特性の比較 ··········· 186

6. ベクトル制御とフィールドオリエンテーションの動力学 ············ 201
　　問題6.1　誘導機のフィールドオリエンテーション時の過渡特性 ····· 202
　　問題6.2　同期機のフィールドオリエンテーション時の過渡特性 ····· 207
　　問題6.3　間接形フィールドオリエンテーションでの誘導機始動時の
　　　　　　過渡現象 ··········································· 211

7. 電力変換器における電流制御 ··································· 217
　　問題7.1　固定子座標三角波比較電流制御器の設計と特性 ··········· 218
　　問題7.2　三つの独立したヒステリシス制御器を用いて電流制御を
　　　　　　行ったときのPWMインバータのシミュレーション波形 ··· 223
　　問題7.3　三角波比較電流制御器使用時のインバータ出力相電圧の
　　　　　　基本波成分最大値$v_{out}$と変調度$m_i$の関係およびインバータ
　　　　　　ゲイン$K_\Delta$と変調度$m_i$の関係 ···························· 227

8. 間接形フィールドオリエンテーションにおける
　　パラメータ感度と飽和の影響 ································· 231
　　問題8.1　フィールドオリエンテーションがデチューニングされた
　　　　　　状態での定常トルク ································· 232
　　問題8.2　トルク/電流が最大の運転に対する$V/f$ ················· 236
　　問題8.3　フィールドオリエンテーションがデチューニングされた
　　　　　　状態でのトルク成分電流の変化と過渡トルク ··········· 239
　　問題8.4　フィールドオリエンテーション時の回転子磁束特性(飽和
　　　　　　無視) ··············································· 249

問題8.5　デチューニングの影響・・・・・・・・・・・・・・・・・・・・・・・・・・・・・・・251
　　問題8.6　トルク電流指令に対する出力トルクの伝達関数における
　　　　　　極と零点(すべりゲイン誤差＝2)・・・・・・・・・・・・・・・・・・・・257
　　問題8.7　フィールドオリエンテーション制御(オープンループ運転)
　　　　　　時のトルクのステップ応答・・・・・・・・・・・・・・・・・・・・・・・・261
　　問題8.8　デチューニングがトルク，磁束，すべり周波数および
　　　　　　軸ずれ角に与える影響・・・・・・・・・・・・・・・・・・・・・・・・・・・・265

9.　弱め界磁運転・・・・・・・・・・・・・・・・・・・・・・・・・・・・・・・・・・・・・・・・・・・・・・269
　　問題9.1　直流機のトルク-速度特性を満足する誘導機の電気的変数・・270
　　問題9.2　従来法と最大トルク法に対する磁束成分・トルク成分電流-
　　　　　　速度特性・・・・・・・・・・・・・・・・・・・・・・・・・・・・・・・・・・・・・・・・273

10.　単位法・・・・・・・・・・・・・・・・・・・・・・・・・・・・・・・・・・・・・・・・・・・・・・・・・・279
　　問題10.1　単位法表記から物理量への変換・・・・・・・・・・・・・・・・・・・・280
　　問題10.2　物理量から単位法表記への変換・・・・・・・・・・・・・・・・・・・・281

索　引・・・・・・・・・・・・・・・・・・・・・・・・・・・・・・・・・・・・・・・・・・・・・・・・・・・・・・・・283

# 1. 交流機駆動の紹介

直流リンクを有する基本的な交流機駆動の構成を図1.1に示す.

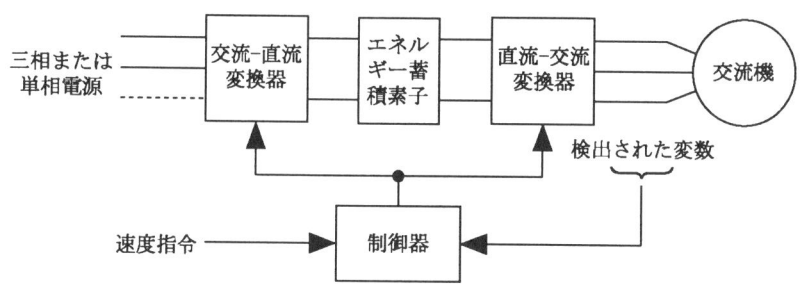

図1.1　直流リンクを有する基本的な交流電動機駆動

## (1) インバータの種類

インバータには電圧形インバータと電流形インバータがあり，電圧形インバータは電圧源として，電流形インバータは電流源として動作する.

ベクトル制御では，電圧形インバータにおいて電流検出ループを用い電動機の電流を瞬時に制御する電流制御形インバータが用いられている.

## (2) ゲート信号とその拘束条件

この電圧源か電流源かの違いがゲート信号の拘束条件に大きく影響する. 電圧形インバータは，電圧源を短絡しないため，上下アームのゲート信号の重なりが生じないようなゲート信号を入れねばならない. 電流形インバータは，電流源の電流通路を常に確保するため各アームでどれかの相が必ずオンするようなゲート信号を入れねばならない.

また，電圧形インバータ，電流形インバータとも，単一パルスまたはPWMパルスでの駆動が可能である.

## (3) 電圧形インバータと電流形インバータでの駆動特性の違い

誘導電動機を例にとって説明する. 電圧形インバータ駆動の場合は，従来の誘導機単体を商用電源で運転する場合と基本的には同じ特性が得られる. 電流形インバータで駆動する場合は電動機の端子電圧は与えられず，負荷条件等から決まるので，その特性は電圧形インバータでの運転特性とは異なったものとなる. このままでは運転時に磁気飽和が生ずる可能性があるので，これを避けるため，電圧制御ループを付加する.

## 問題1.1 インバータ波形へのゲート信号幅の影響 ［訳本の問題1-1］

6ステップモードで動作する最近のIGBTインバータは，180°スイッチングと呼ばれるものを利用する．すなわち，ゲートパルスはインバータの1アームを構成する二つのトランジスタの各々に180°区間ずつ印加される．したがって，実際上，二つのトランジスタのいずれか一つは常にオンである．他のタイプのスイッチングは上下短絡(すなわち，上下のトランジスタが同時に導通)を防ぐため，例えば150°，120°，90°スイッチングが過去に用いられてきた経緯がある．下の図は三相インバータに関する120°スイッチングの例を示す．インバータ負荷が平衡したY結線抵抗であると仮定したとき，150°，120°および90°に関して，ある1組の線間電圧および相電圧を作図せよ．

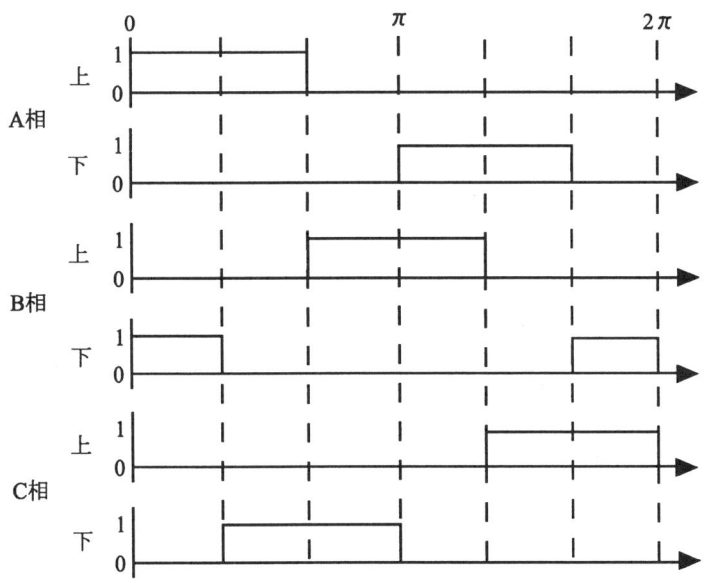

図1.2 三相インバータの各アームの上下トランジスタへのゲートパルス

問題 1.1 インバータ波形へのゲート信号幅の影響

**解答**

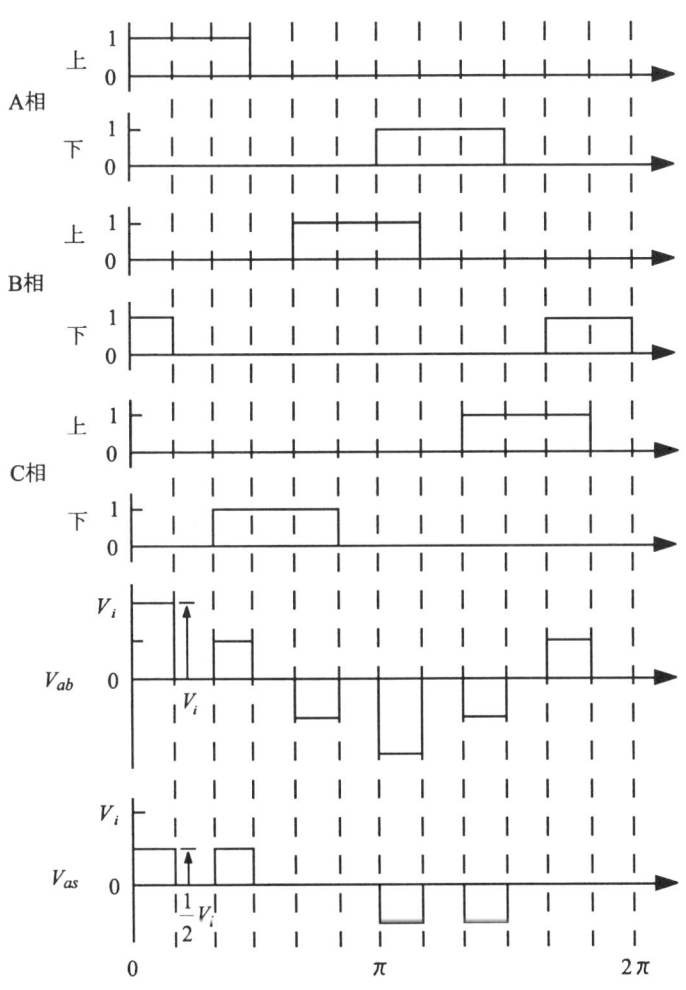

図 1.3 インバータ各相へのゲートパルスと，対応する線間電圧 $V_{ab}$ および相電圧 $V_{as}$（90°の場合）

120°スイッチングの場合について例示する.

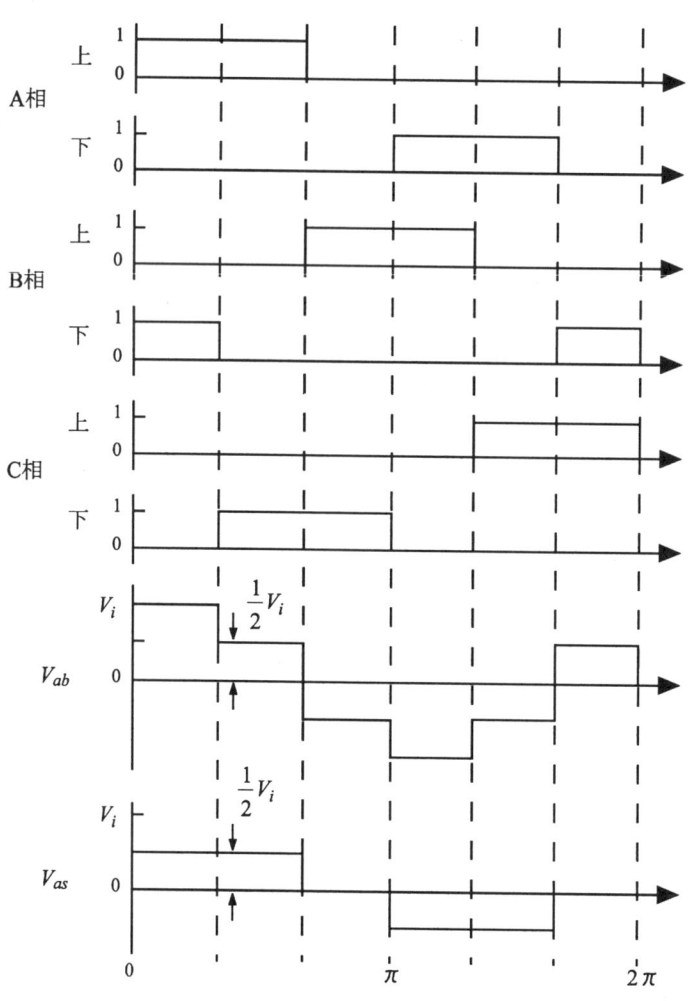

図1.4 インバータ各相へのゲートパルスと,対応する線間電圧 $V_{ab}$ および相電圧 $V_{as}$ (120°の場合)

問題 1.1 インバータ波形へのゲート信号幅の影響

150°スイッチングの場合について例示する．

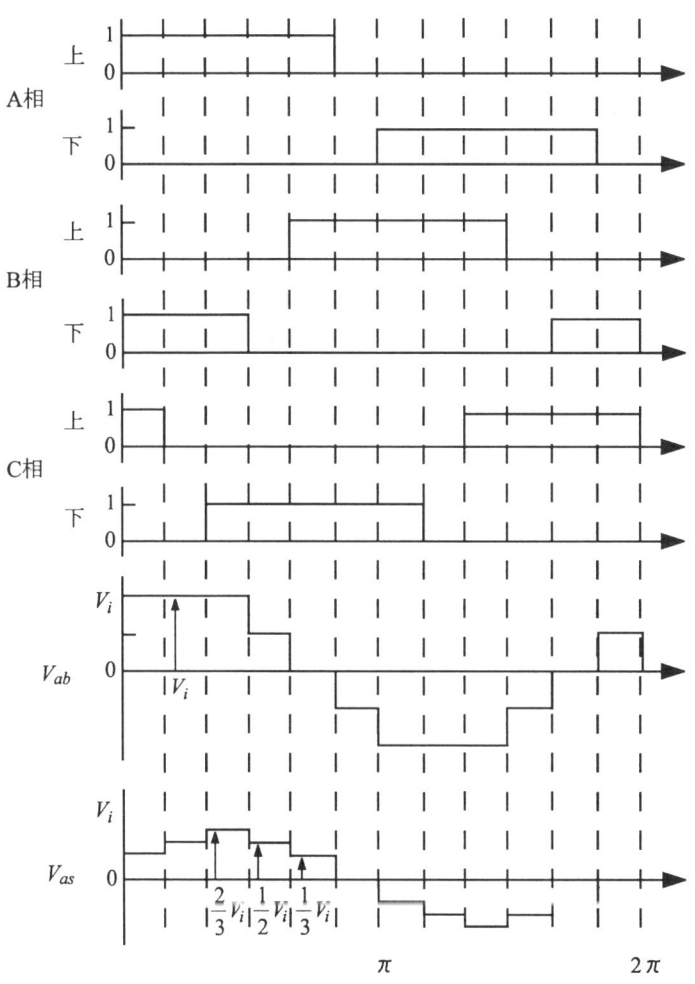

図 1.5 インバータ各相へのゲートパルスと，対応する線間電圧 $V_{ab}$ および相電圧 $V_{as}$ （150°の場合）

問題 2.1　巻線相互インダクタンスの相反性　　　　　　　　　　　　　　　7

## 2．誘導機と同期機の $d, q$ モデル

　ギャップの均一な回転機においては，空間ベクトル表現を用いることにより解析が容易になる．固定子 $a,b,c$ の変数 $f_{as},\ f_{bs},\ f_{cs}$ と，固定子 $d,q$ 変数との関係は空間ベクトル表現を用いると次式となる．

$$\underline{f}_{qds} = f_{qs} - jf_{ds} = \frac{2}{3}e^{-j\theta}[f_{as} + \underline{a}f_{bs} + \underline{a}^2 f_{cs}] \tag{2-1}$$

ここで $\underline{a} = e^{j\frac{2}{3}\pi},\ \theta = \omega t$ であり，$\omega$ は座標軸の角速度である．$\omega = 0$ の場合は $d,q$ 座標は回転しておらず，この場合 (2-1)は次のようになる．

$$\underline{f}_{qds}^s = f_{qs}^s - jf_{ds}^s = \frac{2}{3}[f_{as} + \underline{a}f_{bs} + \underline{a}^2 f_{cs}] \tag{2-2}$$

この(2-1)の関係から，固定子 $a,b,c$ 変数は角速度 $\omega$ で回転する $d,q$ 座標に変換できる．

　座標軸の角速度 $\omega$ で回転する $d,q$ 座標での誘導電動機の空間ベクトル方程式は次式となる．

$$v_{ds} = r_s i_{ds} + \frac{d\lambda_{ds}}{dt} - \omega\lambda_{qs} \tag{2-3}$$

$$v_{qs} = r_s i_{qs} + \frac{d\lambda_{qs}}{dt} + \omega\lambda_{ds} \tag{2-4}$$

$$\lambda_{ds} = L_{ls} i_{ds} + L_m(i_{ds} + i'_{dr}) \tag{2-5}$$

$$\lambda_{qs} = L_{ls} i_{qs} + L_m(i_{qs} + i'_{qr}) \tag{2-6}$$

$$v'_{dr} = r'_r i'_{dr} + \frac{d\lambda'_{dr}}{dt} - (\omega - \omega_r)\lambda'_{qr} \tag{2-7}$$

$$v'_{qr} = r'_r i'_{qr} + \frac{d\lambda'_{qr}}{dt} - (\omega - \omega_r)\lambda'_{dr} \tag{2-8}$$

$$\lambda'_{dr} = L'_{lr} i'_{dr} + L_m(i_{ds} + i'_{dr}) \tag{2-9}$$

$$\lambda'_{qr} = L'_{lr} i'_{qr} + L_m(i_{qs} + i'_{qr}) \tag{2-10}$$

　ここで $\underline{v}_{ds}, v_{qs}$ は固定子 $d$ 軸，$q$ 軸電圧，$i_{ds}$，$\underline{i}_{qs}$ は固定子 $d$ 軸，$q$ 軸電流，$\lambda_{ds}$，$\lambda_{qs}$ は固定子 $d$ 軸，$q$ 軸磁束鎖交数，$v'_{dr}, v'_{qr}$ は回転子 $d$ 軸，$q$ 軸電圧，$i'_{dr}, i'_{qr}$ は回転子 $d$ 軸，$q$ 軸電流，$\lambda'_{dr}, \lambda'_{qr}$ は回転子 $d$ 軸，$q$ 軸磁束鎖交数である．また $r_s$，$L_{ls}$ は固定子抵抗および漏れインダクタンス，$r'_r, L'_{lr}$ は回転子抵抗および漏れインダクタンス，$L_m$ は励磁インダクタンス，$\omega_r$ は回転子角速度である．

## 問題2.1　巻線相互インダクタンスの相反性[訳本の問題 2-1]

$L_{xy}$ と同様にして $L_{yx}$ を導出し，

$$L_{yx} = \frac{\lambda_{yx}}{I_y} = L_{xy} \qquad (2\text{-}11)$$

となることを証明せよ．

### 解答

訳本 p.42 の式(2.2-11)，p.44 の式(2.2-21)，p.45 式(2.2-23)を磁束鎖交数の一般式と考えて式(2-11)を証明する．

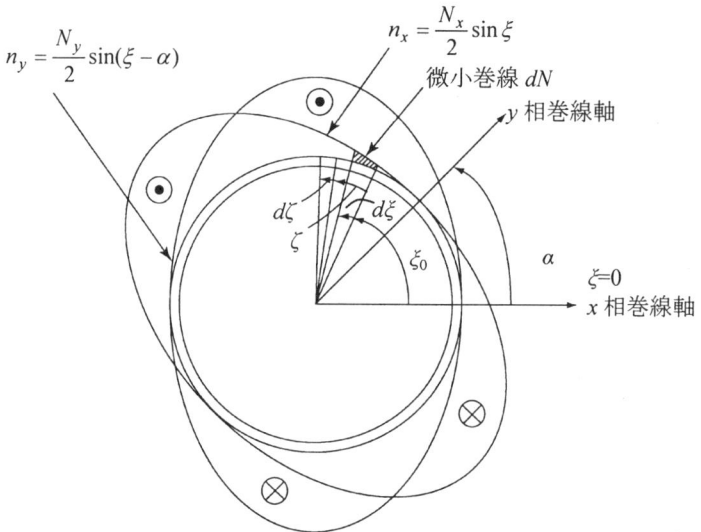

図 2.1　角度 $\alpha$ だけ回転した位置にある二つの巻線に対する正弦波状電流分布

図 2.1 において，巻数密度が $n_y$ である巻線 $y$ に電流 $I_y$ が流れた場合の，巻線 $y$ と巻線 $x$ の間の相互インダクタンス $L_{yx}$ を求める．

図 2.1 において，巻数 $N_y$ に電流 $I_y$ を流したとき，この電流による $\xi_0 + \zeta$ の磁束密度を $\overline{B}$ とする．図 2.2 に示すように，$\xi_0 + \zeta$ の点で $\overline{B}$ が固定子から回転子に入り，$\xi_0 - \zeta$ の点で回転子から固定子に出ていく．

## 問題 2.1 巻線相互インダクタンスの相反性

図 2.2 のギャップを含む微小部分 $d\zeta$ での磁束密度を $\overline{B}$，微小面積を $d\overline{A}$ とすると，この部分での微小磁束 $d\phi$ は，

$$d\phi = \mu_0 H dl(rd\zeta) \tag{2-12}$$

$H$ は $y$ 巻線による磁界の強さであり，$y$ 巻線の微小巻数 $dN$ に電流 $I_y$ を流したときの磁界の強さ $H$ は，

$$H(\xi_0 - \alpha + \zeta) = \frac{dN(\xi_0 - \alpha)I_y}{2g}, \quad 0 < \zeta < \pi \tag{2-13}$$

ただし，$\xi - \alpha$ は $y$ 相巻線軸への換算角度である．一方，$y$ 巻線の微小巻数 $dN$ は，図 2.1

$$dN(\xi_0 - \alpha) = \frac{N_y}{2}\sin(\xi_0 - \alpha)d\xi \tag{2-14}$$

の $y$ 巻線の巻数密度の式より，
(2-13)と(2-14)を(2-12)に代入して，

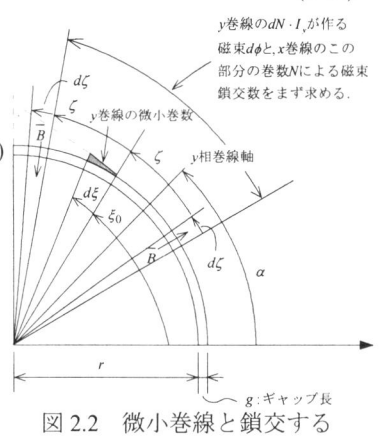

図 2.2 微小巻線と鎖交する磁束の説明図

$$d\phi = \mu_0 \frac{1}{2g} \cdot \frac{N_y}{2}\sin(\xi_o - \alpha)d\xi I_y r dl d\zeta$$

$$= \mu_0 N_y I_y \left(\frac{r}{4g}\right)\sin(\xi_0 - \alpha)d\xi(d\zeta dl), \quad 0 < \zeta < \pi \tag{2-15}$$

また，$\xi_0$ から $\pm\zeta$ の間に置かれた $x$ 巻線の巻数 $N$ は，

$$N = \int_{\xi_0-\zeta}^{\xi_0+\zeta} \frac{N_x}{2}\sin u\,du = N_x \sin\xi_0 \sin\zeta \tag{2-16}$$

まず，$y$ 巻線の微小巻数 $dN$ による $\xi_0+\zeta$ における磁束 $d\phi$ と，$x$ 巻線の $\xi_0+\zeta$ における巻数 $N$ の磁束鎖交数を求める．次に，回転機の鉄心長 $l$ にわたって磁束が平等に分布しているとすると，(2-16)の巻数 $N$ と(2-15)の微小磁束の全磁束鎖交数 $d\lambda_{yx}$ は，まず，微小鉄心長 $dl$ について積分し，さらに $x$ 巻線の $\zeta - 0 \sim \pi$ について積分したものである．

## 2. 誘導機と同期機の d, q モデル

$$d\lambda_{yx} = \int_0^l \int_0^\pi N d\phi = \int_0^l \int_0^\pi (N_x \sin\xi_0 \sin\zeta) \left\{ \mu_0 N_v I_v \left(\frac{r}{4g}\right) \sin(\xi_0 - \alpha) d\xi (d\zeta dl) \right\}$$

$$= \mu_0 \frac{N_v I_v}{4g} rl \sin(\xi_0) \sin(\xi_0 - \alpha) d\xi \int_0^\pi N_x \sin\zeta d\zeta \qquad (2\text{-}17)$$

$$= \mu_0 \frac{N_v N_x I_v}{2g} rl \sin(\xi_0) \sin(\xi_0 - \alpha) d\xi \qquad (2\text{-}18)$$

次に，全磁束鎖交数は，$y$ 巻線の微小巻数 $dN$ について $0 \leq \xi_0 - \alpha \leq \pi$ まで積分して，$y$ 巻線による全起磁力による磁束鎖交数を求めればよい．よって，全磁束鎖交数 $\lambda_{yx}$ は $\xi_0 - \alpha = \theta$ とおいて，

$$\lambda_{yx} = \int_{\theta=0}^{\theta=\pi} \mu_0 \frac{N_v N_x I_v}{2g} rl \sin(\theta + \alpha) \sin\theta d\theta$$

$$= \mu_0 \frac{N_v N_x I_v}{2g} rl \int_0^\pi \frac{1}{2} \{-\cos(2\theta + \alpha) + \cos\alpha\} d\theta$$

$$= \mu_0 N_v N_x I_v \left(\frac{rl}{g}\right)\left(\frac{\pi}{4}\right) \cos\alpha \qquad (2\text{-}19)$$

$$L_{yx} = \frac{\lambda_{yx}}{I_v} = \mu_0 N_v N_x \left(\frac{rl}{g}\right)\left(\frac{\pi}{4}\right) \cos\alpha \qquad (2\text{-}20)$$

よって，$L_{xy}$ に関する訳本の式(2.2-24)と(2-20)より，

$$L_{yx} = \frac{\lambda_{yx}}{I_v} = L_{xy} \qquad (2\text{-}11)$$

## 問題2.2　空間ベクトルで表した回転子巻線の磁束鎖交数の式［訳本の問題［2-2］］

回転子回路を記述しているスカラ式を直接組み合わせて，空間ベクトルで表した回転子磁束鎖交数の式

$$\underline{\lambda}_{abcr} = \left[ L_{lr} + \frac{3}{2}\left(\frac{N_r}{N_s}\right)^2 L_{ms} \right] \underline{i}_{abcr} + \frac{N_r}{N_s} \frac{3L_{ms}}{2} \underline{i}_{abcs} e^{-j\theta_r} \tag{2-21}$$

を導け．

### 解答

回転子を記述しているスカラの式は次式となる．

$$\lambda_{abcr} = \lambda_{abcr}(r) + \lambda_{abcr}(s) \tag{2-22}$$

$$\lambda_{abcr}(r) = \begin{bmatrix} L_{lr} + \left(\frac{N_r}{N_s}\right)^2 L_{ms} & -\frac{1}{2}\left(\frac{N_r}{N_s}\right)^2 L_{ms} & -\frac{1}{2}\left(\frac{N_r}{N_s}\right)^2 L_{ms} \\ -\frac{1}{2}\left(\frac{N_r}{N_s}\right)^2 L_{ms} & L_{lr} + \left(\frac{N_r}{N_s}\right)^2 L_{ms} & -\frac{1}{2}\left(\frac{N_r}{N_s}\right)^2 L_{ms} \\ -\frac{1}{2}\left(\frac{N_r}{N_s}\right)^2 L_{ms} & -\frac{1}{2}\left(\frac{N_r}{N_s}\right)^2 L_{ms} & L_{lr} + \left(\frac{N_r}{N_s}\right)^2 L_{ms} \end{bmatrix} \begin{bmatrix} i_{ar} \\ i_{br} \\ i_{cr} \end{bmatrix}$$

$$\tag{2-23}$$

$$\lambda_{abcr}(s) = \frac{N_r}{N_s} L_{ms} \begin{bmatrix} \cos\theta_r & \cos\left(\theta_r - \frac{2}{3}\pi\right) & \cos\left(\theta_r + \frac{2}{3}\pi\right) \\ \cos\left(\theta_r + \frac{2}{3}\pi\right) & \cos\theta_r & \cos\left(\theta_r - \frac{2}{3}\pi\right) \\ \cos\left(\theta_r - \frac{2}{3}\pi\right) & \cos\left(\theta_r + \frac{2}{3}\pi\right) & \cos\theta_r \end{bmatrix} \begin{bmatrix} i_{as} \\ i_{bs} \\ i_{cs} \end{bmatrix}$$

$$\tag{2-24}$$

(2-22)，(2-23)および(2-24)から回転子磁束鎖交数をスカラの式で書くと，

$$\lambda_{ar} = \left[ L_{lr} + \left(\frac{N_r}{N_s}\right)^2 L_{ms} \right] i_{ar} + \left\{ -\frac{1}{2}\left(\frac{N_r}{N_s}\right)^2 L_{ms} \right\} (i_{br} + i_{cr})$$

$$+ \frac{N_r}{N_s} L_{ms} \left\{ \cos\theta_r i_{as} + \cos\left(\theta_r - \frac{2}{3}\pi\right) i_{bs} + \cos\left(\theta_r + \frac{2}{3}\pi\right) i_{cs} \right\} \tag{2-25}$$

$$\lambda_{br} = \left[ L_{lr} + \left( \frac{N_r}{N_s} \right)^2 L_{ms} \right] i_{br} + \left\{ -\frac{1}{2} \left( \frac{N_r}{N_s} \right)^2 L_{ms} \right\} (i_{cr} + i_{ar})$$

$$+ \frac{N_r}{N_s} L_{ms} \left\{ \cos\left( \theta_r + \frac{2}{3}\pi \right) i_{as} + \cos\theta_r i_{bs} + \cos\left( \theta_r - \frac{2}{3}\pi \right) i_{bs} \right\} \quad (2\text{-}26)$$

$$\lambda_{cr} = \left[ L_{lr} + \left( \frac{N_r}{N_s} \right)^2 L_{ms} \right] i_{cr} + \left\{ -\frac{1}{2} \left( \frac{N_r}{N_s} \right)^2 L_{ms} \right\} (i_{ar} + i_{br})$$

$$+ \frac{N_r}{N_s} L_{ms} \left\{ \cos\left( \theta_r - \frac{2}{3}\pi \right) i_{as} + \cos\left( \theta_r + \frac{2}{3}\pi \right) i_{bs} + \cos\theta_r i_{cs} \right\} \quad (2\text{-}27)$$

(2-25), (2-26), (2-27)式の右辺第3項目にオイラーの公式を適用すると,

$$\lambda_{ar} = \left[ L_{lr} + \left( \frac{N_r}{N_s} \right)^2 L_{ms} \right] i_{ar} + \left\{ -\frac{1}{2} \left( \frac{N_r}{N_s} \right)^2 L_{ms} \right\} (i_{br} + i_{cr})$$

$$+ \frac{N_r}{N_s} L_{ms} \left\{ \frac{e^{j\theta_r} + e^{-j\theta_r}}{2} i_{as} + \frac{e^{j\left(\theta_r - \frac{2}{3}\pi\right)} + e^{-j\left(\theta_r - \frac{2}{3}\pi\right)}}{2} i_{bs} + \frac{e^{j\left(\theta_r + \frac{2}{3}\pi\right)} + e^{-j\left(\theta_r + \frac{2}{3}\pi\right)}}{2} i_{cs} \right\}$$

$$(2\text{-}28)$$

$$\lambda_{br} = \left[ L_{lr} + \left( \frac{N_r}{N_s} \right)^2 L_{ms} \right] i_{br} + \left\{ -\frac{1}{2} \left( \frac{N_r}{N_s} \right)^2 L_{ms} \right\} (i_{cr} + i_{ar})$$

$$+ \frac{N_r}{N_s} L_{ms} \left\{ \frac{e^{j\left(\theta_r + \frac{2}{3}\pi\right)} + e^{-j\left(\theta_r + \frac{2}{3}\pi\right)}}{2} i_{as} + \frac{e^{j\theta_r} + e^{-j\theta_r}}{2} i_{bs} + \frac{e^{j\left(\theta_r - \frac{2}{3}\pi\right)} + e^{-j\left(\theta_r - \frac{2}{3}\pi\right)}}{2} i_{cs} \right\}$$

$$(2\text{-}29)$$

$$\lambda_{cr} = \left[ L_{lr} + \left( \frac{N_r}{N_s} \right)^2 L_{ms} \right] i_{cr} + \left\{ -\frac{1}{2} \left( \frac{N_r}{N_s} \right)^2 L_{ms} \right\} (i_{ar} + i_{br})$$

$$+ \frac{N_r}{N_s} L_{ms} \left\{ \frac{e^{j\left(\theta_r - \frac{2}{3}\pi\right)} + e^{-j\left(\theta_r - \frac{2}{3}\pi\right)}}{2} i_{as} + \frac{e^{j\left(\theta_r + \frac{2}{3}\pi\right)} + e^{-j\left(\theta_r + \frac{2}{3}\pi\right)}}{2} i_{bs} + \frac{e^{j\theta_r} + e^{-j\theta_r}}{2} i_{cs} \right\}$$

$$(2\text{-}30)$$

問題2.2 空間ベクトルで表した回転子巻線の磁束鎖交数の式

$\lambda_{ar}, \lambda_{br}, \lambda_{cr}$ はスカラであり，ベクトル $\underline{\lambda}_{abcr}$ とスカラ $\lambda_{ar}, \lambda_{br}, \lambda_{cr}$ の関係は次式である．

$$\underline{\lambda}_{abcr} = \frac{2}{3}\left(\lambda_{ar} + \underline{a}\lambda_{br} + \underline{a}^2 \lambda_{cr}\right) \tag{2-31}$$

(2-31)および(2-28), (2-29), (2-30)より,

$$\underline{\lambda}_{abcr} = \frac{2}{3}\left(\lambda_{ar} + \underline{a}\lambda_{br} + \underline{a}^2 \lambda_{cr}\right)$$

$$= \frac{2}{3}\left[L_{lr} + \left(\frac{N_r}{N_s}\right)^2 L_{ms}\right]\left(\frac{3}{2}\underline{i}_{abcr}\right) + \left\{-\frac{1}{2}\left(\frac{N_r}{N_s}\right)^2 L_{ms}\right\}\left\{\left(\underline{a}+\underline{a}^2\right)i_{ar} + \left(1+\underline{a}^2\right)i_{br} + \left(1+\underline{a}\right)i_{cr}\right\} \times \frac{2}{3}$$

$$+ \frac{2}{3}\cdot\frac{N_r}{N_s}L_{ms}\left[\frac{1}{2}e^{j\theta_r}\left(i_{as} + e^{-j\frac{2}{3}\pi}i_{bs} + e^{j\frac{2}{3}\pi}i_{cs}\right) + \frac{1}{2}e^{-j\theta_r}\left(i_{as} + e^{j\frac{2}{3}\pi}i_{bs} + e^{-j\frac{2}{3}\pi}i_{cs}\right)\right.$$

$$+ \frac{1}{2}e^{j\theta_r}\left(e^{j\frac{2}{3}\pi}\cdot\underline{a}\,i_{as} + \underline{a}\,i_{bs} + e^{-j\frac{2}{3}\pi}\underline{a}\,i_{cs}\right) + \frac{1}{2}e^{-j\theta_r}\left(e^{-j\frac{2}{3}\pi}\cdot\underline{a}\,i_{as} + \underline{a}\,i_{bs} + e^{j\frac{2}{3}\pi}\cdot\underline{a}\,i_{cs}\right)$$

$$\left.+ \frac{1}{2}e^{j\theta_r}\left(e^{-j\frac{2}{3}\pi}\underline{a}^2 i_{as} + e^{j\frac{2}{3}\pi}\underline{a}^2 i_{bs} + \underline{a}^2 i_{cs}\right) + \frac{1}{2}e^{-j\theta_r}\left(e^{j\frac{2}{3}\pi}\underline{a}^2 i_{as} + e^{-j\frac{2}{3}\pi}\underline{a}^2 i_{bs} + \underline{a}^2 i_{cs}\right)\right] \tag{2-32}$$

$1+\underline{a}+\underline{a}^2 = 0$ より, $1+\underline{a}=-\underline{a}^2$, $\underline{a}+\underline{a}^2 = -1$, $1+\underline{a}^2 = -\underline{a}$

よって，(2-32)式は，

$$\underline{\lambda}_{abcr} = \frac{2}{3}\left[L_{lr} + \left(\frac{N_r}{N_s}\right)^2 L_{ms}\right]\left(\frac{3}{2}\underline{i}_{abcr}\right) + \left\{-\frac{1}{2}\left(\frac{N_r}{N_s}\right)^2 L_{ms}\right\}\left\{-\left(i_{ar} + \underline{a}\,i_{br} + \underline{a}^2 i_{cr}\right)\right\} \times \frac{2}{3}$$

$$+ \frac{2}{3}\cdot\frac{N_r}{N_s}L_{ms}\left[\frac{1}{2}e^{j\theta_r}\left(i_{as} + \underline{a}^2 i_{bs} + \underline{a}\,i_{cs}\right) + \frac{1}{2}e^{j\theta_r}\left(\underline{a}^2 i_{as} + \underline{a}\,i_{bs} + i_{cs}\right) +\right.$$

$$\left.+ \frac{1}{2}e^{j\theta_r}\left(\underline{a}\,i_{as} + i_{bs} + \underline{a}^2 i_{cs}\right) + \frac{1}{2}e^{-j\theta_r}\left(3i_{as} + 3\underline{a}\,i_{bs} + 3\underline{a}^2 i_{cs}\right)\right]$$

$$= \left[L_{lr} + \left(\frac{N_r}{N_s}\right)^2 L_{ms}\right]\underline{i}_{abcr} + \frac{1}{2}\left(\frac{N_r}{N_s}\right)^2 L_{ms}\underline{i}_{abcr}$$

$$+ \frac{2}{3}\cdot\frac{N_r}{N_s}L_{ms}\left[\frac{1}{2}e^{j\theta_r}\left(1 + \underline{a} + \underline{a}^2\right)\left(i_{as} + i_{bs} + i_{cs}\right) + \frac{3}{2}\left(i_{as} + \underline{a}\,i_{bs} + \underline{a}^2 i_{cs}\right)e^{-j\theta_r}\right]$$

$$= \left[L_{lr} + \frac{3}{2}\left(\frac{N_r}{N_s}\right)^2 L_{ms}\right]\underline{i}_{abcr} + \frac{N_r}{N_s}L_{ms}\cdot\frac{3}{2}\underline{i}_{abcs}e^{-j\theta_r} \tag{2-21}$$

## 2. 誘導機と同期機の $d, q$ モデル

**問題2.3 回転子回路の $d, q$ 方程式 [訳本の問題 2-3]**

任意の角速度で回転する $d, q$ 座標で表現した回転子回路の方程式

$$\underline{v}'_{qdr} = r'_r \underline{i}'_{qdr} + \left(L'_{lr} + L_m\right) p \underline{i}'_{qdr} + L_m p \underline{i}_{qds}$$
$$+ j(\omega - \omega_r) \left[\left(L'_{lr} + L_m\right) \underline{i}'_{qdr} + L_m \underline{i}_{qds}\right] \qquad (2\text{-}33)$$

を導出せよ.

**解答**

訳本 p.59 の式(2.7-11)の両辺に $e^{-j(\theta - \theta_r)}$ を掛けて $d, q$ 座標量に変換する.

$$e^{-j(\theta-\theta_r)} \underline{v}'_{abcr} = e^{-j(\theta-\theta_r)} r'_r \underline{i}'_{abcr} + \left(L'_{lr} + L_m\right) e^{-j(\theta-\theta_r)} p \underline{i}'_{abcr}$$
$$+ L_m e^{-j(\theta-\theta_r)} p \left(\underline{i}_{abcs} e^{-j\theta_r}\right) \qquad (2\text{-}34)$$

$$p\left[e^{-j(\theta-\theta_r)} \underline{i}'_{abcr}\right] = -j(\dot{\theta} - \dot{\theta}_r) e^{-j(\theta-\theta_r)} \underline{i}'_{abcr} + e^{-j(\theta-\theta_r)} p \underline{i}'_{abcr}$$

$$\therefore e^{-j(\theta-\theta_r)} p \underline{i}'_{abcr} = p\left[e^{-j(\theta-\theta_r)} \underline{i}'_{abcr}\right] + j(\dot{\theta} - \dot{\theta}_r) \left[e^{-j(\theta-\theta_r)} \underline{i}'_{abcr}\right] \qquad (2\text{-}35)$$

$$p\left[e^{-j(\theta-\theta_r)} \underline{i}_{abcs} e^{-j\theta_r}\right] = -j(\dot{\theta} - \dot{\theta}_r) e^{-j(\theta-\theta_r)} \underline{i}_{abcs} e^{-j\theta_r} + e^{-j(\theta-\theta_r)} p\left[\underline{i}_{abcs} e^{-j\theta_r}\right]$$

$$= -j(\dot{\theta} - \dot{\theta}_r) \left[e^{-j\theta} \underline{i}_{abcs}\right] + e^{-j(\theta-\theta_r)} p\left[\underline{i}_{abcs} e^{-j\theta_r}\right]$$

$$\therefore e^{-j(\theta-\theta_r)} p\left[\underline{i}_{abcs} e^{-j\theta_r}\right] = p\left[e^{-j\theta} \underline{i}_{abcs}\right] + j(\dot{\theta} - \dot{\theta}_r) \left[e^{-j\theta} \underline{i}_{abcs}\right] \qquad (2\text{-}36)$$

(2-35), (2-36)を(2-34)に代入して,

$$e^{-j(\theta-\theta_r)} \underline{v}'_{abcr} = e^{-j(\theta-\theta_r)} r'_r \underline{i}'_{abcr} + \left(L'_{lr} + L_m\right) \left\{ p\left[e^{-j(\theta-\theta_r)} \underline{i}'_{abcr}\right] \right.$$
$$\left. + j(\dot{\theta} - \dot{\theta}_r) \left[e^{-j(\theta-\theta_r)} \underline{i}'_{abcr}\right] \right\} + L_m \left\{ p\left[e^{-j\theta} \underline{i}_{abcs}\right] + j(\dot{\theta} - \dot{\theta}_r) \left[e^{-j\theta} \underline{i}_{abcs}\right] \right\}$$

$$\underline{f}_{qds} = e^{-j\theta} \underline{f}_{abcs} \qquad (2\text{-}37)$$
$$\underline{f}_{qdr} = e^{-j(\theta-\theta_r)} \underline{f}_{abcr} \qquad (2\text{-}38)$$

を用いて,

$$\underline{v}'_{qdr} = r'_r \underline{i}'_{qdr} + \left(L'_{lr} + L_m\right) p \underline{i}'_{qdr} + L_m p \underline{i}_{qds}$$
$$+ j(\omega - \omega_r) \left[\left(L'_{lr} + L_m\right) \underline{i}'_{qdr} + L_m \underline{i}_{qds}\right] \qquad (2\text{-}33)$$

問題2.4　d, qモデルでの電力

## 問題２．４　d, qモデルでの電力 [訳本の問題 2-4]

ギャップが均一である回転機モデルに対して，固定子巻線における三相電力の式を，零相分を含むとして $d, q, 0$ 変数を用いて導出せよ．

**解答**

三相電力の実部（有効電力）は，

$$\mathrm{Re}\left[\underline{v}_{abcs}\underline{i}_{abcs}^{\dagger}\right] = \frac{4}{9}\{v_{as}i_{as} + v_{bs}i_{bs} + v_{cs}i_{cs}$$
$$-\frac{1}{2}[v_{as}(i_{bs}+i_{cs}) + v_{bs}(i_{as}+i_{cs}) + v_{cs}(i_{as}+i_{bs})]\} \quad (2\text{-}39)$$

であり，三相電圧，電流と零相電圧，電流の関係式

$$i_{as}+i_{bs}+i_{cs}=3i_{0s}, \qquad v_{as}+v_{bs}+v_{cs}=3v_{0s} \quad (2\text{-}40)$$

を代入すれば，

$$\mathrm{Re}\left[\underline{v}_{abcs}\underline{i}_{abcs}^{\dagger}\right] = \frac{4}{9}\{v_{as}i_{as} + v_{bs}i_{bs} + v_{cs}i_{cs}$$
$$-\frac{1}{2}[v_{as}(3i_{0s}-i_{as}) + v_{bs}(3i_{0s}-i_{bs}) + v_{cs}(3i_{0s}-i_{cs})]\}$$
$$= \frac{4}{9}\left\{\frac{3}{2}(v_{as}i_{as}+v_{bs}i_{bs}+v_{cs}i_{cs}) - \frac{9}{2}v_{0s}i_{0s}\right\}$$
$$= \frac{2}{3}\{(v_{as}i_{as}+v_{bs}i_{bs}+v_{cs}i_{cs}) - 3v_{0s}i_{0s}\}$$
$$Ps = v_{as}i_{as}+v_{bs}i_{bs}+v_{cs}i_{cs} = \frac{3}{2}\mathrm{Re}\left[\underline{v}_{abcs}\underline{i}_{abcs}^{\dagger}\right] + 3v_{0s}i_{0s}$$

また (2-37) の関係より，

$$\underline{v}_{abcs}=e^{j\theta}\underline{v}_{qds}, \quad \underline{i}_{abcs}^{\dagger}=\left(e^{j\theta}\underline{i}_{qds}\right)^{\dagger}=e^{-j\theta}\underline{i}_{qds}^{\dagger}$$
$$Ps = v_{as}i_{as}+v_{bs}i_{bs}+v_{cs}i_{cs} = \frac{3}{2}\mathrm{Re}\left[e^{j\theta}\underline{v}_{qds}e^{-j\theta}\underline{i}_{qds}^{\dagger}\right] + 3v_{0s}i_{0s}$$
$$\therefore \quad Ps = \frac{3}{2}\mathrm{Re}\left[\underline{v}_{qds}\underline{i}_{qds}^{\dagger}\right] + 3v_{0s}i_{0s}$$

---

2. 誘導機と同期機の $d$, $q$ モデル

## 問題2.5 電源電圧の座標変換 [訳本の問題2-5]

平衡三相460V, 60Hz($\omega_e = 120\pi$)の電源電圧に対して, $d,q$ 電圧を固定子座標 ($\omega = 0$), 回転子座標($\omega = \omega_r$)および同期座標($\omega = \omega_e$)で表現せよ. 線間電圧 $v_{ab}$ を基準(すなわち, 位相零の余弦波)にとり, 時刻零において固定子座標, 回転子座標の $q$ 軸を a 相電圧に一致させるものとする. 同期座標では $q$ 軸のみに電圧が現れるものとする. 結果は実変数および空間ベクトルで表せ.

**解答**

題意より,

$$\left.\begin{array}{l} v_{ab} = 460\sqrt{2} \cos(\omega_e t) \\ v_{bc} = 460\sqrt{2} \cos\left(\omega_e t - \dfrac{2}{3}\pi\right) \\ v_{ca} = 460\sqrt{2} \cos\left(\omega_e t + \dfrac{2}{3}\pi\right) \end{array}\right\} \quad (2\text{-}41)$$

$$\underline{v}_{abcs} = \frac{2}{3}\left(v_{as} + \underline{a}v_{bs} + \underline{a}^2 v_{cs}\right) \quad (2\text{-}42)$$

(2-41),(2-42)より,

$$\underline{v}_{abcs} = \frac{1}{3}\left(v_{ab} - v_{ca} + j\sqrt{3}v_{bc}\right) \quad (2\text{-}43)$$

$$= \frac{1}{3} 460\sqrt{2}\left\{\cos\omega_e t - \cos\left(\omega_e t + \frac{2}{3}\pi\right) + j\sqrt{3}\cos\left(\omega_e t - \frac{2}{3}\pi\right)\right\}$$

$$= \frac{460\sqrt{2}}{3}\left\{\frac{e^{j\omega_e t} + e^{-j\omega_e t}}{2} - \frac{e^{j\left(\omega_e t + \frac{2}{3}\pi\right)} + e^{-j\left(\omega_e t + \frac{2}{3}\pi\right)}}{2}\right.$$

$$\left. + j\sqrt{3}\frac{e^{j\left(\omega_e t - \frac{2}{3}\pi\right)} + e^{-j\left(\omega_e t - \frac{2}{3}\pi\right)}}{2}\right\}$$

$$= \frac{460\sqrt{2}}{3}\left\{\frac{1}{2}(1-\underline{a})e^{j\omega_e t} + \frac{1}{2}(1-\underline{a}^2)e^{-j\omega_e t} + \frac{\sqrt{3}}{2}\left(e^{j\omega_e t}e^{-j\frac{\pi}{6}} + e^{-j\omega_e t}e^{j\frac{7}{6}\pi}\right)\right\}$$

$$= \frac{460\sqrt{2}}{3}\left\{\frac{\sqrt{3}}{2}e^{-j\frac{\pi}{6}}e^{j\omega_e t} + \frac{\sqrt{3}}{2}e^{j\frac{\pi}{6}}e^{-j\omega_e t} + \frac{\sqrt{3}}{2}e^{-j\frac{\pi}{6}}e^{j\omega_e t} + \frac{\sqrt{3}}{2}e^{j\frac{7}{6}\pi}e^{-j\omega_e t}\right\}$$

問題 2.5　電源電圧の座標変換

$$= 375.6 e^{j(\omega_e t - 30°)}$$

・固定子座標

$$\underline{v}^s_{qds} = \underline{v}_{abcs} = 375.6 e^{j(\omega_e t - 30°)}$$
$$\therefore v^s_{qs} = 375.6 \cos(\omega_e t - 30°), \quad v^s_{ds} = -375.6 \sin(\omega_e t - 30°)$$

・回転子座標

$$\underline{v}^r_{qds} = e^{-j\omega_r t} \underline{v}^s_{qds} = e^{-j\omega_r t} \frac{460\sqrt{2}}{\sqrt{3}} e^{j\left(\omega_e t - \frac{\pi}{6}\right)} = \frac{460\sqrt{2}}{\sqrt{3}} e^{j\left\{(\omega_e - \omega_r)t - \frac{\pi}{6}\right\}}$$

$$= 375.6 e^{j\{(\omega_e - \omega_r)t - 30°\}}$$
$$\therefore v^r_{qs} = 375.6 \cos\{(\omega_e - \omega_r)t - 30°\} \quad , \quad v^r_{ds} = -375.6 \sin\{(\omega_e - \omega_r)t - 30°\}$$

・同期座標

$$\underline{v}^e_{qds} = e^{-j\omega_e t} \underline{v}^s_{qds} = e^{-j\omega_e t} \frac{460\sqrt{2}}{\sqrt{3}} e^{j\left(\omega_e t - \frac{\pi}{6}\right)} = \frac{460\sqrt{2}}{\sqrt{3}} e^{-j\frac{\pi}{6}}$$

同期座標では，題意より全ての電圧を $q$ 軸に置くのであるから，

$$\underline{v}^e_{qds} = \frac{460\sqrt{2}}{\sqrt{3}} e^{j0} = 375.6 + j0$$
$$\therefore v^e_{qs} = 375.6 \quad , \quad v^e_{ds} = 0$$

## 問題2.6 不平衡電源電圧の座標変換[訳本の問題2-6]

$v_{ab}=v_{ac}$, $v_{bc}=0$ である 460V,60Hzの電源電圧に対して，問題2-12を繰り返せ(同期座標において，電源電圧の正相分は$q$軸のみに現れるものとする).

### 解答

題意より $v_{ab}=v_{ac}$, $v_{bc}=0$ であるから，(2-42)より，

$$\underline{v}_{abcs}=\frac{1}{3}(v_{ab}-v_{ca})=\frac{1}{3}(v_{ab}+v_{ac})=\frac{2}{3}v_{ab}=\frac{2}{3}460\sqrt{2}\cos\omega_e t$$

$$=\frac{2}{3}460\sqrt{2}\cdot\frac{1}{2}(e^{j\omega_e t}+e^{-j\omega_e t})=\frac{460\sqrt{2}}{3}(e^{j\omega_e t}+e^{-j\omega_e t})$$

- 固定子座標

$$\underline{v}_{qds}^s=216.8(e^{j\omega_e t}+e^{-j\omega_e t}) \quad\quad (2\text{-}44)$$

$$v_{qs}^s=216.8\times 2\cos\omega_e t=433.7\cos\omega_e t$$

$$v_{ds}^s=0$$

- 回転子座標

$$\underline{v}_{qds}^r=e^{-j\omega_r t}\underline{v}_{qds}^s=e^{-j\omega_r t}\{216.8(e^{j\omega_e t}+e^{-j\omega_e t})\}$$

$$=216.8e^{j(\omega_e-\omega_r)t}+216.8e^{-j(\omega_e+\omega_r)t}$$

$$v_{qs}^r=216.8\{\cos(\omega_e-\omega_r)t+\cos(\omega_e+\omega_r)t\}$$

$$=216.8(2\cos\omega_e t\cos\omega_r t)=433.7\cos\omega_e t\cdot\cos\omega_r t$$

$$v_{ds}^r=216.8\{-\sin(\omega_e-\omega_r)t+\sin(\omega_e+\omega_r)t\}$$

$$=216.8(2\cos\omega_e t\sin\omega_r t)=433.7\cos\omega_e t\cdot\sin\omega_r t$$

- 同期座標

$$\underline{v}_{qds}^e=e^{-j\omega_e t}\underline{v}_{qds}^s=e^{-j\omega_e t}\{216.8e^{j\omega_e t}+e^{-j\omega_e t}\}=216.8(1+e^{-j2\omega_e t})$$

$$v_{qs}^e=216.8(1+\cos 2\omega_e t)$$

$$v_{ds}^e=216.8\sin 2\omega_e t$$

## 問題2.7　トルクに対するいろいろな表現式 [訳本の問題2-7]

次の基本式より，a)～g)に示す量で表現したトルクの式を導出せよ．

$$T_e = \frac{3}{2} \cdot \frac{P}{2} L_m \left[ i_{qs} i'_{dr} - i_{ds} i'_{qr} \right] = \frac{3}{2} \cdot \frac{P}{2} L_m \, Im \left[ i'^{\dagger}_{qdr} i_{qds} \right] \quad (2\text{-}45)$$

a) ギャップ磁束鎖交数と回転子電流
b) ギャップ磁束鎖交数と固定子電流
c) 固定子磁束鎖交数と回転子電流
d) 固定子磁束鎖交数と固定子電流
e) 回転子磁束鎖交数と回転子電流
f) 回転子磁束鎖交数と固定子電流
g) 回転子磁束鎖交数と固定子磁束鎖交数

**解答**

†は共役を表すものとして計算を行う．

a) ギャップ磁束と回転子電流は，次式となる．

$$\underline{\lambda}_{qdm} = L_m \left( \underline{i}_{qds} + \underline{i}'_{qdr} \right)$$

$$\underline{i}_{qds} = \frac{\underline{\lambda}_{qdm}}{L_m} - \underline{i}'_{qdr} \quad (2\text{-}46)$$

(2-46)を(2-45)に代入して次式を得る．

$$T_e = \frac{3}{2} \cdot \frac{P}{2} L_m I_m \left[ \underline{i}'^{\dagger}_{qdr} \underline{i}_{qds} \right] = \frac{3}{2} \cdot \frac{P}{2} L_m \, Im \left[ \underline{i}'^{\dagger}_{qdr} \left( \frac{\underline{\lambda}_{qdm}}{L_m} - \underline{i}'_{qdr} \right) \right]$$

$$= \frac{3}{2} \cdot \frac{P}{2} L_m I_m \left[ \frac{1}{L_m} \underline{i}'^{\dagger}_{qdr} \underline{\lambda}_{qdm} - \underline{i}'^{\dagger}_{qdr} \underline{i}'_{qdr} \right]$$

$\underline{i}'^{\dagger}_{qdr} \underline{i}'_{qdr}$ は実数部のみとなるから，

$$T_e = \frac{3}{2} \cdot \frac{P}{2} I_m \left[ \underline{\lambda}_{qdm} \underline{i}'^{\dagger}_{qdr} \right]$$

---

b) ギャップ磁束と固定子電流
(2-46)より，

$$\underline{i}'_{qdr} = -\underline{i}_{qds} + \frac{\underline{\lambda}_{qdm}}{L_m} \quad (2\text{-}47)$$

(2-47)を(2-45)に代入して次式を得る．

$$T_e = \frac{3}{2} \cdot \frac{P}{2} L_m I_m \left[ \underline{i}_{qdr}^{'\dagger} \underline{i}_{qds} \right] = \frac{3}{2} \cdot \frac{P}{2} L_m I_m \left[ \left( -\underline{i}_{qds}^{\dagger} + \frac{\underline{\lambda}_{qdm}^{\dagger}}{L_m} \right) \underline{i}_{qds} \right]$$

$$= \frac{3}{2} \cdot \frac{P}{2} L_m I_m \left[ -\underline{i}_{qds}^{\dagger} \underline{i}_{qds} + \frac{1}{L_m} \underline{\lambda}_{qdm}^{\dagger} \underline{i}_{qds} \right]$$

$\underline{i}_{qds}^{\dagger} \underline{i}_{qds}$ は実数部のみとなるから,

$$\underline{T_e = \frac{3}{2} \cdot \frac{P}{2} I_m \left[ \underline{\lambda}_{qdm}^{\dagger} \underline{i}_{qds} \right]}$$

c) 固定子磁束と回転子電流
$L_{ls} + L_m = L_s$ とおいて,

$$\underline{\lambda}_{qds} = L_s \underline{i}_{qds} + L_m \underline{i}_{qdr}^{'} \tag{2-48}$$

$$\underline{i}_{qds} = -\frac{L_m}{L_s} \underline{i}_{qdr}^{'} + \frac{\underline{\lambda}_{qds}}{L_s}$$

(2-48)を(2-45)に代入して次式を得る.

$$T_e = \frac{3}{2} \cdot \frac{P}{2} L_m I_m \left[ \underline{i}_{qdr}^{'\dagger} \underline{i}_{qds} \right] = \frac{3}{2} \cdot \frac{P}{2} L_m I_m \left[ \underline{i}_{qdr}^{'\dagger} \left( -\frac{L_m}{L_s} \underline{i}_{qdr}^{'} + \frac{\underline{\lambda}_{qds}}{L_s} \right) \right]$$

$\underline{i}_{qdr}^{'\dagger} \cdot \underline{i}_{qdr}^{'}$ は実数部のみとなるから,

$$\underline{T_e = \frac{3}{2} \cdot \frac{P}{2} \frac{L_m}{L_s} I_m \left[ \underline{\lambda}_{qds} \underline{i}_{qdr}^{'\dagger} \right]}$$

d) 固定子磁束と固定子電流
(2-48)より,

$$\underline{i}_{qdr}^{'} = -\frac{L_s}{L_m} \underline{i}_{qds} + \frac{\underline{\lambda}_{qds}}{L_m} \quad , \quad \underline{i}_{qdr}^{'\dagger} = -\frac{L_s}{L_m} \underline{i}_{qds}^{\dagger} + \frac{\underline{\lambda}_{qds}^{\dagger}}{L_m} \tag{2-49}$$

(2-49)を(2-45)に代入して次式を得る.

$$T_e = \frac{3}{2} \cdot \frac{P}{2} L_m I_m \left[ \underline{i}_{qdr}^{'\dagger} \underline{i}_{qds} \right] = \frac{3}{2} \cdot \frac{P}{2} L_m I_m \left[ \left( -\frac{L_s}{L_m} \underline{i}_{qds}^{\dagger} + \frac{\underline{\lambda}_{qds}^{\dagger}}{L_m} \right) \underline{i}_{qds} \right]$$

$\underline{i}_{qds}^{\dagger} \cdot \underline{i}_{qds}$ は実数部のみとなるから,

問題2.7　トルクに対するいろいろな表現式　　　　　　　　　　　　　　　　　　　21

$$T_e = \frac{3}{2} \cdot \frac{P}{2} I_m \left[ \underline{\lambda}_{qds}^{\dagger} \underline{i}_{qds} \right]$$

e) 回転子磁束と回転子電流
$L'_{lr} + L_m = L'_r$ とおいて，

$$\underline{\lambda}'_{qdr} = L'_r \underline{i}'_{qdr} + L_m \underline{i}_{qds} \tag{2-50}$$

$$\underline{i}_{qds} = -\frac{L'_r}{L_m} \underline{i}'_{qdr} + \frac{\underline{\lambda}'_{qdr}}{L_m}$$

(2-50)を(2-45)に代入して次式を得る．

$$T_e = \frac{3}{2} \cdot \frac{P}{2} L_m I_m \left[ \underline{i}_{qdr}^{'\dagger} \underline{i}_{qds} \right] = \frac{3}{2} \cdot \frac{P}{2} L_m I_m \left[ \underline{i}_{qdr}^{'\dagger} \left( -\frac{L'_r}{L_m} \underline{i}'_{qdr} + \frac{\underline{\lambda}'_{qdr}}{L_m} \right) \right]$$

$\underline{i}_{qdr}^{'\dagger} \underline{i}'_{qdr}$ は実数部のみとなるから，

$$T_e = \frac{3}{2} \cdot \frac{P}{2} I_m \left[ \underline{\lambda}'_{qdr} \underline{i}_{qdr}^{'\dagger} \right]$$

f) 回転子磁束と固定子電流
(2-50)より，

$$\underline{i}'_{qdr} = -\frac{L_m}{L'_r} \underline{i}_{qds} + \frac{1}{L'_r} \underline{\lambda}'_{qdr}, \quad \underline{i}_{qdr}^{'\dagger} = -\frac{L_m}{L'_r} \underline{i}_{qds}^{\dagger} + \frac{1}{L'_r} \underline{\lambda}_{qdr}^{'\dagger} \tag{2-51}$$

(2-51)を(2-45)に代入に次式を得る．

$$T_e = \frac{3}{2} \cdot \frac{P}{2} L_m I_m \left[ \underline{i}_{qdr}^{'\dagger} \underline{i}_{qds} \right] = \frac{3}{2} \cdot \frac{P}{2} L_m I_m \left[ \left( -\frac{L_m}{L'_r} \underline{i}_{qds}^{\dagger} + \frac{1}{L'_r} \underline{\lambda}_{qdr}^{'\dagger} \right) \underline{i}_{qds} \right]$$

$\underline{i}_{qds}^{\dagger} \underline{i}_{qds}$ は実数部のみとなるから，

$$T_e = \frac{3}{2} \cdot \frac{P}{2} \frac{L_m}{L'_r} I_m \left[ \underline{\lambda}_{qdr}^{'\dagger} \underline{i}_{qds} \right]$$

g) 回転子磁束と固定子磁束
(2-48)と(2-50)から $\underline{i}'_{qdr}$ を消去すると，

$$L'_r \underline{\lambda}_{qds} = L_s L'_r \underline{i}_{qds} + L_m L'_r \underline{i}'_{qdr}$$

$$L_m \underline{\lambda}'_{qdr} = L_m^2 \underline{i}_{qds} + L_m L'_r \underline{i}'_{qdr}$$

$$\left( L_s L'_r - L_m^2 \right) \underline{i}_{qds} = L'_r \underline{\lambda}_{qds} - L_m \underline{\lambda}'_{qdr}$$

$$\therefore \underline{i}_{qds} = \frac{1}{L_s L'_r - L_m^2} \left( L'_r \underline{\lambda}_{qds} - L_m \underline{\lambda}'_{qdr} \right) \tag{2-52}$$

(2-48), (2-50)から $i_{qds}$ を消去すると,

$$L_m \underline{\lambda}_{qds} = L_s L_m \underline{i}_{qds} + L_m^2 \underline{i}'_{qdr}$$

$$L_s \underline{\lambda}'_{qdr} = L_s L_m \underline{i}_{qds} + L_s L'_r \underline{i}'_{qdr}$$

$$\left(L_s L'_r - L_m^2\right) \underline{i}'_{qdr} = L_s \underline{\lambda}'_{qdr} - L_m \underline{\lambda}_{qds}$$

$$\therefore \underline{i}'_{qdr} = \frac{L_s \underline{\lambda}'_{qdr}}{L_s L'_r - L_m^2} - \frac{L_m \underline{\lambda}_{qds}}{L_s L'_r - L_m^2}$$

$$\underline{i}'^{\dagger}_{qdr} = \frac{1}{L_s L'_r - L_m^2}\left(L_s \underline{\lambda}'^{\dagger}_{qdr} - L_m \underline{\lambda}^{\dagger}_{qds}\right) \tag{2-53}$$

(2-52), (2-53) を(2-45)に代入して次式を得る.

$$T_e = \frac{3}{2} \cdot \frac{P}{2} L_m I_m \left[\underline{i}'^{\dagger}_{qdr} \underline{i}_{qds}\right] = \frac{3}{2} \cdot \frac{P}{2} L_m I_m \left(\frac{1}{L_s L'_r - L_m^2}\right)^2 \left[\left(L_s \underline{\lambda}'^{\dagger}_{qdr} - L_m \underline{\lambda}^{\dagger}_{qds}\right)\right.$$

$$\left. \cdot \left(L'_r \underline{\lambda}_{qds} - L_m \underline{\lambda}'_{qdr}\right)\right]$$

$$= \frac{3}{2} \cdot \frac{P}{2} \left(\frac{1}{L_s L'_r - L_m^2}\right)^2 L_m I_m \left[L_s L'_r \underline{\lambda}'^{\dagger}_{qdr} \underline{\lambda}_{qds} + L_m^2 \underline{\lambda}^{\dagger}_{qds} \underline{\lambda}'_{qdr}\right]$$

$$\underline{\lambda}'_{qdr} = \lambda'_{qr} - j\lambda'_{dr}, \quad \underline{\lambda}'^{\dagger}_{qdr} = \lambda'_{qr} + j\lambda'_{dr}$$

$$\underline{\lambda}_{qds} = \lambda_{qs} - j\lambda_{ds}, \quad \underline{\lambda}^{\dagger}_{qds} = \lambda_{qs} + j\lambda_{ds}$$

$$\underline{\lambda}'^{\dagger}_{qdr} \underline{\lambda}_{qds} = \left(\lambda'_{qr} + j\lambda'_{dr}\right)\left(\lambda_{qs} - j\lambda_{ds}\right) = \lambda'_{qr}\lambda_{qs} + \lambda'_{dr}\lambda_{ds} + j\left(\lambda'_{dr}\lambda_{qs} - \lambda'_{qr}\lambda_{ds}\right)$$

$$\underline{\lambda}'_{qdr} \underline{\lambda}^{\dagger}_{qds} = \left(\lambda'_{qr} - j\lambda'_{dr}\right)\left(\lambda_{qs} + j\lambda_{ds}\right) = \lambda'_{qr}\lambda_{qs} + \lambda'_{dr}\lambda_{ds} - j\left(\lambda'_{dr}\lambda_{qs} - \lambda'_{qr}\lambda_{ds}\right)$$

$$I_m \left[\underline{\lambda}'^{\dagger}_{qdr} \underline{\lambda}_{qds}\right] = -I_m \left[\underline{\lambda}'_{qdr} \underline{\lambda}^{\dagger}_{qds}\right]$$

$$T_e = \frac{3}{2} \cdot \frac{P}{2} \left(\frac{1}{L_s L'_r - L_m^2}\right)^2 L_m I_m \left[L_s L'_r \underline{\lambda}'^{\dagger}_{qdr} \underline{\lambda}_{qds} - L_m^2 \underline{\lambda}'^{\dagger}_{qdr} \underline{\lambda}_{qds}\right]$$

$$= \frac{3}{2} \cdot \frac{P}{2} \frac{L_m}{\left(L_s L'_r - L_m^2\right)} \operatorname{Im}\left[\underline{\lambda}'^{\dagger}_{qdr} \underline{\lambda}_{qds}\right]$$

## 問題2.8 三相変数によって表されるトルク [訳本の問題 2-8]

$$T_e = \frac{3}{2} \cdot \frac{P}{2} (\lambda_{ds} i_{qs} - \lambda_{qs} i_{ds}) = \frac{3}{2} \cdot \frac{P}{2} \text{Im}[(\lambda_{qs} + j\lambda_{ds})(i_{qs} - ji_{ds})]$$

$$= \frac{3}{2} \cdot \frac{P}{2} \text{Im}[\underline{\lambda}_{qds}^{\dagger} \cdot \underline{i}_{qds}] \tag{2-54}$$

から逆にたどれば、固定子の三相変数である磁束鎖交数および電流、すなわち $\lambda_{as}$, $\lambda_{bs}$, $\lambda_{cs}$, $i_{as}$, $i_{bs}$, $i_{cs}$ で表したトルクの式が導出できる. 得られた結果について物理的に(もしくは空間ベクトルに基づいて)説明せよ.

### 解答

$$\underline{\lambda}_{qds}^{\dagger} = e^{j\theta} \underline{\lambda}_{abcs}^{\dagger} \quad , \quad \underline{i}_{qds} = e^{-j\theta} \underline{i}_{abcs}$$

$$\therefore \underline{\lambda}_{qds}^{\dagger} \cdot \underline{i}_{qds} = e^{j\theta} \underline{\lambda}_{abcs}^{\dagger} \cdot e^{-j\theta} \underline{i}_{abcs} = \underline{\lambda}_{abcs}^{\dagger} \underline{i}_{abcs}$$

$$\underline{i}_{abcs} = \frac{2}{3}(i_{as} + \underline{a} i_{bs} + \underline{a}^2 i_{cs}) \quad , \quad \underline{\lambda}_{abcs}^{\dagger} = \frac{2}{3}(\lambda_{as} + \underline{a}^2 \lambda_{bs} + \underline{a} \lambda_{cs})$$

これらの式を(2-54)に代入して、

$$T_e = \frac{3}{2} \cdot \frac{P}{2} \text{Im}\left[\frac{2}{3}(i_{as} + \underline{a} i_{bs} + \underline{a}^2 i_{cs}) \cdot \frac{2}{3}(\lambda_{as} + \underline{a}^2 \lambda_{bs} + \underline{a} \lambda_{cs})\right]$$

$$= \frac{P}{2} \text{Im}\left[\frac{2}{3}\{(i_{as}\lambda_{as} + i_{bs}\lambda_{bs} + i_{cs}\lambda_{cs}) + \underline{a}(i_{as}\lambda_{cs} + i_{bs}\lambda_{as} + i_{cs}\lambda_{bs}) + \underline{a}^2(i_{as}\lambda_{bs} + i_{bs}\lambda_{cs} + i_{cs}\lambda_{as})\}\right]$$

この式の第1項目は虚数部を持たない. また、$\underline{a} = -\frac{1}{2} + j\frac{\sqrt{3}}{2}$, $\underline{a}^2 = -\frac{1}{2} - j\frac{\sqrt{3}}{2}$ として、

$$T_e = \frac{P}{2} \text{Im} \cdot \frac{2}{3}\left[\frac{\sqrt{3}}{2} j\{i_{as}\lambda_{cs} + i_{bs}\lambda_{as} + i_{cs}\lambda_{bs} - i_{as}\lambda_{bs} - i_{bs}\lambda_{cs} - i_{cs}\lambda_{as}\}\right]$$

$$= \frac{P}{2} \text{Im} \cdot \frac{1}{\sqrt{3}} [j\{\lambda_{as}(i_{bs} - i_{cs}) + \lambda_{bs}(i_{cs} - i_{as}) + \lambda_{cs}(i_{as} - i_{bs})\}]$$

$$= \frac{1}{\sqrt{3}} \cdot \frac{P}{2} \{\lambda_{as}(i_{bs} - i_{cs}) + \lambda_{bs}(i_{cs} - i_{as}) + \lambda_{cs}(i_{as} - i_{bs})\}$$

## 問題2.9 平衡したコンデンサ回路の回転座標での表現［訳本の問題2-9］

等しい容量をもつ三つのコンデンサが三相線間にY結線されている．任意の速度で回転する$d,q$座標において，これらのコンデンサの回路動作を表す方程式およびその等価回路を求めよ．

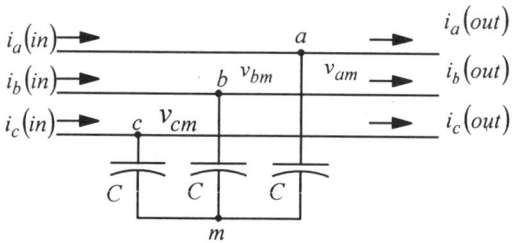

図2.3 平衡したコンデンサ回路

**解答**

図2.3の$a, b, c$点の，$m$点からの電位をそれぞれ$v_{am}, v_{bm}, v_{cm}$とし，$p=d/dt$とする．

$$\left.\begin{array}{l} i_a(in) = i_a(out) + pCv_{am} \\ i_b(in) = i_b(out) + pCv_{bm} \\ i_c(in) = i_c(out) + pCv_{cm} \end{array}\right\} \quad (2\text{-}55)$$

ここで，

$$\left.\begin{array}{l} \underline{i}_{abc}(in) = \dfrac{2}{3}\{i_a(in) + \underline{a}i_b(in) + \underline{a}^2 i_c(in)\} \\ \underline{i}_{abc}(out) = \dfrac{2}{3}\{i_a(out) + \underline{a}i_b(out) + \underline{a}^2 i_c(out)\} \\ \underline{v}_{abcm} = \dfrac{2}{3}\{\underline{v}_{am} + \underline{a}v_{bm} + \underline{a}^2 v_{cm}\} \end{array}\right\} \quad (2\text{-}56)$$

とおくと，

$$\underline{i}_{abc}(in) = \underline{i}_{abc}(out) + pC\underline{v}_{abcm} \quad (2\text{-}57)$$

$\theta = \omega t$として，式(2-37)を用いて(2-57)を$d,q$座標に変換すると，

$$\underline{i}_{abc}(in)e^{-j\theta} = \underline{i}_{abc}(out)e^{-j\theta} + pC\underline{v}_{abcm}e^{-j\theta} \quad (2\text{-}8)$$

$$\underline{i}_{abc}(in)e^{-j\theta} = \underline{i}_{qd}(in), \quad \underline{i}_{abc}(out)e^{-j\theta} = \underline{i}_{qd}(out) \quad (2\text{-}59)$$

$$p(C\underline{v}_{abcm}e^{-j\theta}) = (pC\underline{v}_{abcm})e^{-j\theta} - j\dot{\theta}C\underline{v}_{abcm}e^{-j\theta} \quad (2\text{-}60)$$

$$\therefore e^{-j\theta}(pC\underline{v}_{abcm}) = pCv_{qdm} + j\omega Cv_{qdm}$$

問題2.9 平衡したコンデンサ回路の回転座標での表現

式(2-57), (2-59), (2-60)より,

$$i_{qd}(in) = i_{qd}(out) + pCv_{qdm} + j\omega Cv_{qdm} \tag{2-61}$$

$$i_q(in) - ji_d(in) = i_q(out) - ji_d(out) + pC(v_{qm} - jv_{dm}) + j\omega C(v_{qm} - jv_{dm}) \tag{2-62}$$

$$\therefore i_q(in) = i_q(out) + pCv_{qm} + \omega Cv_{dm} \tag{2-63}$$

$$i_d(in) = i_d(out) + pCv_{dm} - \omega Cv_{qm} \tag{2-64}$$

(2-63), (2.64)を等価回路で表すと図2.4 となる.

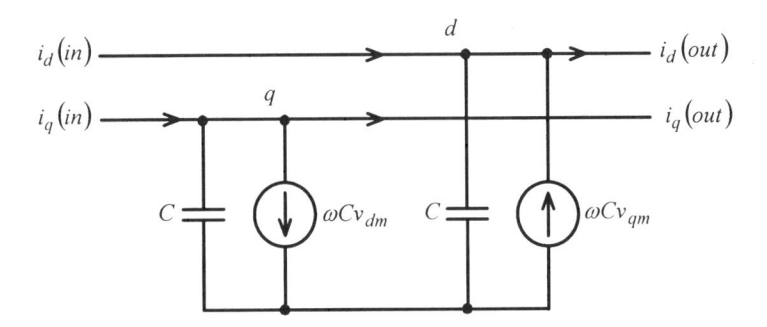

図 2.4 平衡したコンデンサの回路動作を表す等価回路

## 問題2.10　鉄損抵抗を考慮した $d,q,0$ 等価回路 [訳本の問題2-10]

図2.5に1相分の $r,L$ 回路を示す．この回路に対する回転座標 $d,q,0$ 等価回路を求めよ．$r_m$ と $L_m$ がそれぞれ誘導機の鉄損抵抗および励磁インダクタンスを表すとき，鉄損を有する誘導機の $d,q,0$ 等価回路を示せ．

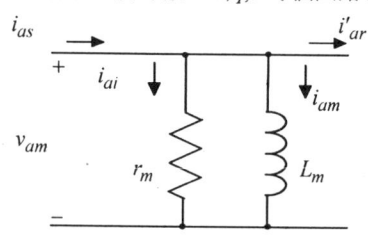

注）：b層およびc層についても同じ

図2.5　1相分の $r,L$ 回路

**解答**

図2.5の等価回路より，

$$\left.\begin{array}{l} i_{as} = i_{ai} + i_{am} + i'_{ar} \\ i_{bs} = i_{bi} + i_{bm} + i'_{br} \\ i_{cs} = i_{ci} + i_{cm} + i'_{cr} \end{array}\right\} \quad (2\text{-}65)$$

$$\left.\begin{array}{l} i_{ai} = \dfrac{v_{am}}{r_m} \\ i_{bi} = \dfrac{v_{bm}}{r_m} \\ i_{ci} = \dfrac{v_{cm}}{r_m} \end{array}\right\} \quad (2\text{-}66) \qquad \left.\begin{array}{l} v_{am} = L_m p i_{am} \\ v_{bm} = L_m p i_{bm} \\ v_{cm} = L_m P i_{cm} \end{array}\right\} \quad (2\text{-}67)$$

(2-56)と同様にして(2-67)の三相電圧を静止座標 $\underline{v}_{abcm}$ に変換し，$\underline{v}_{abcm}$ を $\omega$ で回転する座標に変換すると，

$$\underline{v}_{qdm} = e^{-j\omega t}\underline{v}_{abcm} = e^{-j\omega t} L_m p \underline{i}_{abcm}$$
$$L_m p\left[e^{-j\omega t}\underline{i}_{abcm}\right] = -j\omega L_m \left(e^{-j\omega t}\underline{i}_{abcm}\right) + e^{-j\omega t} L_m p\left(\underline{i}_{abcm}\right)$$

問題 2.10 鉄損抵抗を考慮した $d, q, 0$ 等価回路

$$\therefore e^{-j\omega t} L_m p\left(\underline{i}_{abcm}\right) = L_m p\left[e^{-j\omega t} \underline{i}_{abcm}\right] + j\omega L_m \left[e^{-j\omega t} \underline{i}_{abcm}\right]$$

$$\therefore \underline{v}_{qdm} = L_m p \underline{i}_{qdm} + j\omega L_m \underline{i}_{qdm}$$

$$\underline{v}_{qdm} = v_{qm} - jv_{dm} = L_m p\left(i_{qm} - ji_{dm}\right) + j\omega L_m \left(i_{qm} - ji_{dm}\right)$$

$$\therefore v_{qm} = L_m p i_{qm} + \omega L_m i_{dm}$$

$$v_{dm} = L_m p i_{dm} - \omega L_m p i_{qm}$$

$L_m i_{dm} = \lambda_{dm}, L_m i_{qm} = \lambda_{qm}$ とおくと,

$$v_{qm} = L_m p i_{qm} + \omega \lambda_{dm} \tag{2-68}$$

$$v_{dm} = L_m p i_{dm} - \omega \lambda_{qm} \tag{2-69}$$

(2-68), (2-69)より図 2.6 の $q$ 軸および $d$ 軸等価回路が得られる.

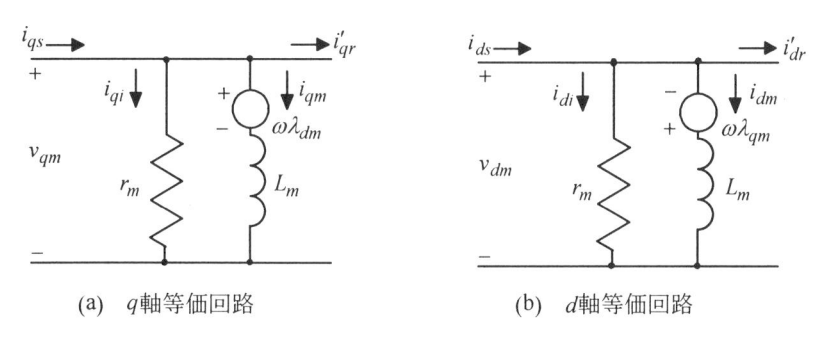

(a) $q$ 軸等価回路　　　　(b) $d$ 軸等価回路

図 2.6　鉄損抵抗を考慮した $d,q$ 等価回路

**問題2.11 空間ベクトル量の図式的逆変換**

図2.7に示すベクトル図において $\underline{f}_{qdx}^{x} = 40 + j40$ として，三相量 $f_{ax}, f_{bx}, f_{cx}$ を求めよ．

**解答**

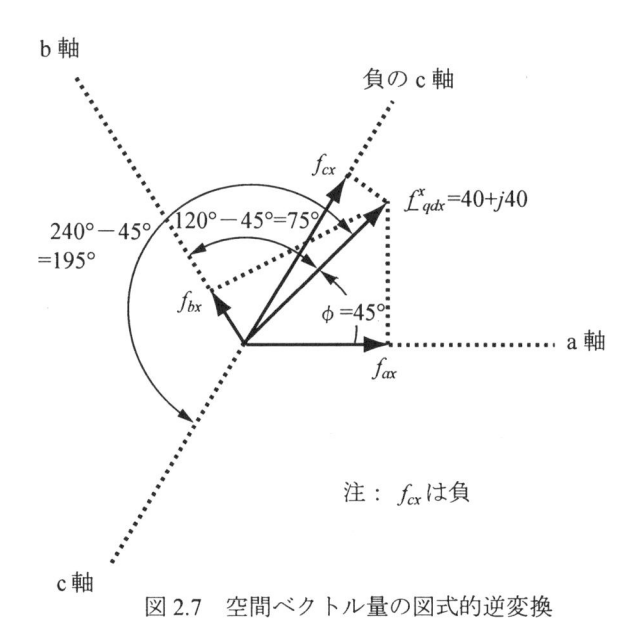

図2.7 空間ベクトル量の図式的逆変換

$\underline{f}_{qdx}^{x} = 40 + j40$ であるから $\phi = 45°$ である．
よって $f_{ax}, f_{bx}, f_{cx}$ は次式より得られる．

$$f_{ax} = \left|\underline{f}_{qdx}^{x}\right| \cos\phi = 40\sqrt{2} \cos 45° = 40$$

$$f_{bx} = \left|\underline{f}_{qdx}^{x}\right| \cos(120° - \phi) = 40\sqrt{2} \cos 75° = 14.641$$

$$f_{cx} = \left|\underline{f}_{qdx}^{x}\right| \cos(240° - \phi) = 40\sqrt{2} \cos 195° = -54.641$$

## 問題2.12　回転子磁束鎖交数を $d$ 軸に一致させた場合のベクトル図

5馬力(3.73kW), 230V, 60Hz, 4極の以下のパラメータを有するかご形誘導電動機について，回転子磁束 $\underline{\lambda}'_r$ を $d$ 軸に置いた場合の空間ベクトル図が図2.8のように表されることを示せ．ただし，$S=0.04$ とする．

[パラメータ]　$r_s = 0.531\Omega, r'_r = 0.408\Omega, L_{ls} = L'_{lr} = 2.52$ mH
　　　　　　　$L_m = 84.7$ mH

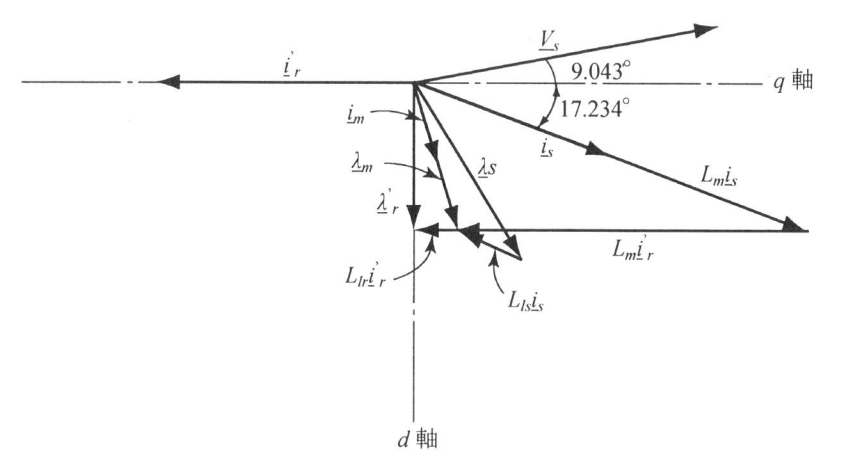

図2.8　回転子磁束鎖交数を $d$ 軸に一致させた場合のベクトル図

**解答**

定常状態の等価回路を用いて，回転子磁束 $\underline{\lambda}'_r$ の $d$ 軸との角度を求め，この角度が $d$ 軸と一致($-90°$)するように全ベクトルを回転させることによって図2.8のベクトル図が得られる．

(1) 等価回路による電流および磁束の計算($q$ 軸が基準)

$$X_{ls} = 2\pi \times 60 \times 2.52 \times 10^{-3}$$
$$= 0.950\Omega$$
$$X'_{lr} = \qquad 〃$$
$$X_m = 2\pi \times 60 \times 84.7 \times 10^{-3}$$
$$= 31.931\Omega$$
$$L'_r = L_m + L'_{lr} = 87.22 \text{ mH}$$

$$i_s = \frac{\sqrt{\frac{2}{3}} \times 230}{0.531 + j0.950 + [j31.931 \| (10.2 + j0.95)]}$$

$$= 18.095\angle -26.277° \tag{2-70}$$

$$i'_r = -i_s \times \frac{j31.931}{10.2 + j0.95 + j31.931} = 16.783\angle 170.957° \tag{2-71}$$

回転子磁束 $\lambda'_r$ を求める．

$$\lambda'_r = L'_r i'_r + L_m i_s = 87.22 \times 10^{-3} \times 16.783\angle 170.957°$$
$$+ 84.7 \times 10^{-3} \times 18.095\angle -26.277° = 0.454\angle -99.043° \tag{2-72}$$

(2) 角度の補正

$\lambda'_r$ が $d$ 軸と一致するためには角度は $-90°$ でなければならないので，$\lambda'_r$ の位相を $9.043°$ 進める．このことは全てのベクトルを $9.043°$ 進めることになり $i_s, i'_r$ は次式となる．

$$i_s = 18.095\angle(-26.277° + 9.043°) = 18.095\angle -17.234° \tag{2-73}$$

$$i'_r = 16.783\angle(170.957° + 9.043°) = 16.783\angle 180° \tag{2-74}$$

(2-74)式より $i'_{dr} = 0$ となり，回転子には $q$ 軸にのみ電流が流れる．

(3) 補正後の磁束の計算

$\lambda_s$ を求める．

$$\lambda_s = (L_{ls} + L_m)i_s + L_m i'_r = 87.22 \times 10^{-3} \times 18.095\angle -17.234°$$
$$+ 84.7 \times 10^{-3} \times 16.783\angle 180° = 0.475\angle -79.6°$$

$\lambda_m$ を求める．

$$\lambda_m = L_m(i_s + i'_r) = 84.7 \times 10^{-3}(18.095\angle -17.234° + 16.783\angle 180°)$$
$$= 0.456\angle -84.676°$$

$$L_m i_s = 84.7 \times 10^{-3} \times 18.095\angle -17.234° = 1.533\angle -17.234°$$

$$L_m i'_r = 84.7 \times 10^{-3} \times 16.783\angle 180° = -1.421$$

$$L'_{lr} i'_r = 2.52 \times 10^{-3} \times 16.783\angle 180° = -0.042$$

$$L_{ls} i_s = 2.52 \times 10^{-3} \times 18.095\angle -17.234° = 0.046\angle -17.234°$$

$$i_m = i_s + i'_r = 18.095\angle -17.234° + 16.783\angle 180°$$
$$= 5.384\angle -84.676°$$

以上の電流および磁束のベクトル図を描くと図 2.8 のベクトル図が得られる．

問題2.13 かご形誘導電動機の始動・負荷特性

## 問題２．１３　60Hz, 230V 電源による 5 馬力かご形誘導電動機の始動・負荷特性

5 馬力(3.73kW)，230V, 60Hz, 4 極誘導電動機のパラメータの値は，

固定子抵抗 $r_s$= 0.531Ω，固定子漏れインダクタンス $L_{ls}$= 2.52mH
回転子抵抗 $r_r$= 0.408Ω，回転子漏れインダクタンス $L_{lr}$=2.52mH
励磁インダクタンス $L_m$=84.7mH, 慣性モーメント $J$= 0.1kg-m$^2$

である．この誘導電動機に平衡三相電圧，

$$\left. \begin{aligned} v_{as} &= \sqrt{\frac{2}{3}} 230\cos(377t) \\ v_{bs} &= \sqrt{\frac{2}{3}} 230\cos(377t - 2\pi/3) \\ v_{cs} &= \sqrt{\frac{2}{3}} 230\cos(377t + 2\pi/3) \end{aligned} \right\} \quad (2\text{-}75)$$

を加えた場合について，固定子相電圧 $v_{as}$，固定子線電流 $i_{as}$，回転子電流 $i'_{ar}$，トルク $T_e$，負荷トルク $T_l$，および回転子速度 $n_r$[rpm]の波形を描け．ただし，$i'_{ar}$ は回転子速度と同期して回転する座標で表せ．計算時間は電源電圧印加直後から 1 秒間とし，また電源電圧印加直後から 0.7 秒後に定格トルクの 0.83 倍の負荷トルク 16 N-m を 0.1 秒間加えるものとする．

### 解答

まず，座標軸の角速度を $\omega$ として，電源電圧 $v_{ds}, v_{qs}$，磁束鎖交数 $\lambda_{ds}, \lambda_{qs}, \lambda'_{dr}, \lambda'_{qr}$ および回転子角速度 $\omega_r$ を未知数とする 7 元連立微分方程式を導く．次に，問題に示す座標軸の角速度を $\omega$ に代入し，未知数である磁束鎖交数の初期値を 0 として微分方程式をルンゲクッタ・ギル法で解く．これらの結果から問題に示す座標系に対する電圧および電流を求める．

[角速度 $\omega$ で回転する座標での微分方程式]

(2-15)式を(2-1)式により $d,q$ 変換すると次式が得られる．

$$\underline{v}_{qds} = v_{qs} - jv_{ds} = \sqrt{\frac{2}{3}} 230 e^{j(\omega_e - \omega)t} \quad (2\text{-}76)$$

$$v_{ds} = -\sqrt{\frac{2}{3}} 230\sin(\omega_e - \omega) t \quad (2\text{-}77)$$

$$v_{qs} = \sqrt{\frac{2}{3}} 230\cos(\omega_e - \omega) t \quad (2\text{-}78)$$

(2-77), (2-78)式および(2-3), (2-4), (2-7), (2-8)式より $\lambda_{ds}, \lambda_{qs}, \lambda'_{dr}, \lambda'_{qr}$ に関する微分方程式を得る. また,

$$T_e = \frac{2J}{P}\frac{d\omega_r}{dt} + T_l \tag{2-79}$$

$$\omega_r = \frac{P\omega_r m}{2} \tag{2-80}$$

より $\omega_r$ に関する微分方程式が得られる.

ここで $p = d/dt, \sigma = 1 - \frac{L_m^2}{L_s L_r}, L_s = L_m + L_{ls}, L_r = L_m + L_{lr}.$ また $P$ は極数である.

$$pv_{ds} = -(\omega_e - \omega)v_{qs} \tag{2-81}$$

$$pv_{qs} = (\omega_e - \omega)v_{ds} \tag{2-82}$$

$$p\lambda_{ds} = v_{ds} - \frac{r_s}{\sigma L_s L_r}(L_r \lambda_{ds} - L_m \lambda'_{dr}) + \omega\lambda_{qs} \tag{2-83}$$

$$p\lambda_{qs} = v_{qs} - \frac{r_s}{\sigma L_s L_r}(L_r \lambda_{qs} - L_m \lambda'_{qr}) - \omega\lambda_{ds} \tag{2-84}$$

$$p\lambda'_{dr} = -\frac{r_r}{\sigma L_s L_r}(L_s \lambda'_{dr} - L_m \lambda_{ds}) + (\omega - \omega_r)\lambda'_{qr} \tag{2-85}$$

$$p\lambda'_{qr} = -\frac{r_r}{\sigma L_s L_r}(L_s \lambda'_{qr} - L_m \lambda_{qs}) - (\omega - \omega_r)\lambda'_{dr} \tag{2-86}$$

$$p\omega_r = \frac{P}{2J}\left\{\frac{3}{2}\cdot\frac{P}{2}\cdot\frac{L_m}{\sigma L_s L_r}(\lambda_{qs}\lambda'_{dr} - \lambda_{ds}\lambda'_{qr}) - T_l\right\} \tag{2-87}$$

電流は(2-5),(2-6),(2-9),(2-10)より次式となる.

$$i_{ds} = \frac{L_r \lambda_{ds} - L_m \lambda'_{dr}}{\sigma L_s L_r} \tag{2-88}$$

$$i_{qs} = \frac{L_r \lambda_{qs} - L_m \lambda'_{qr}}{\sigma L_s L_r} \tag{2-89}$$

$$i'_{dr} = \frac{L_s \lambda'_{dr} - L_m \lambda_{ds}}{\sigma L_s L_r} \tag{2-90}$$

$$i'_{qr} = \frac{L_s \lambda'_{qr} - L_m \lambda_{qs}}{\sigma L_s L_r} \tag{2-91}$$

トルクは問題 2.7 g)より次式となる.

$$T_e = \frac{3}{2}\frac{P}{2}\frac{L_m}{\sigma L_s L_r}(\lambda_{qs}\lambda'_{dr} - \lambda_{ds}\lambda'_{qr}) \tag{2.92}$$

$v_{as} = v_{qs}^s, i_{as} = i_{qs}^s$ であるから, 静止座標で計算を行う. したがって, (2-81)～

問題 2.13　かご形誘導電動機の始動・負荷特性

(2-86)において $\omega=0$ とする．初期値は $v_{ds}=0$，$v_{qs}=\sqrt{\frac{2}{3}}\cdot 230$，$\lambda_{ds}=\lambda_{qs}=0$，$\lambda'_{dr}=\lambda'_{qr}=0$，$\omega_r=0$ とし,計算の刻み幅 $h=2\mu s$ として(2-81)～(2-87)の連立微分方程式を，ルンゲクッタ・ギル法で解く．計算時間は1秒とし, $t=0.7s$ から $t=0.8s$ の0.1秒間16N-mの負荷トルクを加える．電流およびトルクは(2-88)～(2-92)式より求める．計算結果は全て静止座標である．

$$v_{as} = v^s_{qs} \tag{2-93}$$
$$i_{as} = i^s_{qs} \tag{2-94}$$

$i'_{ar}$ は回転子座標での回転子電流であり，

$$\underline{f}^r_{qdx} = \underline{f}^s_{qdx} e^{-j\theta_r} \tag{2-95}$$

より次式となる．

$$i'_{ar} = i'^r_{qr} = i'^s_{qr}\cos\theta_r - i'^s_{dr}\sin\theta_r \tag{2-96}$$

回転子速度は，

$$n_r = \frac{\omega_r}{2\pi(P/2)}\times 60 \text{ [rpm]} \tag{2-97}$$

ただし, $\theta_r = \int_0^t \omega_r dt$ である．

計算結果を図 2.9 に示す．

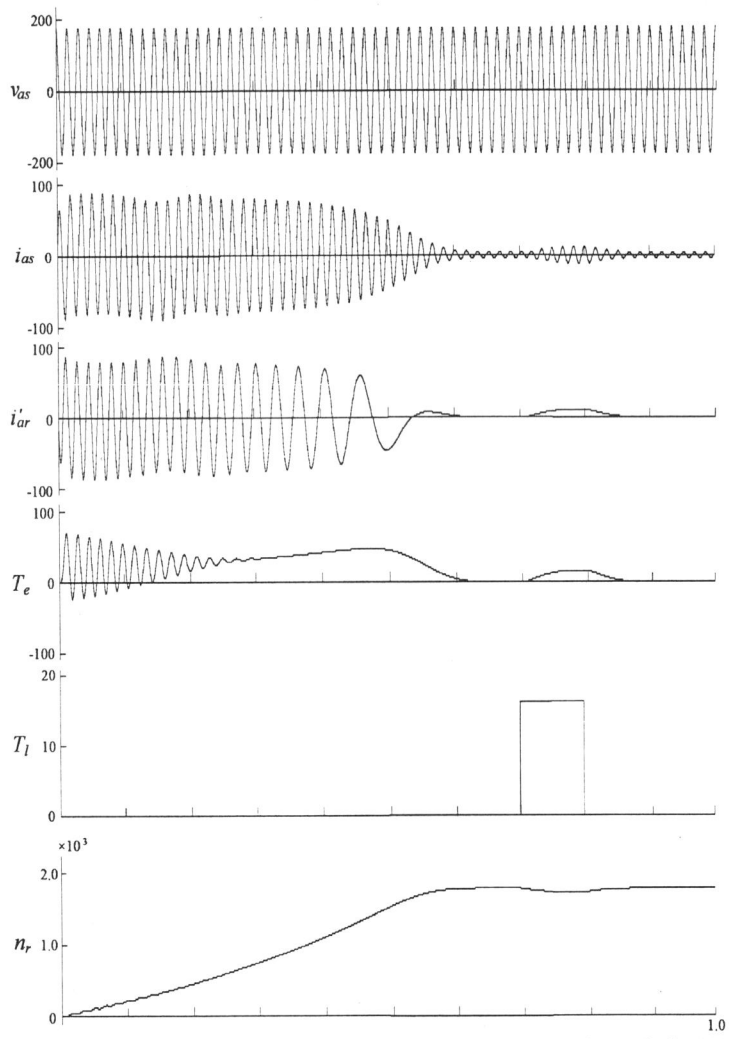

図 2.9  60Hz, 230V 電源による 5 馬力かご形誘導電動機の始動・負荷特性
（定格速度到達後，電動機は定格トルクの 0.83 倍の負荷が加えられる）
上から固定子の相電圧 $v_{as}$，固定子の線電流 $i_{as}$，回転子の電流 $i'_{ar}$
（固定子巻数換算），トルク $T_e$，負荷トルク $T_l$，回転子速度 (rpm)，
時間軸は 0.1/div.

## 問題2.14　60Hz，230V 電源による5馬力かご形誘導電動機の始動・負荷特性（静止 $d, q$ 軸モデル）

5馬力(3.73kW)，230V，60Hz，4極誘導電動機のパラメータの値は，

固定子抵抗 $r_s$= 0.531 Ω，固定子漏れインダクタンス $L_{ls}$= 2.52mH
回転子抵抗 $r_r$= 0.408 Ω，回転子漏れインダクタンス $L_{lr}$=2.52mH
励磁インダクタンス $L_m$=84.7mH，慣性モーメント $J$= 0.1kg-m$^2$

である．この誘導電動機に平衡三相電圧，

$$\left. \begin{aligned} v_{as} &= \sqrt{\frac{2}{3}} 230\cos(377t) \\ v_{bs} &= \sqrt{\frac{2}{3}} 230\cos(377t - 2\pi/3) \\ v_{cs} &= \sqrt{\frac{2}{3}} 230\cos(377t + 2\pi/3) \end{aligned} \right\} \quad (2\text{-}75)$$

を加えた場合について，静止座標で計算した $v_{ds}^s, v_{qs}^s, i_{ds}^s, i_{qs}^s, i_{dr}^{\prime s}, i_{qr}^{\prime s}$,回転子速度 $n_r$[rpm]および $T_e$ の波形を描け．計算時間は電源電圧印加直後から 1 秒間とし，また電源電圧印加直後から 0.7 秒後に定格トルクの 0.83 倍の負荷トルク 16 N-m を 0.1 秒間加えるものとする．

**解答**
　静止座標による計算は問題 2.13 と全く同じであり，計算結果を図 2.10 に示す．電圧および電流は静止座標であり，上付き添字 $s$ を付して示している．

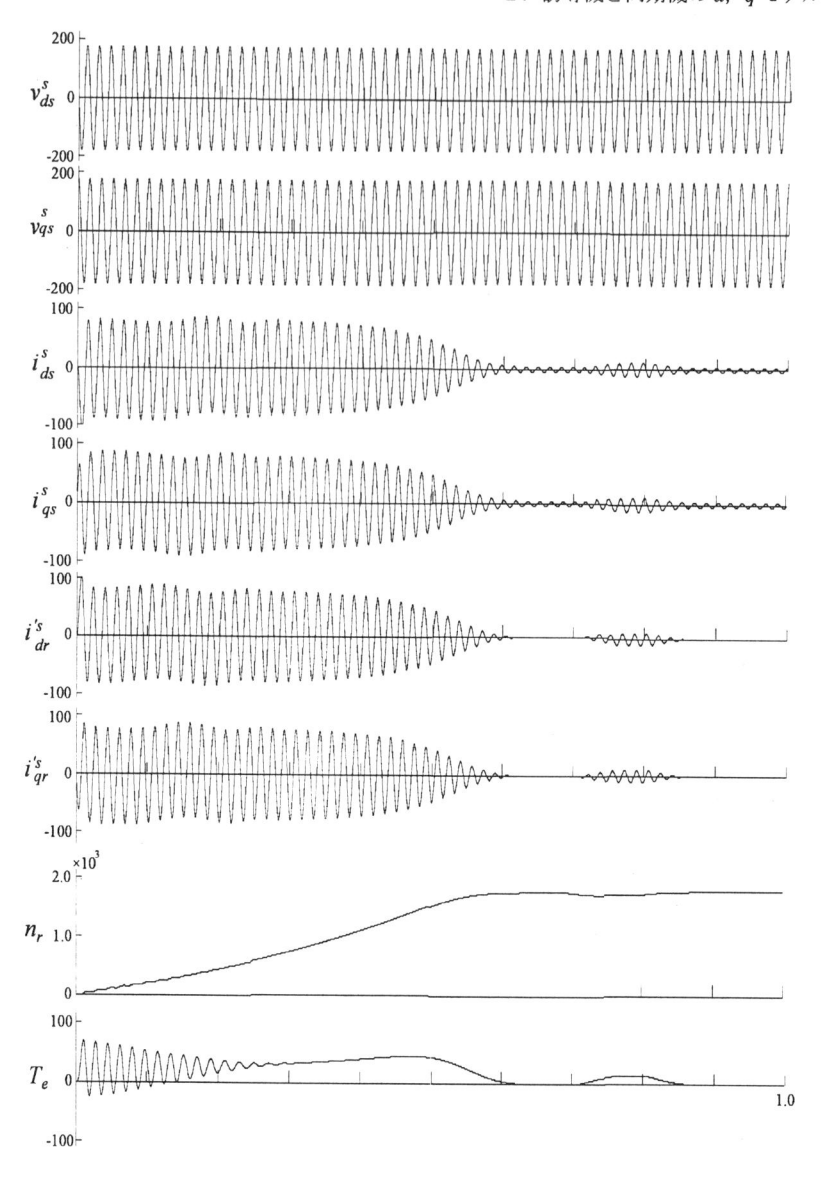

図 2.10　60Hz, 230V 電源による 5 馬力かご形誘導電動機の始動・負荷特性
（静止 $d,q$ 軸モデル）
上から $v_{ds}^s, v_{qs}^s, i_{ds}^s, i_{qs}^s, i_{dr}^{\prime s}, i_{qr}^{\prime s}$, 回転子速度(rpm)，トルク $T_e$,
時間軸は 0.1s/div.

問題 2.15　かご形誘導電動機の始動・負荷特性(回転子座標)　　　　　　　　　　37

## 問題２．１５　60Hz, 230V 電源による 5 馬力かご形誘導電動機の始動・負荷特性（回転子速度で回転する座標での $d, q$ 軸モデル）

5 馬力(3.73kW), 230V, 60Hz, 4 極誘導電動機のパラメータの値は,

固定子抵抗 $r_s$= 0.531Ω, 固定子漏れインダクタンス $L_{ls}$= 2.52mH
回転子抵抗 $r_r$= 0.408Ω, 回転子漏れインダクタンス $L_{lr}$=2.52mH
励磁インダクタンス $L_m$=84.7mH, 慣性モーメント $J$= 0.1kg-m$^2$

である．この誘導電動機に平衡三相電圧,

$$v_{as} = \sqrt{\frac{2}{3}}230\cos(377t)$$
$$v_{bs} = \sqrt{\frac{2}{3}}230\cos(377t - 2\pi/3)$$
$$v_{cs} = \sqrt{\frac{2}{3}}230\cos(377t + 2\pi/3)$$

(2-75)

を加えた場合について，回転子座標で計算した $v_{ds}^r, v_{qs}^r, i_{ds}^r, i_{qs}^r, i_{dr}^{\prime r}, i_{qr}^{\prime r}$, 回転子速度 $n_r$[rpm]および $T_e$ の波形を描け．計算時間は電源電圧印加直後から 1 秒間とし，また電源電圧印加直後から 0.7 秒後に定格トルクの 0.83 倍の負荷トルク 16 N-m を 0.1 秒間加えるものとする．

**解答**
　回転子座標での計算であるから，(2-81)〜(2-86)において $\omega = \omega_r$ とする．初期値は $v_{ds} = 0, v_{qs} = \sqrt{\frac{2}{3}} \cdot 230V, \lambda_{ds} = \lambda_{qs} = 0, \lambda_{dr}' = \lambda_{qr}' = 0, \omega_r = 0$ として問題 2.13 と同様の方法で解く．電流およびトルクは(2-88)〜(2-92)より，回転子速度 $n_r$ は(2-97)より求める．計算結果を図 2.11 に示す．電圧および電流は回転子座標であり，上付き添字 $r$ を付して示している．

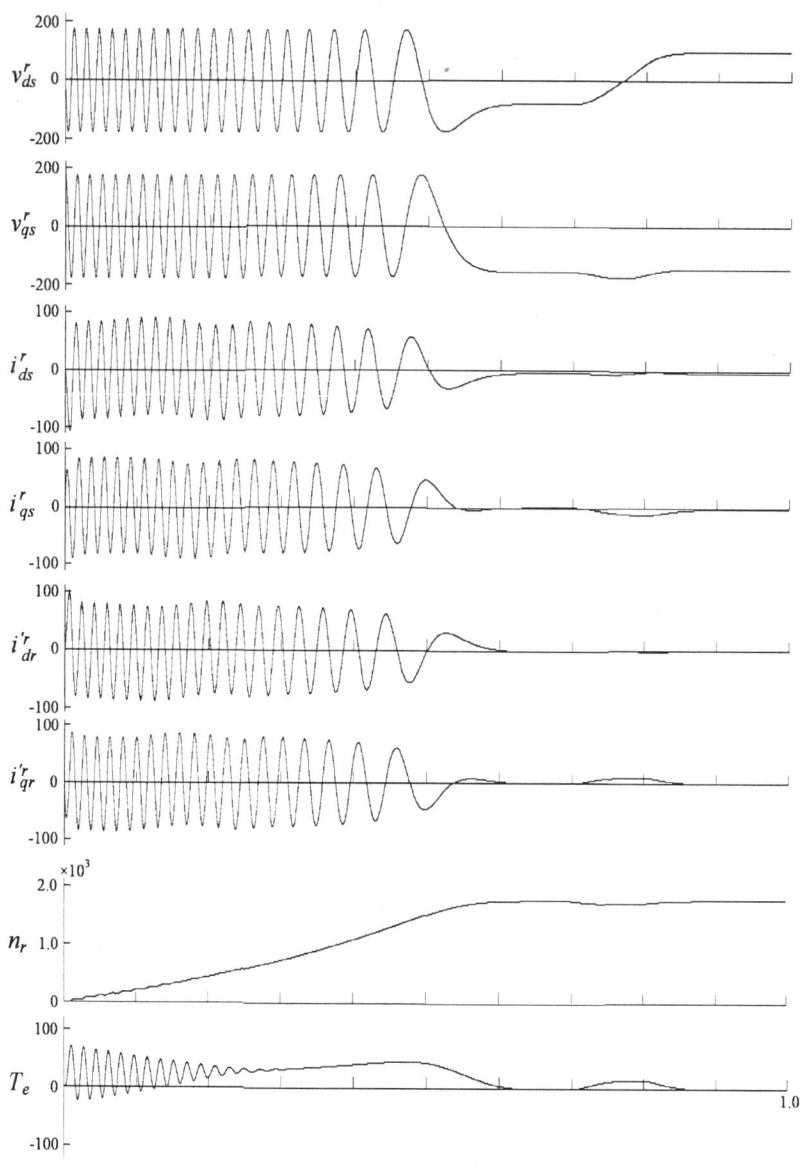

図 2.11　60Hz, 230V 電源による 5 馬力かご形誘導電動機の始動・負荷特性
（回転子速度で回転する座標での $d,q$ 軸モデル）
上から $v_{ds}^r, v_{qs}^r, i_{ds}^r, i_{qs}^r, i_{dr}^{\prime r}, i_{qr}^{\prime r}$, 回転子速度(rpm)，トルク $T_e$,
時間軸は 0.1s/div.

問題 2.16 かご形誘導電動機の始動・負荷特性(同期座標)　　　　　　　　　39

**問題２．１６　60Hz，230V 電源による 5 馬力かご形誘導電動機の始動・負荷特性（固定子電圧と同期して回転する座標での $d, q$ 軸モデル）**

5 馬力(3.73kW)，230V，60Hz，4 極誘導電動機のパラメータの値は，

　　固定子抵抗 $r_s$= 0.531Ω, 固定子漏れインダクタンス $L_{ls}$= 2.52mH
　　回転子抵抗 $r_r$= 0.408Ω, 回転子漏れインダクタンス $L_{lr}$=2.52mH
　　励磁インダクタンス $L_m$=84.7mH, 慣性モーメント $J$= 0.1kg-m$^2$

である．この誘導電動機に平衡三相電圧，

$$\left.\begin{array}{l} v_{as} = \sqrt{\dfrac{2}{3}}230\cos(377t) \\ v_{bs} = \sqrt{\dfrac{2}{3}}230\cos(377t - 2\pi/3) \\ v_{cs} = \sqrt{\dfrac{2}{3}}230\cos(377t + 2\pi/3) \end{array}\right\} \quad (2\text{-}75)$$

を加えた場合について，同期座標で計算した $v_{ds}^e, v_{qs}^e, i_{ds}^e, i_{qs}^e, i_{dr}'^e, i_{qr}'^e$，回転子速度 $n_r$[rpm]および $T_e$ の波形を描け．計算時間は電源電圧印加直後から 1 秒間とし，また電源電圧印加直後から 0.7 秒後に定格トルクの 0.83 倍の負荷トルク 16 N-m を 0.1 秒間加えるものとする．

**解答**

同期座標での計算であるから，(2-81)〜(2-86)において $\omega = \omega_e$ とする．この場合 (2-77)，(2-78)より $v_{ds}$=0, $v_{qs} = \sqrt{\dfrac{2}{3}} \cdot 230V$ 一定である．初期値を $\lambda_{ds} = \lambda_{qs} = 0$，$\lambda'_{dr} = \lambda'_{qr} = 0, \omega_r = 0$ として問題 2.13 と同様の方法で解く．電流およびトルクは (2-88)〜(2-92)より，回転子速度 $n_r$ は(2-97)より求める．計算結果を図 2.12 に示す．電圧および電流は同期座標であり，上付き添字 $sv$ を付して示している．

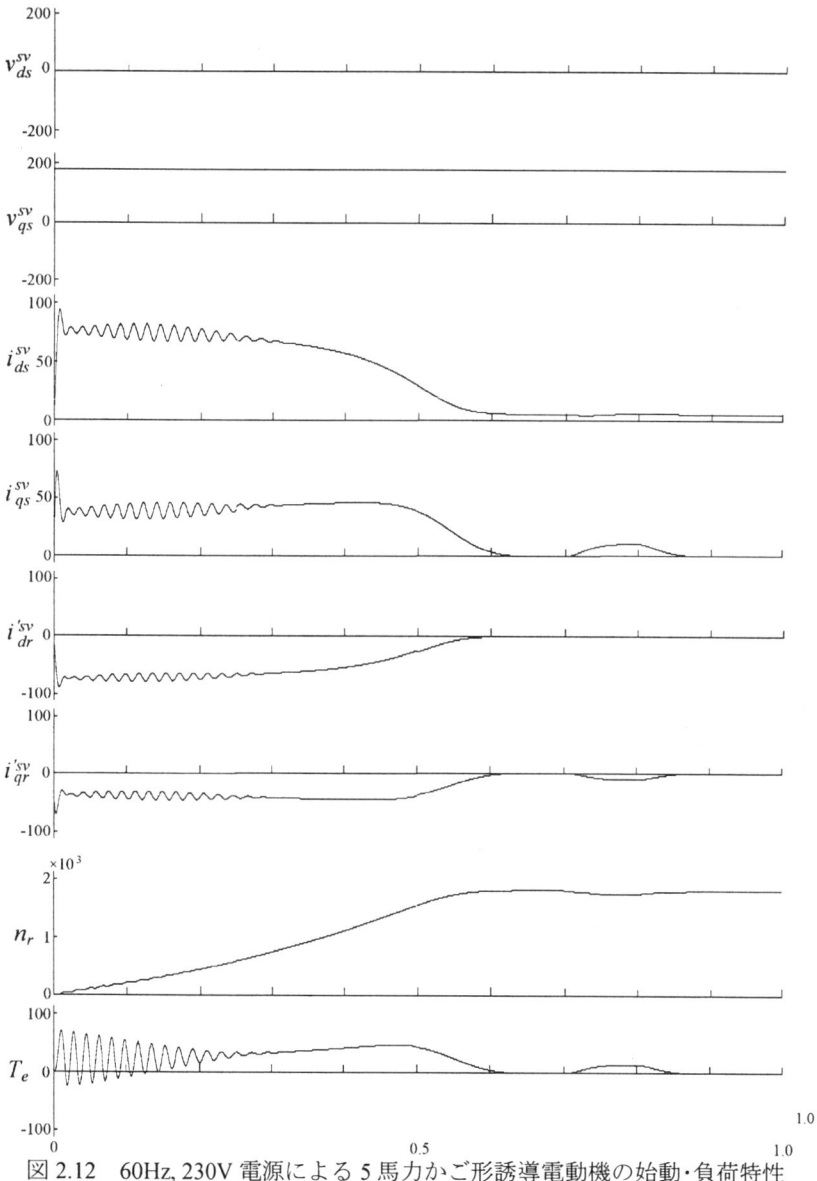

図 2.12　60Hz, 230V 電源による 5 馬力かご形誘導電動機の始動・負荷特性
（固定子電圧と同期して回転する座標での $d,q$ 軸モデル）
上から $v_{ds}^{sv}, v_{qs}^{sv}, i_{ds}^{sv}, i_{qs}^{sv}, i_{dr}^{'sv}, i_{qr}^{'sv}$ 回転子速度 (rpm)，トルク $T_e$,
時間軸は 0.1s/div.

問題2.17 かご形誘導電動機の始動・負荷特性(回転子磁束座標)

## 問題２．１７　60Hz, 230V 電源による５馬力かご形誘導電動機の始動・負荷特性（回転子磁束と同期して回転する座標での $d, q$ 軸モデル）

5 馬力(3.73kW), 230V, 60Hz, 4 極誘導電動機のパラメータの値は，

> 固定子抵抗 $r_s$= 0.531Ω, 固定子漏れインダクタンス $L_{ls}$= 2.52mH
> 回転子抵抗 $r_r$= 0.408Ω, 回転子漏れインダクタンス $L_{lr}$=2.52mH
> 励磁インダクタンス $L_m$=84.7mH, 慣性モーメント $J$= 0.1kg-m$^2$

である．この誘導電動機に平衡三相電圧，

$$v_{as} = \sqrt{\frac{2}{3}} 230\cos(377t)$$
$$v_{bs} = \sqrt{\frac{2}{3}} 230\cos(377t - 2\pi/3)$$
$$v_{cs} = \sqrt{\frac{2}{3}} 230\cos(377t + 2\pi/3)$$

(2-75)

を加えた場合について，回転子磁束座標で計算した $v_{ds}^{rf}, v_{qs}^{rf}, i_{ds}^{rf}, i_{qs}^{rf}, i_{dr}^{\prime rf}, i_{qr}^{\prime rf}$, 回転子速度 $n_r$[rpm]および $T_e$ の波形を描け．計算時間は電源電圧印加直後から 1 秒間とし，また電源電圧印加直後から 0.7 秒後に定格トルクの 0.83 倍の負荷トルク 16 N-m を 0.1 秒間加えるものとする．

### 解答

回転子磁束座標での計算の場合，まず問題 2.13 と同様に静止座標で計算を行い，回転子磁束 $\underline{\lambda}_{qdr}^{\prime s}$ の $d$ 軸からのずれ $\theta_{rf}$ を求める．次に，$\underline{\lambda}_{qdr}^{\prime s}$ を $\theta_{rf}$ 回転させて $\underline{\lambda}_{qdr}^{\prime s}$ を全て $d$ 軸に置き，$\lambda_{qr}^{\prime s} = 0$ とする．また，静止座標で計算した電圧，電流を $\theta_{rf}$ を用いて，

$$\underline{f}_{qdx} = \underline{f}_{qdx}^s e^{-j\theta}$$

(2-98)

より回転子磁束座標量に変換する．

(a) $\theta_{rf}$ の計算

問題 2.13 の静止座標で計算した回転子磁束 $\lambda_{dr}^{\prime s}$ および $\lambda_{qr}^{\prime s}$ より $\theta_{rf}$ は次式となる．

$$\theta_{rf} = \cos^{-1} \frac{\lambda_{dr}^{\prime s}}{\sqrt{\left(\lambda_{dr}^{\prime s}\right)^2 + \left(\lambda_{qr}^{\prime s}\right)^2}}$$

(2-99)

ここで $\lambda_{qr}^{\prime s} < 0$ のとき $\theta_{rf} = -\theta_{rf}$, $\lambda_{qr}^{\prime s} > 0$ のとき $\theta_{rf} = \theta_{rf}$ とする．

(b) 静止座標量の回転子磁束座標量への変換

式(2-98)より静止座標量 $\underline{f}^s_{qds}$ の回転子磁束鎖交量 $\underline{f}^{rf}_{qds}$ への変換は次式となる．

$$\underline{f}^{rf}_{qds} = \underline{f}^s_{qds} e^{-j\theta_{rf}} = (f^s_{qs}\cos\theta_{rf} - f^s_{ds}\sin\theta_{rf}) - j(f^s_{ds}\cos\theta_{rf} + f^s_{qs}\sin\theta_{rf}) \quad (2\text{-}100)$$

よって，問題 2.13 の計算で求めた静止座標での諸量より，次式で示す回転子磁束座標での諸量を得る．

$$v^{rf}_{qs} = v^s_{qs}\cos\theta_{rf} - v^s_{ds}\sin\theta_{rf} \tag{2-101}$$

$$v^{rf}_{ds} = v^s_{ds}\cos\theta_{rf} + v^s_{qs}\sin\theta_{rf} \tag{2-102}$$

$$i^{rf}_{qs} = i^s_{qs}\cos\theta_{rf} - i^s_{ds}\sin\theta_{rf} \tag{2-103}$$

$$i^{rf}_{ds} = i^s_{ds}\cos\theta_{rf} + i^s_{qs}\sin\theta_{rf} \tag{2-104}$$

$$i'^{rf}_{qr} = i'^s_{qr}\cos\theta_{rf} - i'^s_{dr}\sin\theta_{rf} \tag{2-105}$$

$$i'^{rf}_{dr} = i'^s_{dr}\cos\theta_{rf} + i'^s_{qr}\sin\theta_{rf} \tag{2-106}$$

なお，トルク $T_e$ および回転子速度 $n_r$ は座標軸に依存しないため問題 2.13 の解と同じである．計算結果を図 2.13 に示す．電圧および電流は回転子磁束座標であり，上付き添字 rf を付して示している．

問題 2.17 かご形誘導電動機の始動・負荷特性(回転子磁束座標)　　　　　43

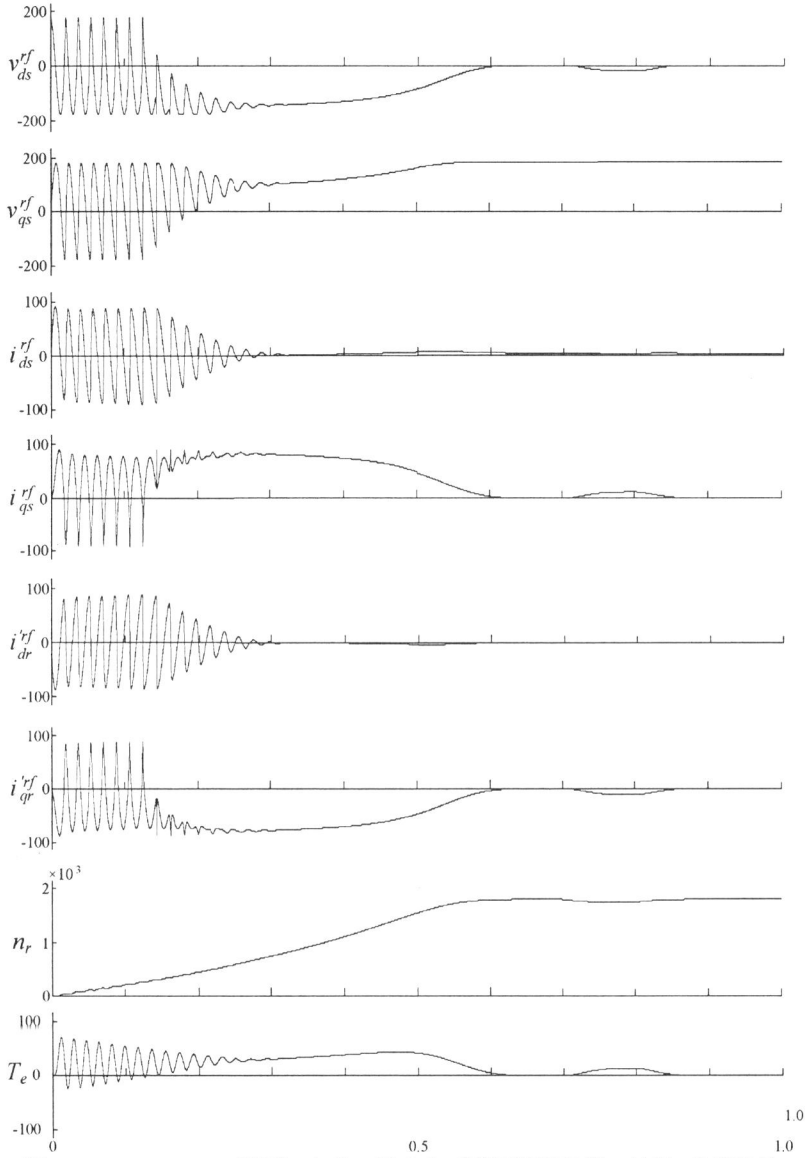

図 2.13　60Hz, 230V 電源による 5 馬力かご形誘導電動機の始動・負荷特性
(回転子磁束と同期して回転する座標での $d,q$ 軸モデル)
上から $v_{ds}^{rf}, v_{qs}^{rf}, i_{ds}^{rf}, i_{qs}^{rf}, i_{dr}^{\prime rf}, i_{qr}^{\prime rf}$ 回転子速度(rpm)，トルク $T_e$,
時間軸は 0.1s/div.

44                                     2. 誘導機と同期機の d, q モデル

---

**問題2.18　20kW，230V 突極形同期機の界磁巻線短絡時の静止状態からの加速特性**

制動巻線を有する 20kW の突極形同期機のパラメータは以下の通りである．

$P_{rated}$ = 20kW, $V_{ll\text{ (rms)}}$ = 230V, $f$ =60Hz, 極数= 4, $r_s$= 0.1Ω, $r_{fd}$= 0.016Ω,
$r_{kd}$= 0.17Ω, $r_{kq}$= 0.17Ω, $L_{md}$= 4.1mH, $L_{mq}$= 2.0mH, $L_{ds}$= 4.89mH, $L_{qs}$=2.79mH,
$L_{fd}$= 4.48mH, $L_{kd}$= 4.39mH, $L_{kq}$= 2.91mH, $J$ = 0.25kg-m-s$^2$

この同期電動機の界磁巻線を短絡 $(v'_{fd} = 0)$ し，平衡三相電圧

$$\left. \begin{aligned} v_{as} &= \sqrt{\frac{2}{3}} 230\cos(377t) \\ v_{bs} &= \sqrt{\frac{2}{3}} 230\cos(377t - 2\pi/3) \\ v_{cs} &= \sqrt{\frac{2}{3}} 230\cos(377t + 2\pi/3) \end{aligned} \right\} \tag{2-75}$$

を印加した直後から 2 秒後までについて，固定子線電流 $i_a$, q 軸固定子電流 $i^r_{qs}$, d 軸固定子電流 $i^r_{ds}$, 制動巻線 q 軸電流 $i_{kq}$, 制動巻線 d 軸電流 $i_{kd}$, 界磁電流 $i_{fd}$, トルク $T_e$, 回転子速度 $n_r$ を描け．ただし，回転子座標で計算を行うこと．

---

**解答**

回転子座標での計算であるから，(2-81)，(2-82)式で $\omega = \omega_r$ と置いて $pv'^r_{ds}, pv^r_{qs}$ を得る．また，訳本 p.106 の(2.14-65)－(2.14-74)およびトルクに関する式(2.79)より次式が得られる．

$$pv^r_{ds} = -(\omega_e - \omega_r)v^r_{qs} \tag{2-81}$$

$$pv^r_{qs} = (\omega_e - \omega_r)v^r_{ds} \tag{2.82}$$

$$p\lambda^r_{ds} = v^r_{ds} - r_s \frac{\lambda^r_{ds}(L_{fd}L_{kd} - L^2_{md}) - \lambda_{fd}(L_{kd}L_{md} - L^2_{md}) - \lambda_{kd}(L_{fd}L_{md} - L^2_{md})}{L_{ds}L_{fd}L_{kd} - L^2_{md}(L_{ds} + L_{fd} + L_{kd}) + 2L^3_{md}} + \omega_r \lambda^r_{qs} \tag{2-107}$$

$$p\lambda^r_{qs} = v^r_{qs} - r_s \frac{\lambda^r_{qs}L_{kq} - \lambda_{kq}L_{mq}}{L_{qs}L_{kq} - L^2_{mq}} - \omega_r \lambda^r_{ds} \tag{2-108}$$

$$p\lambda_{kd} = v_{kd} - r_{kd} \frac{\lambda_{kd}(L_{ds}L_{fd} - L^2_{md}) - \lambda^r_{ds}(L_{fd}L_{md} - L^2_{md}) - \lambda_{fd}(L_{ds}L_{md} - L^2_{md})}{L_{ds}L_{fd}L_{kd} - L^2_{md}(L_{ds} + L_{fd} + L_{kd}) + 2L^3_{md}} \tag{2-109}$$

$$p\lambda_{kq} = v_{kq} - r_{kq} \frac{\lambda_{kq}L_{qs} - \lambda^r_{qs}L_{mq}}{L_{qs}L_{kq} - L^2_{mq}} \tag{2-110}$$

問題 2.18 突極形同期機の界磁巻線短絡時の加速特性

$$p\lambda_{fd} = v_{fd} - r_{fd} \frac{\lambda_{fd}(L_{ds}L_{kd} - L_{md}^2) - \lambda_{kd}(L_{ds}L_{md} - L_{md}^2) - \lambda_{ds}^r(L_{kd}L_{md} - L_{md}^2)}{L_{ds}L_{fd}L_{kd} - L_{md}^2(L_{ds} + L_{fd} + L_{kd}) + 2L_{md}^3} \tag{2-111}$$

$$p\omega_r = \frac{P}{2J}\left\{\frac{3}{2}\frac{P}{2}\left(\lambda_{ds}^r \frac{\lambda_{kq}L_{qs} - \lambda_{qs}^r L_{mq}}{L_{qs}L_{kq} - L_{mq}^2}\right.\right.$$

$$\left.\left. - \lambda_{qs}^r \frac{\lambda_{ds}^r(L_{fd}L_{kd} - L_{md}^2) - \lambda_{fd}(L_{kd}L_{md} - L_{md}^2) - \lambda_{kd}(L_{fd}L_{md} - L_{md}^2)}{L_{ds}L_{fd}L_{kd} - L_{md}^2(L_{ds} + L_{fd} + L_{kd}) + 2L_{md}^3}\right) - T_l\right\} \tag{2-112}$$

これらの(2-81), (2-82), (2-107)〜(2-112)の8元連立微分方程式において, 初期値として $v_{ds}^r = 0$, $v_{qs}^r = \sqrt{\frac{2}{3}} \cdot 230$, $\lambda_{ds}^r = \lambda_{qs}^r = 0$, $\lambda_{kd} = \lambda_{kq} = \lambda_{fd} = 0$ のもとで, ルンゲクッタ・ギル法で解く. 計算刻み $h=2\mu$s, 計算時間は 2 秒とする. なお負荷トルク $T_l = 0$ とする. 訳本 p.106 の(2.14-70)−(2.14-74)から導いた以下に示す電流の式から各電流を求める.

$$i_{ds}^r = \frac{\lambda_{ds}^r(L_{fd}L_{kd} - L_{md}^2) - \lambda_{fd}(L_{kd}L_{md} - L_{md}^2) - \lambda_{kd}(L_{fd}L_{md} - L_{md}^2)}{L_{ds}L_{fd}L_{kd} - L_{md}^2(L_{ds} + L_{fd} + L_{kd}) + 2L_{md}^3} \tag{2-113}$$

$$i_{qs}^r = \frac{\lambda_{qs}^r L_{kq} - \lambda_{kq}L_{mq}}{L_{qs}L_{kq} - L_{mq}^2} \tag{2-114}$$

$$i_{kd} = \frac{\lambda_{kd}(L_{ds}L_{fd} - L_{md}^2) - \lambda_{ds}^r(L_{fd}L_{md} - L_{md}^2) - \lambda_{fd}(L_{ds}L_{md} - L_{md}^2)}{L_{ds}L_{fd}L_{kd} - L_{md}^2(L_{ds} + L_{fd} + L_{kd}) + 2L_{md}^3} \tag{2-115}$$

$$i_{kq} = \frac{\lambda_{kq}L_{qs} - \lambda_{qs}^r L_{mq}}{L_{qs}L_{kq} - L_{mq}^2} \tag{2-116}$$

$$i_{fd} = \frac{\lambda_{fd}(L_{ds}L_{kd} - L_{md}^2) - \lambda_{kd}(L_{ds}L_{md} - L_{md}^2) - \lambda_{ds}^r(L_{kd}L_{md} - L_{md}^2)}{L_{ds}L_{fd}L_{kd} - L_{md}^2(L_{ds} + L_{fd} + L_{kd}) + 2L_{md}^3} \tag{2-117}$$

トルクは訳本 p.108 の(2.14-76)より求める.

$$T_e = \frac{3}{2}\frac{P}{2}\left[\lambda_{ds}^r i_{qs}^r - \lambda_{qs}^r i_{ds}^r\right] \tag{2.14-76}$$

回転子速度 $n_r$ は(2-97)式より求める.

$a$ 相固定子電流 $i_{as}^r$ は訳本 p.70 の(2.9-13)より次式となる.

$$i_{as} = i_{qs}^r \cos\theta_r + i_{ds}^r \sin\theta_r \tag{2-118}$$

ただし, $\theta_r = \int_0^t \omega_r dt$ である.

計算結果を図 2.14 に示す.

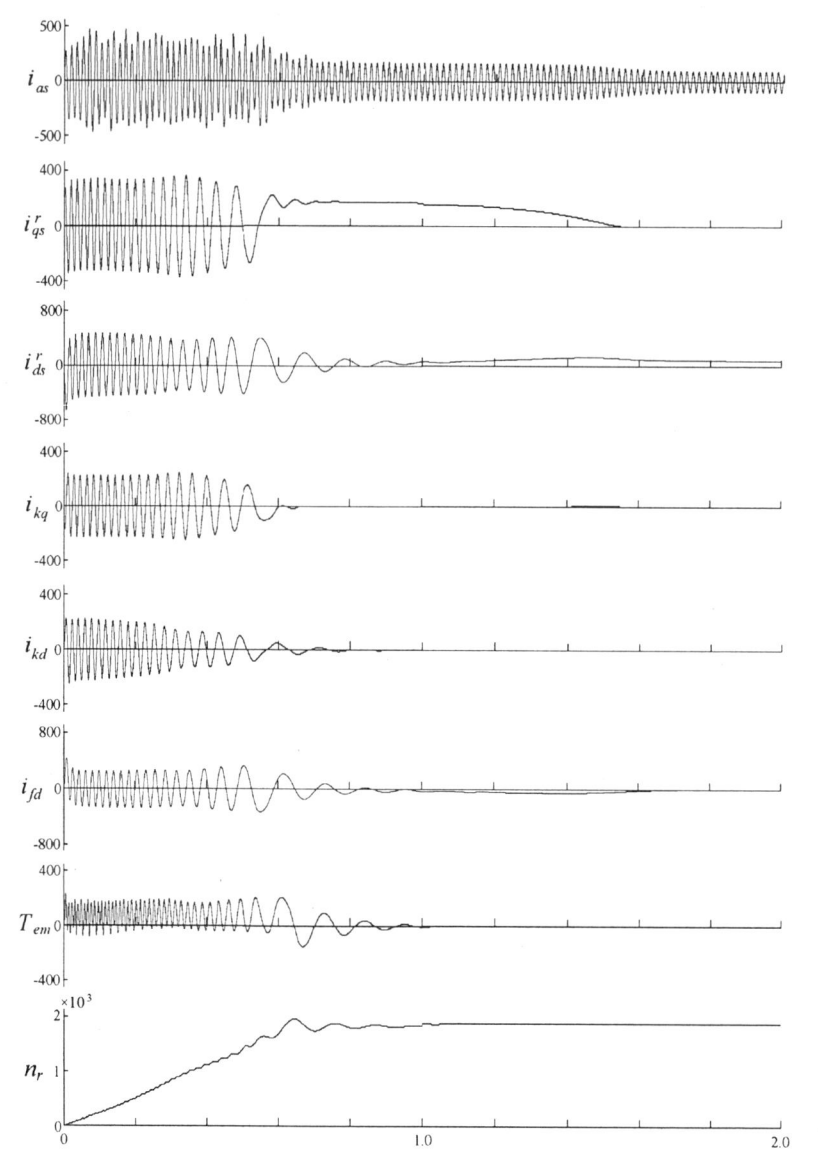

図2.14 20kW, 230V突極形同期機の界磁巻線短絡時の静止状態からの加速特性
波形は上から $i_{as}, i_{qs}^r, i_{ds}^r, i_{kq}, i_{kd}, i_{fd}, T_{em}$ ，回転子速度(rpm)，
時間軸は 0.2s/div．

問題2.19 永久磁石電動機の静止状態からの加速特性　　　　　　　　　　47

**問題2．19　5馬力，230V 永久磁石電動機の静止状態からの加速特性**

5馬力(3.73kW)，230V，60Hz，2極の始動かご形巻線を有する永久磁石電動機のパラメータの値は，以下の通りである．
$r_s$= 0.32Ω ,$r_{kd}$= 0.99Ω ,$r_{kq}$= 2.0Ω
$L_{md}$= 23mH ,$L_{mq}$= 50mH, $L_{ds}$= 26.2mH, $L_{qs}$= 53.2mH
$L_{kd}$= 29.4mH ,$L_{kq}$= 56.4mH, $J$ = 0.01kg-m$^2$, $\Lambda_{mf}$= 0.58Wb-T(ウェーバーターン)

この永久磁石電動機に平衡三相電圧，

$$\left. \begin{array}{l} v_{as} = \sqrt{\dfrac{2}{3}}230\cos(377t) \\[6pt] v_{bs} = \sqrt{\dfrac{2}{3}}230\cos(377t - 2\pi/3) \\[6pt] v_{cs} = \sqrt{\dfrac{2}{3}}230\cos(377t + 2\pi/3) \end{array} \right\} \qquad (2\text{-}75)$$

を印加した直後から1秒後までについて，固定子線電流 $i_{as}$ ,q軸固定子電流 $i_{qs}^r$ ,d軸固定子電流 $i_{ds}^r$ ,トルクのリアクタンス成分 $T_{rm}$[N-m],トルクの PM 励磁成 $T_{pm}$[N-m],トルクの誘導電動機成分 $T_{im}$[N-m],全トルク $T_{em}=T_{rm}+T_{pm}+T_{im}$[N-m]および回転子速度 $n_r$[rpm]を描け．

**解答**

回転子座標での計算であるから，(2-81)，(2-82)および訳本 p.111 の(2.15-2)～(2.15-9)より $v_{ds}^r, v_{qs}^r, \lambda_{ds}^r, \lambda_{qs}^r, \lambda_{kd}, \lambda_{kq}$ に関する微分方程式が得られる．また，訳本 p.84 の(2.12-21)および p.108 の(2.14-76)より $\omega_r$ に関する微分方程式が得られる．

$$p v_{ds}^r = -(\omega_e - \omega_r) v_{qs}^r \qquad (2\text{-}81)$$

$$p v_{qs}^r = (\omega_e - \omega_r) v_{ds}^r \qquad (2\text{-}82)$$

$$p\lambda_{ds}^r = v_{ds}^r - r_s \frac{L_{kd}(\lambda_{ds}^r - \Lambda_{mf}) - L_{md}(\lambda_{kd} - \Lambda_{mf})}{L_{ds}L_{kd} - L_{md}^2} + \omega_r \lambda_{qs}^r \qquad (2\text{-}119)$$

$$p\lambda_{qs}^r = v_{qs}^r - r_s \frac{L_{kq}\lambda_{qs}^r - L_{mq}\lambda_{kq}}{L_{qs}L_{kq} - L_{mq}^2} - \omega_r \lambda_{ds}^r \qquad (2\text{-}120)$$

$$p\lambda_{kd} = -r_{kd} \frac{L_{ds}(\lambda_{kd} - \Lambda_{mf}) - L_{md}(\lambda_{ds} - \Lambda_{mf})}{L_{ds}L_{kd} - L_{md}^2} \qquad (2\text{-}121)$$

$$p\lambda_{kq} = -r_{kq} \frac{L_{qs}\lambda_{kq} - L_{mq}\lambda_{qs}^r}{L_{qs}L_{kq} - L_{mq}^2} \qquad (2\text{-}122)$$

$$p\omega_r = \frac{P}{2J}\left\{\frac{3}{2}\cdot\frac{P}{2}\left(\lambda_{ds}^r \frac{L_{kq}\lambda_{qs}^r - L_{mq}\lambda_{kq}}{L_{qs}L_{kq} - L_{mq}^2}\right.\right.$$
$$\left.\left. - \lambda_{qs}^r \frac{L_{kd}(\lambda_{ds}^r - \Lambda_{mf}) - L_{md}(\lambda_{kd} - \Lambda_{mf})}{L_{ds}L_{kd} - L_{md}^2}\right) - T_l\right\} \quad (2\text{-}123)$$

これらの(2-81), (2-82), (2-119)～(2-123)の 7 元連立微分方程式において, 初期値として $v_{ds}^r = 0$, $v_{qs}^r = \sqrt{\frac{2}{3}}\cdot 230V$, $\lambda_{ds}^r = \lambda_{qs}^r = 0$, $\lambda_{kd} = \lambda_{kq} = 0$, $\omega_r = 0$ のもとでルンゲクッタ・ギル法で解く. 計算刻み $h = 2\mu$s, 計算時間は 1 秒とする. なお負荷トルク $T_l = 0$ とする. 訳本 p.111 の(2.15-6)～(2.15-9)から導いた以下に示す電流の式から各電流を求める.

$$i_{ds}^r = \frac{L_{kd}(\lambda_{ds}^r - \Lambda_{mf}) - L_{md}(\lambda_{kd} - \Lambda_{mf})}{L_{ds}L_{kd} - L_{md}^2} \quad (2\text{-}124)$$

$$i_{qs}^r = \frac{L_{kq}\lambda_{qs}^r - L_{mq}\lambda_{kq}}{L_{qs}L_{kq} - L_{mq}^2} \quad (2\text{-}125)$$

$$i_{kd} = \frac{L_{ds}(\lambda_{kd} - \Lambda_{mf}) - L_{md}(\lambda_{ds}^r - \Lambda_{mf})}{L_{ds}L_{kd} - L_{md}^2} \quad (2\text{-}126)$$

$$i_{kq} = \frac{L_{qs}\lambda_{kq} - L_{mq}\lambda_{qs}^r}{L_{qs}L_{kq} - L_{mq}^2} \quad (2\text{-}127)$$

トルク $T_e$ は訳本 p.108 の(2.14-76), p.111 の(2.15-6)および(2.15-7)より次式となる.

$$T_e = \frac{3}{2}\cdot\frac{P}{2}(\lambda_{ds}^r i_{qs}^r - \lambda_{qs}^r i_{ds}^r)$$
$$= \{(L_{ls} + L_{md}) - (L_{ls} + L_{mq})\}i_{qs}^r i_{ds}^r + L_{md}i_{kd}i_{qs}^r - L_{mq}i_{kq}i_{ds}^r + \Lambda_{mf}i_{qs}^r \quad (2\text{-}128)$$

$T_{rm} = \{(L_{ls} + L_{md}) - (L_{ls} + L_{mq})\}i_{qs}^r i_{ds}^r$ ; トルクのリラクタンス成分 (2-129)

$T_{pm} = \Lambda_{mf}i_{qs}^r$ ; トルクの PM 励磁成分 (2-130)

$T_{im} = L_{md}i_{kd}i_{qs}^r - L_{mq}i_{kq}i_{ds}^r$ ; トルクの誘導電動機成分 (2-131)

$T_{em} = T_{rm} + T_{pm} + T_{im}$ ; 全トルク (2-132)

回転子速度 $n_r$ は,

$$n_r = \frac{\omega_r}{2\pi(P/2)}\times 60[\text{rpm}] \quad (2\text{-}97)$$

計算結果を図 2.15 に示す.

問題 2.19 永久磁石電動機の静止状態からの加速特性

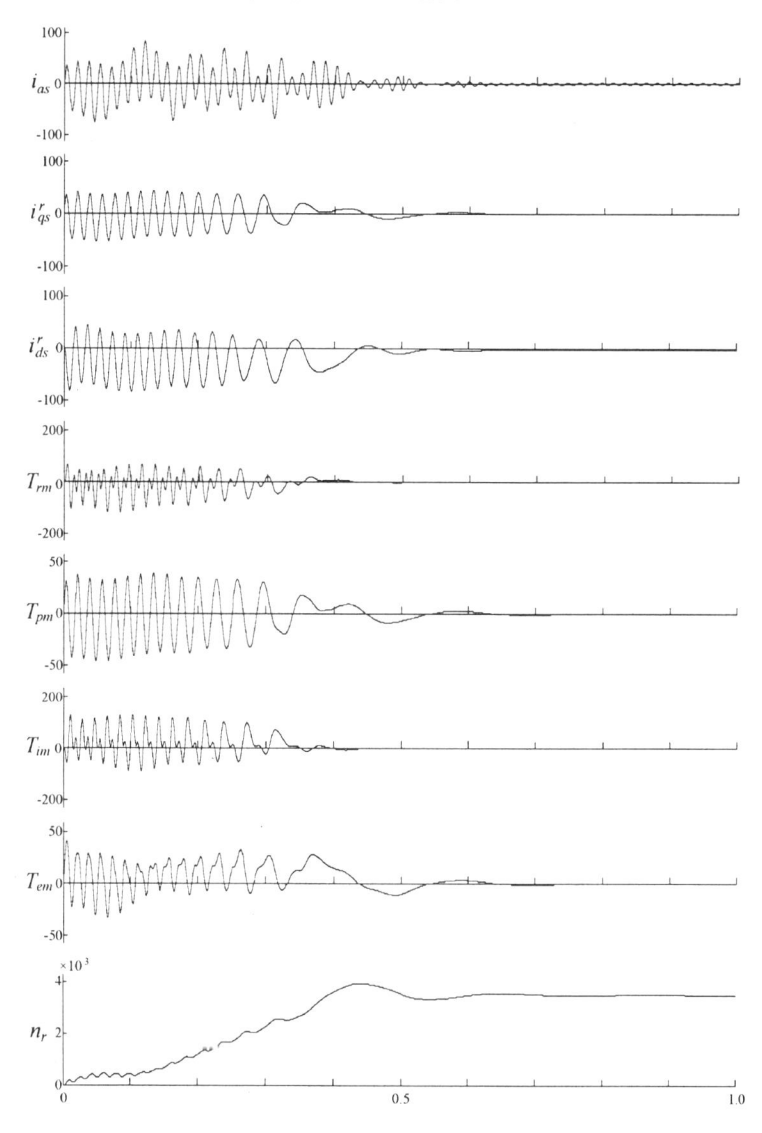

図 2.15 5馬力, 230V 永久磁石電動機の静止状態からの加速特性
波形は上から固定子線電流 $i_{as}$(A), $q$ 軸固定子電流 $i_{qs}^r$ (A),
$d$ 軸固定子電流 $i_{ds}^r$ (A), トルクのリラクタンス成分 $T_{rm}$ (N-m),
トルクのPM励磁成分 $T_{pm}$(N-m), トルクの誘導電動機成分 $T_{im}$(N-m),
全トルク $T_{em} = T_{rm} + T_{pm} + T_{im}$(N-m), 回転子速度(rpm), 時間軸は 0.1s/div.

## 3. 半導体電力変換器の $d, q$ モデル

インバータ駆動電動機の解析において，インバータのみでなく，電動機とインバータのシステムを$d, q, 0$成分による空間ベクトルによって表現することが非常に有効な場合がある．電圧形インバータの出力電圧 $\underline{v}^s_{qds}$ は，一定値である直流電圧 $v_i$ と，基本波成分の振幅が1であるような複素スイッチング関数 $\underline{g}^s_{qds}$ によって次式で示される．

$$\underline{v}^s_{qds} = \frac{2}{\pi} v_i \underline{g}^s_{qds} \tag{3-1}$$

$$\underline{g}^s_{qds} = e^{j\omega_e t} + \frac{1}{5} e^{-j5\omega_e t} - \frac{1}{7} e^{j7\omega_e t} - \cdots \tag{3-2}$$

一方，電流形インバータの出力電流 $\underline{i}^s_{qds}$ は，一定値である直流電流 $i_i$ と，基本波成分の振幅が1であるような複素スイッチング関数 $\underline{h}^s_{qds}$ によって次式で示される．

$$\underline{i}^s_{qds} = \frac{2\sqrt{3}}{\pi} i_i \underline{h}^s_{qds} \tag{3-3}$$

$$\underline{h}^s_{qds} = e^{j\omega_e t} - \frac{1}{5} e^{-j5\omega_e t} + \frac{1}{7} e^{j7\omega_e t} - \cdots \tag{3-4}$$

このスイッチング関数 $\underline{g}^s_{qds}$ および $\underline{h}^s_{qds}$ の高調波における振幅からインバータで駆動される負荷による高調波電流が容易に計算できる．また $\underline{g}^s_{qds}$ および $\underline{h}^s_{qds}$ を同期座標 $\underline{g}^e_{qds}$ および $\underline{h}^e_{qds}$ に変換すると次式となる．

$$\underline{g}^e_{qds} = e^{j(\omega_e t - \theta_e)} + \frac{1}{5} e^{-j(5\omega_e t + \theta_e)} - \frac{1}{7} e^{j(7\omega_e t - \theta_e)} - \cdots \tag{3-5}$$

$$\underline{h}^e_{qds} = e^{j(\omega_e t - \theta_e)} - \frac{1}{5} e^{-j(5\omega_e t + \theta_e)} + \frac{1}{7} e^{j(7\omega_e t - \theta_e)} - \cdots \tag{3-6}$$

ここで $\theta_e = \omega_e t$ とおくと，インバータの電圧電流には第6次および6の倍数次調波の高調波が現れる．

## 問題3.1 電圧形インバータ相電圧波形の$d, q$変換 [訳本の問題3-1]

下に示す相電圧波形(180°通電形)に対して以下を示せ.

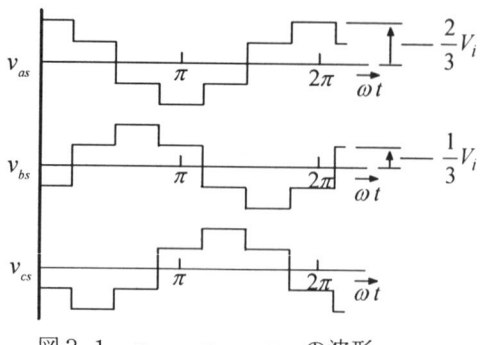

図3.1 $v_{as}$, $v_{bs}$, $v_{cs}$ の波形

a) 静止座標での$q$軸電圧 $v_{qs}^s$ と$d$軸電圧 $v_{ds}^s$ を求めよ.
b) $v_{qs}^s$ と $v_{ds}^s$ をフーリエ級数で表せ.
c) 静止座標での空間ベクトル $\underline{v}_{qds}^s$ の複素変数フーリエ級数を求めよ.
d) 同期座標での空間ベクトル $\underline{v}_{qds}^e$ の複素変数フーリエ級数を求めよ.

**解答**

a) 式(2-2)より $v_{qs}^s$, $v_{ds}^s$ をそれぞれ求める.

$$v_{qs}^s = \frac{2}{3}v_{as} - \frac{1}{3}v_{bs} - \frac{1}{3}v_{cs} \tag{3-7}$$

$$v_{ds}^s = \frac{1}{\sqrt{3}}v_{cs} - \frac{1}{\sqrt{3}}v_{bs} \tag{3-8}$$

問題で与えられた $v_a$, $v_b$, $v_c$ の波形から, 式(3-7), (3-8)により $v_{qs}^s$, $v_{ds}^s$ を計算する.

表3.1 $v_{qs}^s$, $v_{ds}^s$ の計算値

| $\omega t$ | $0 \leq \omega t \leq \frac{\pi}{6}$ | $\frac{\pi}{6} \leq \omega t \leq \frac{\pi}{2}$ | $\frac{\pi}{2} \leq \omega t \leq \frac{5\pi}{6}$ | $\frac{5\pi}{6} \leq \omega t \leq \frac{7\pi}{6}$ | $\frac{7\pi}{6} \leq \omega t \leq \frac{3\pi}{2}$ | $\frac{3\pi}{2} \leq \omega t \leq \frac{11\pi}{6}$ | $\frac{11\pi}{6} \leq \omega t \leq 2\pi$ |
|---|---|---|---|---|---|---|---|
| $v_{qs}^s$ | $\frac{2V_i}{3}$ | $\frac{V_i}{3}$ | $-\frac{V_i}{3}$ | $-\frac{2V_i}{3}$ | $-\frac{V_i}{3}$ | $\frac{V_i}{3}$ | $\frac{2V_i}{3}$ |
| $v_{ds}^s$ | 0 | $-\frac{V_i}{\sqrt{3}}$ | $-\frac{V_i}{\sqrt{3}}$ | 0 | $\frac{V_i}{\sqrt{3}}$ | $\frac{V_i}{\sqrt{3}}$ | 0 |

問題3.1　電圧形インバータ相電圧波形の$d$, $q$変換

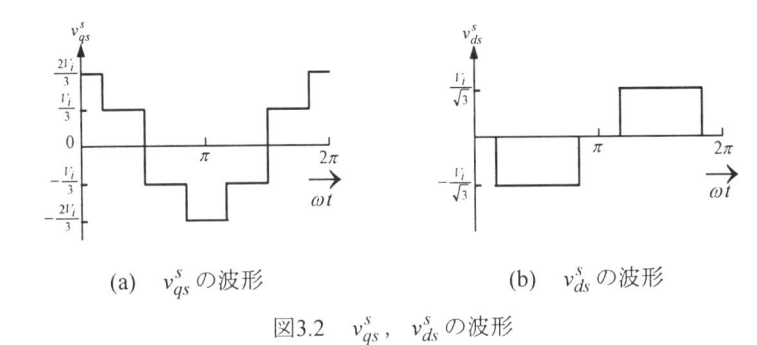

(a)　$v_{qs}^s$の波形　　　　(b)　$v_{ds}^s$の波形

図3.2　$v_{qs}^s$，$v_{ds}^s$の波形

b)　$v_{qs}^s$と$v_{ds}^s$をフーリエ級数で表す.

問題3.1 a)で求めた$v_{qs}^s$および$v_{ds}^s$の波形をフーリエ級数で表す.

(1)　$v_{qs}^s$のフーリエ級数を求める.

$v_{qs}^s$は偶関数であり，$\omega t = \theta$とおくと，

$$v_{qs}^s = \sum_{m=1}^{\infty} a_m \cos m\theta \, d\theta \tag{3-9}$$

の形となる.

$$a_m = \frac{2}{\pi}\left[\int_0^{\frac{\pi}{6}} \frac{2V_i}{3}\cos m\theta \, d\theta + \int_{\frac{\pi}{6}}^{\frac{\pi}{2}} \frac{V_i}{3}\cos m\theta \, d\theta \right. \tag{3-10}$$
$$\left. + \int_{\frac{\pi}{2}}^{\frac{5\pi}{6}}\left(-\frac{V_i}{3}\right)\cos m\theta \, d\theta + \int_{\frac{5\pi}{6}}^{\pi}\left(-\frac{2V_i}{3}\right)\cos m\theta \, d\theta\right]$$

(3-10)式の計算結果より，

$$m = 6n-1\text{のとき}, \quad a_m = \frac{2}{\pi}V_i(-1)^{n+1}\frac{1}{6n-1}, \quad n=1,2,3\cdots\text{の整数} \tag{3-11}$$

$$m = 6n+1\text{のとき}, \quad a_m = \frac{2}{\pi}V_i(-1)^n\frac{1}{6n+1}, \quad n=0,1,2\cdots\text{の整数} \tag{3-12}$$

(2)　$v_{ds}^s$のフーリエ級数を求める.

$v_{ds}^s$は奇関数であり，$\omega t = \theta$とおくと，

$$v_{ds}^s = \sum_{m=1}^{\infty} b_m \sin m\theta \, d\theta \tag{3-13}$$

の形となる.

$$b_m = \frac{2}{\pi}\int_{\frac{\pi}{6}}^{\frac{5\pi}{6}}\left(-\frac{V_i}{\sqrt{3}}\right)\sin m\theta\, d\theta \tag{3-14}$$

(3-14)式の計算結果より，

$m = 6n-1$ のとき，　$b_m = \dfrac{2}{\pi}V_i(-1)^{n+1}\dfrac{1}{6n-1}$ ，　$n = 1,2,3\cdots$の整数 $\hspace{2em}$ (3-15)

$m = 6n+1$ のとき，　$b_m = \dfrac{2}{\pi}V_i(-1)^{n}\dfrac{1}{6n+1}$ ，　$n = 0,1,2\cdots$の整数 $\hspace{2em}$ (3-16)

表3.2　$v_{qs}^s$ と $v_{ds}^s$ のフーリエ級数

|  |  | フーリエ級数 |
|---|---|---|
| 一般式 | $v_{qs}^s$ | $\dfrac{2}{\pi}V_i\left[\cos\omega t + \sum_{n=1}^{\infty}(-1)^{n+1}\dfrac{1}{6n-1}\cos(6n-1)\omega t \right.$ $\left. + \sum_{n=1}^{\infty}(-1)^{n}\dfrac{1}{6n+1}\cos(6n+1)\omega t\right]$ |
|  | $v_{ds}^s$ | $\dfrac{2}{\pi}V_i\left[-\sin\omega t + \sum_{n=1}^{\infty}(-1)^{n+1}\dfrac{1}{6n-1}\sin(6n-1)\omega t \right.$ $\left. + \sum_{n=1}^{\infty}(-1)^{n+1}\dfrac{1}{6n+1}\sin(6n+1)\omega t\right]$ |
| 第13次高調波までの式 | $v_{qs}^s$ | $\dfrac{2}{\pi}V_i\left[\cos\omega t + \dfrac{1}{5}\cos 5\omega t - \dfrac{1}{7}\cos 7\omega t - \dfrac{1}{11}\cos 11\omega t + \cdots\right]$ |
|  | $v_{ds}^s$ | $\dfrac{2}{\pi}V_i\left[-\sin\omega t + \dfrac{1}{5}\sin 5\omega t + \dfrac{1}{7}\sin 7\omega t - \dfrac{1}{11}\sin 11\omega t - \cdots\right]$ |

問題3.1 電圧形インバータ相電圧波形の$d$, $q$変換

c) $\underline{v}^s_{qds}$ に関する複素変数フーリエ級数を求める.

$v^s_{qs}$ および $v^s_{ds}$ のフーリエ級数の一般式から $\underline{v}^s_{qds}$ を求める.

$$\underline{v}^s_{qds} = v^s_{qs} - jv^s_{ds} =$$
$$\frac{2}{\pi}V_i\left[(\cos\omega t + j\sin\omega t) + \sum_{n=1}^{\infty}(-1)^{n+1}\frac{1}{6n-1}\{\cos(6n-1)\omega t - j\sin(6n-1)\omega t\} \right.$$
$$\left. + \sum_{n=1}^{\infty}(-1)^n\frac{1}{6n+1}\{\cos(6n+1)\omega t + j\sin(6n+1)\omega t\}\right]$$

ここで,オイラーの公式を使用すると,

$$\underline{v}^s_{qds} = \frac{2}{\pi}V_i\left[e^{j\omega t} + \sum_{n=1}^{\infty}(-1)^{n+1}\frac{1}{6n-1}e^{-j(6n-1)\omega t} + \sum_{n=1}^{\infty}(-1)^n\frac{1}{6n+1}e^{j(6n+1)\omega t}\right] \quad (3\text{-}17)$$

・$v^s_{qds}$ に関する複素変数フーリエ級数の式

第13次高調波まで展開するため,(3-17)式で$i$=1,2とする.

$$\underline{v}^s_{qds} = \frac{2}{\pi}V_i\left[e^{j\omega t} + \frac{1}{5}e^{-j5\omega t} - \frac{1}{7}e^{j7\omega t} - \frac{1}{11}e^{-j11\omega t} + \cdots\right] \quad (3\text{-}18)$$

d) $\underline{v}^e_{qds}$ に関する複素フーリエ級数を求める.

$\underline{v}^s_{qds}$ と $\underline{v}^e_{qds}$ の関係式は次式となる.

$$\underline{v}^e_{qds} = \underline{v}^s_{qds}e^{-j\omega t} \quad (3\text{-}19)$$

式(3-19)に式(3-18)を代入して次式となる.

$$\underline{v}^e_{qds} = \frac{2}{\pi}V_i\left[1 + \frac{1}{5}e^{-j6\omega t} - \frac{1}{7}e^{j6\omega t} - \frac{1}{11}e^{-j12\omega t} + \cdots\right]$$

**問題3.2　静止座標での電圧形インバータのスイッチング関数[訳本の問題3-2]**

図3.3に示す静止座標でのスイッチング関数 $g_{qs}^s$ と $g_{ds}^s$ の波形から，それぞれフーリエ級数の式(3-20), (3-21)を導け．

$$g_{qs}^s = \cos\omega_e t + \frac{1}{5}\cos 5\omega_e t - \frac{1}{7}\cos 7\omega_e t - \cdots \tag{3-20}$$

$$g_{ds}^s = -\sin\omega_e t + \frac{1}{5}\sin 5\omega_e t + \frac{1}{7}\sin 7\omega_e t - \cdots \tag{3-21}$$

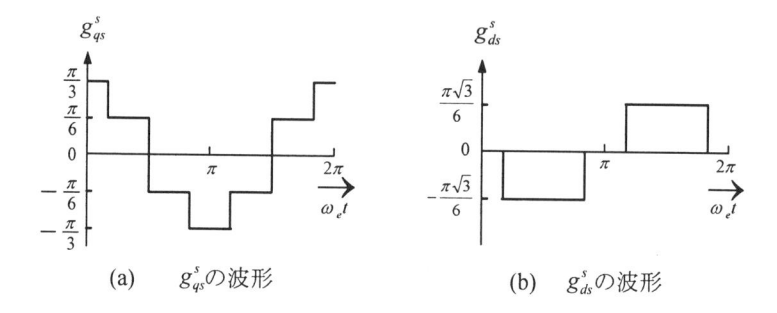

(a)　$g_{qs}^s$ の波形　　　　　(b)　$g_{ds}^s$ の波形

図3.3　電圧形インバータのスイッチング関数 $g_{qs}^s$, $g_{ds}^s$

**解答**

(1) 図3.3(a), (b)の $g_{qs}^s$ と $g_{ds}^s$ をフーリエ級数展開し，式(3-20)および(3-21)になることを確認する．

(2) 式(3-20)および(3-21)が図3.3の $g_{qs}^s$ と $g_{ds}^s$ の波形になっていることを計算により確認する．

(1) 図3.3の $g_{qs}^s$ と $g_{ds}^s$ のフーリエ級数の式を求める．

(a) $g_{qs}^s$ のフーリエ級数の式を求める．

$g_{qs}^s$ は偶関数であり，フーリエ級数は式(3-22)で表される．

問題3.2　静止座標での電圧形インバータのスイッチング関数

$$g_{qs}^s = \sum_{m=1}^{\infty} a_m \cos(m\omega_e t)$$

$$= \frac{2}{\pi} \sum_{m=1}^{\infty} \left\{ \frac{\pi}{3} \int_0^{\frac{\pi}{6}} \cos(m\omega_e t) d(\omega_e t) + \frac{\pi}{6} \int_{\frac{\pi}{6}}^{\frac{\pi}{2}} \cos(m\omega_e t) d(\omega_e t) \right.$$

$$\left. - \frac{\pi}{6} \int_{\frac{\pi}{2}}^{\frac{5\pi}{6}} \cos(m\omega_e t) d(\omega_e t) - \frac{\pi}{3} \int_{\frac{5\pi}{6}}^{\pi} \cos(m\omega_e t) d(\omega_e t) \right\} \cos(m\omega_e t)$$

$$= \sum_{m=1}^{\infty} \frac{1}{3m} \left[ \left\{ 1 - (-1)^m \right\} \sin \frac{m\pi}{6} + 2 \sin \frac{m\pi}{2} \right] \cos(m\omega_e t) \tag{3-22}$$

(3-22)式は2の倍数および3の倍数の場合は零になる.

(b) $g_{ds}^s$のフーリエ級数の式を求める.

$g_{ds}^s$は奇関数であり,フーリエ級数は式(3-23)で表される.

$$g_{ds}^s = \sum_{m=1}^{\infty} b_n \sin(m\omega_e t)$$

$$= \frac{2}{\pi} \sum_{m=1}^{\infty} \left\{ -\frac{\pi\sqrt{3}}{6} \int_{\frac{\pi}{6}}^{\frac{5\pi}{6}} \sin(m\omega_e t) d(\omega_e t) \right\} \sin(m\omega_e t)$$

$$= \sum_{m=1}^{\infty} \frac{1}{\sqrt{3}m} \left\{ (-1)^m - 1 \right\} \cos \frac{m\pi}{6} \sin(m\omega_e t) \tag{3-23}$$

(3-23)式は,2の倍数および3の倍数の場合には零になる.

(3-22),(3-23)式の$m$に2と3の倍数以外の数値を代入して,

$$g_{qs}^s = \cos\omega_e t + \frac{1}{5}\cos 5\omega_e t - \frac{1}{7}\cos 7\omega_e t - \cdots \tag{3-20}$$

$$g_{ds}^s = -\sin\omega_e t + \frac{1}{5}\sin 5\omega_e t + \frac{1}{7}\sin 7\omega_e t - \cdots \tag{3-21}$$

となる.

[$g^s_{qs}$, $g^s_{ds}$の値が，$m$が2および3の倍数のとき零となる説明]

上式の $g^s_{qs}$ の値は $m$ が 2 および 3 の倍数のとき零となるが，これは物理的には以下のように説明できる．

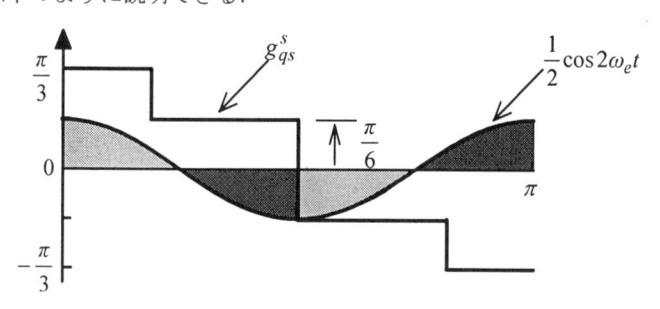

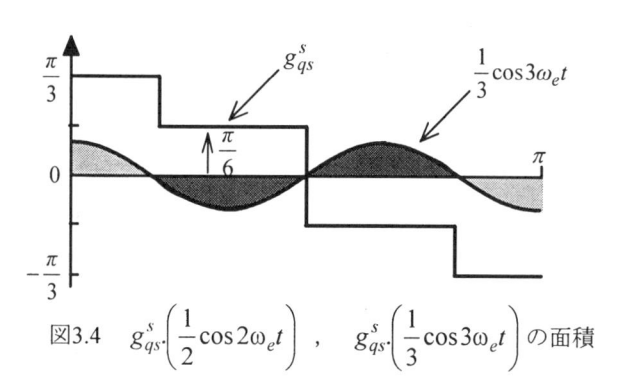

図3.4　$g^s_{qs} \cdot \left(\dfrac{1}{2}\cos 2\omega_e t\right)$ , $g^s_{qs} \cdot \left(\dfrac{1}{3}\cos 3\omega_e t\right)$ の面積

図3.4からわかるように，$g^s_{qs} \cdot \left(\dfrac{1}{2}\cos 2\omega_e t\right)$ , $g^s_{qs} \cdot \left(\dfrac{1}{3}\cos 3\omega_e t\right)$ は，いずれも正，負の部分の面積が等しくなり，1周期での積分値は零になる．よって，$g^s_{qs}$のフーリエ級数展開には$m$が2および3の倍数の高調波成分は現れない．

$g^s_{ds}$ についても同様に，$m$が2および3の倍数の高調波成分は現れない．

問題3.3 静止座標での電流形インバータのスイッチング関数　　　　　　　　59

## 問題3.3　静止座標での電流形インバータのスイッチング関数[訳本の問題3-3]

図3.5に示す静止座標でのスイッチング関数 $h_{qs}^s$ と $h_{ds}^s$ の波形から，それぞれのフーリエ級数の式(3.24)および(3.25)を導け．

$$h_{qs}^s = \cos\omega_e t - \frac{1}{5}\cos 5\omega_e t + \frac{1}{7}\cos 7\omega_e t \cdots \quad (3\text{-}24)$$

$$h_{ds}^s = -\sin\omega_e t + \frac{1}{5}\sin 5\omega_e t + \frac{1}{7}\sin 7\omega_e t - \cdots \quad (3\text{-}25)$$

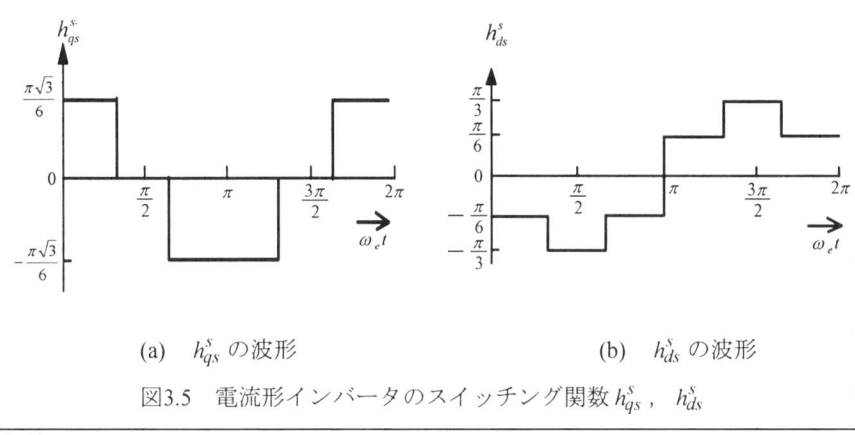

(a) $h_{qs}^s$ の波形　　　　　　　　(b) $h_{ds}^s$ の波形

図3.5　電流形インバータのスイッチング関数 $h_{qs}^s$, $h_{ds}^s$

**解答**

(1) 図3.5(a), (b)の $h_{qs}^s$ と $h_{ds}^s$ をフーリエ級数展開し，式(3-24)および(3-25)になることを確認する．

(2) 式(3-24)および(3-25)が図3.5の $h_{qs}^s$ と $h_{ds}^s$ の波形になることを計算により確認する．

(1) 図3.5の $h_{qs}^s$ と $h_{ds}^s$ をフーリエ級数展開は，次のように求められる．

　(a) $h_{qs}^s$ のフーリエ級数を求める．

　　$h_{qs}^s$ は偶関数であり，フーリエ級数は次式で表される

$$h_{qs}^s = \sum_{m=1}^{\infty} a_m \cos m\omega_e t$$

$$= \frac{2}{\pi}\sum_{m=1}^{\infty}\left\{\frac{\pi\sqrt{3}}{6}\int_0^{\frac{\pi}{3}}\cos m\omega_e t\,(d\omega_e t) - \frac{\pi\sqrt{3}}{6}\int_{\frac{\pi}{3}}^{\pi}\cos m\omega_e t\,(d\omega_e t)\right\}\cos m\omega_e t$$

$$= \sum_{m=1}^{\infty} \frac{\sqrt{3}}{3m} \left[ \{1-(-1)^m\} \sin \frac{m\pi}{3} \right] \cos m\omega_e t \qquad (3\text{-}26)$$

(3-26)式は2の倍数および3の倍数の場合は零になる.

(b) $h_{ds}^s$ のフーリエ級数の式を求める.

図3.5の $h_{ds}^s$ は奇関数であり，フーリエ級数は次式で表される.

$$h_{ds}^s = \sum_{m=1}^{\infty} b_m \sin m\omega_e t (d\omega_e t)$$

$$= \frac{2}{\pi} \sum_{m=1}^{\infty} \left\{ -\frac{\pi}{6} \int_0^{\frac{\pi}{3}} \sin m\omega_e t (d\omega_e t) - \frac{\pi}{3} \int_0^{\frac{2\pi}{3}} \sin m\omega_e t (d\omega_e t) \right.$$

$$\left. -\frac{\pi}{6} \int_{\frac{2\pi}{3}}^{\pi} \sin m\omega_e t (d\omega_e t) \right\} \sin m\omega_e t$$

$$= \sum_{m=1}^{\infty} \frac{1}{3m} \left[ \{(-1)^m - 1\} \left\{ 1 + \cos \frac{m\pi}{3} \right\} \right] \sin m\omega_e t \qquad (3\text{-}27)$$

(3.27)式は2の倍数および3の倍数の場合は零になる.

(2) $h_{qs}^s$ と $h_{ds}^s$ のフーリエ級数

(3-26), (3-27)式の $m$ に2と3の倍数以外の数値を代入して，

$$h_{qs}^s = \cos \omega_e t - \frac{1}{5} \cos 5\omega_e t + \frac{1}{7} \cos 7\omega_e t \cdots \qquad (3\text{-}24)$$

$$h_{qs}^s = -\sin \omega_e t + \frac{1}{5} \sin 5\omega_e t + \frac{1}{7} \sin 7\omega_e t - \cdots \qquad (3\text{-}25)$$

## 問題3．4　同期座標での電圧形インバータのスイッチング関数［訳本の問題 3-4］

同期座標でのスイッチング関数を複素フーリエ級数で表した式(3-5)から，スカラスイッチング関数の式(3-28)，(3-29)を導出せよ．

$$g_{qs}^e = 1 + \frac{2}{35}\cos 6\omega_e t - \frac{2}{143}\cos 12\omega_e t + \cdots \tag{3-28}$$

$$g_{ds}^e = \frac{12}{35}\sin 6\omega_e t - \frac{24}{143}\sin 12\omega_e t + \cdots \tag{3-29}$$

**解答**

式(3-5)で $\theta_e = \omega_e t$ とおくことにより式(3-28)，(3-29)を求める．式(3-2)を第19次高調波まで拡張すると，

$$\begin{aligned}\underline{g}_{qds}^s &= g_{qs}^s - jg_{ds}^s \\ &= e^{j\omega_e t} + \frac{1}{5}e^{-j5\omega_e t} - \frac{1}{7}e^{j7\omega_e t} - \frac{1}{11}e^{-j11\omega_e t} + \frac{1}{13}e^{-j13\omega_e t} + \frac{1}{17}e^{-j17\omega_e t} - \frac{1}{19}e^{j19\omega_e t} - \cdots\end{aligned} \tag{3-30}$$

式(3-30)を同期座標に変換し，$\theta_e = \omega t$ とおくと，

$$\begin{aligned}\underline{g}_{qds}^e &= \underline{g}_{qds}^s e^{-j\theta_e} \\ &= 1 + \frac{1}{5}e^{-j6\omega_e t} - \frac{1}{7}e^{j6\omega_e t} - \frac{1}{11}e^{-j12\omega_e t} + \frac{1}{13}e^{j12\omega_e t} + \frac{1}{17}e^{-j18\omega_e t} - \frac{1}{19}e^{j18\omega_e t} - \cdots\end{aligned} \tag{3-31}$$

式(3-31)で，$\underline{g}_{qds}^e = g_{qs}^e - jg_{ds}^e$ とおくことにより，

$$g_{qs}^e = 1 + \frac{2}{35}\cos 6\omega_e t - \frac{2}{143}\cos 12\omega_e t + \cdots \tag{3-28}$$

$$g_{ds}^e = \frac{12}{35}\sin 6\omega_e t - \frac{24}{143}\sin 12\omega_e t + \cdots \tag{3-29}$$

が得られる．

## 問題 3.5　電圧形インバータ波形 [訳本の問題3-5]

直流リンク部電圧 $V_i = 100\,\mathrm{V}$，基本波周波数 60Hzで動作している電圧形インバータに対して，次の場合の $i_{qs}^s, i_{ds}^s$ および $i_i$ の定常状態での波形を描け．
a) 平衡三相のY結線された抵抗負荷　　$r = 10\,\Omega/$相
b) 平衡三相のY結線された誘導負荷　　$L = 5\,\mathrm{mH}/$相
c) 平衡三相のY結線された誘導性負荷　$r = 10\,\Omega/$相，$L = 5\,\mathrm{mH}/$相
d) 平衡三相のY結線された容量性負荷　$r = 10\,\Omega/$相，$C = 50\,\mu\mathrm{F}/$相

**解答**

この電圧形インバータの $g_{qs}^s$ および $g_{ds}^s$ は，図3.3(a), (b)に示す波形とする．このときの $v_{qs}^s$, $v_{ds}^s$ の波形を図3.6に示す．

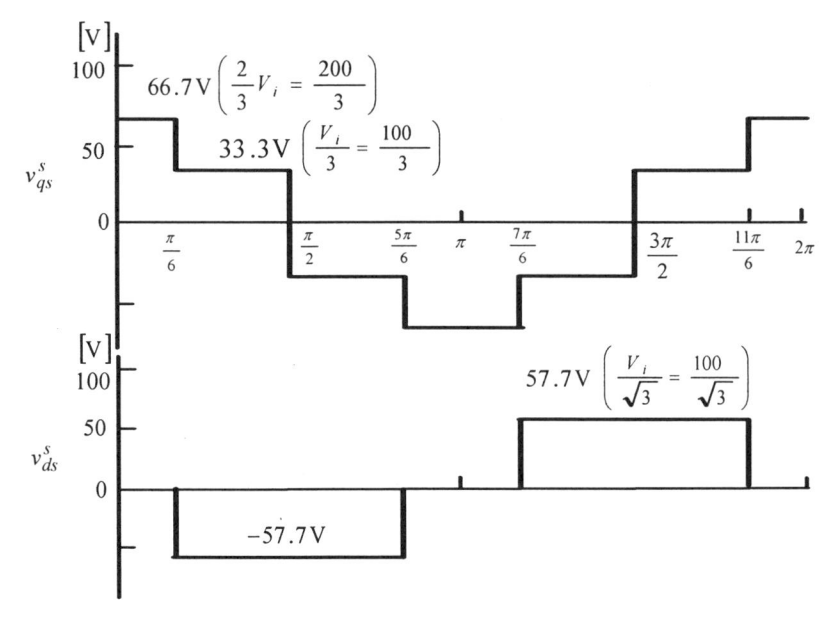

図3.6　$v_{qs}^s$ と $v_{ds}^s$ の波形

問題3.5　電圧形インバータ波形　　　　　　　　　　　　　　　　　　63

a)　抵抗負荷　　　$r = 10\,\Omega$

$$v_{qs}^s = \frac{2}{\pi} v_i g_{qs}^s = r i_{qs}^s$$

$$v_{ds}^s = \frac{2}{\pi} v_i g_{ds}^s = r i_{ds}^s$$

$$i_{qs}^s = \frac{v_{qs}^s}{r}$$

$$i_{ds}^s = \frac{v_{ds}^s}{r}$$

抵抗負荷の場合　$i_{qs}^s, i_{ds}^s$　はそれぞれ $v_{qs}^s, v_{ds}^s$ と同一波形となる．

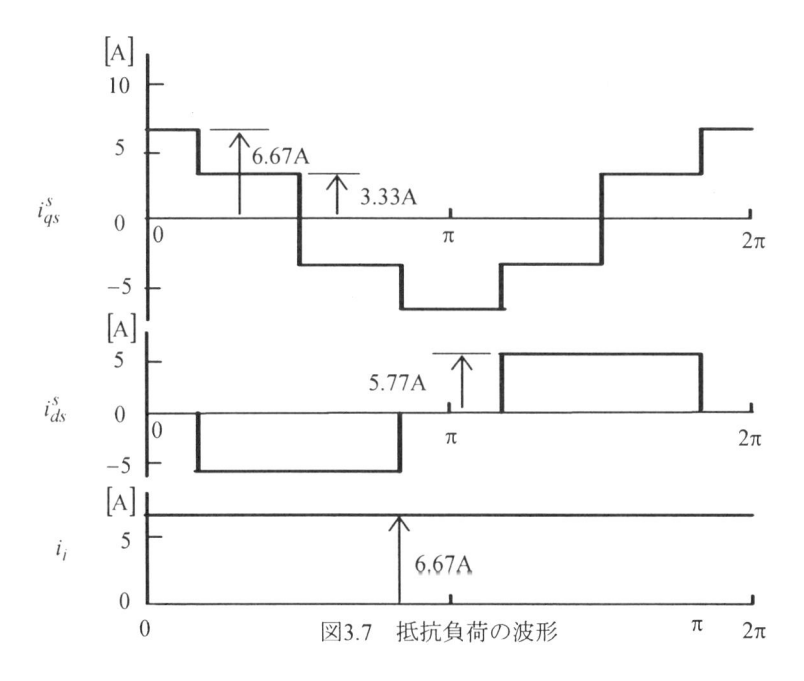

図3.7　抵抗負荷の波形

b) 誘導負荷

$$v_{qs}^s = \frac{2}{\pi} v_i g_{qs}^s = Lpi_{qs}^s$$

$$v_{ds}^s = \frac{2}{\pi} v_i g_{ds}^s = Lpi_{ds}^s$$

$$i_{qs}^s = \frac{v_{qs}^s}{Lp} = \frac{1}{L}\int v_{qs}^s dt + C_1 = \frac{v_{qs}^s}{L}t + C_1 = \frac{v_{qs}^s}{L}\frac{n}{12f} + C_1$$

$$i_{ds}^s = \frac{v_{ds}^s}{Lp} = \frac{1}{L}\int v_{ds}^s dt + C_2 = \frac{v_{ds}^s}{L}t + C_2 = \frac{v_{ds}^s}{L}\frac{n}{12f} + C_2$$

ここで，$\frac{n}{12f}$ は $v_{qs}^s$，$v_{ds}^s$ 一定である区間を $\frac{n\pi}{6}$ とし，次式より求めた．

$$\omega t = \frac{n\pi}{6} \text{ より } t = \frac{n\pi}{6\omega} = \frac{n\pi}{6 \times 2\pi f} = \frac{n}{12f}$$

表3.3 $i_{qs}^s$，$i_{ds}^s$ の計算

| $\theta$ | $v_{qs}^s$[V] | $n$ | $i_{qs}^s$ | $i_{qs}^s$ | $v_{ds}^s$[V] | $n$ | $i_{ds}^s$ | $i_{ds}^s$ |
|---|---|---|---|---|---|---|---|---|
| $0 \sim \frac{\pi}{6}$ | 66.7 | 1 | 18.5 +$C_1$ | 18.5 | 0 | 1 | $C_2$ | 32.1 |
| $\frac{\pi}{6} \sim \frac{\pi}{2}$ | 33.4 | 2 | 37.0 +$C_1$ | 37.0 | -57.7 | 2 | | |
| $\frac{\pi}{2} \sim \frac{5\pi}{6}$ | -33.4 | 2 | 18.5 +$C_1$ | 18.5 | -57.7 | 2 | $C_2 - 64.2$ | -32.1 |
| $\frac{5\pi}{6} \sim \frac{7\pi}{6}$ | -66.7 | 2 | -18.5 +$C_1$ | -18.5 | 0 | 2 | $C_2 - 64.2$ | -32.1 |
| $\frac{7\pi}{6} \sim \frac{3\pi}{2}$ | -33.4 | 2 | -37.0 +$C_1$ | -37.0 | 57.7 | 2 | | |
| $\frac{3\pi}{2} \sim \frac{11\pi}{6}$ | 33.4 | 2 | -18.5 +$C_1$ | -18.5 | 57.7 | 2 | $C_2 - 64.2 + 64.2 = C_2$ | 32.1 |
| $\frac{11\pi}{6} \sim \frac{12\pi}{6}$ | 66.7 | 1 | 18.5 +$C_1$ | 18.5 | 0 | 1 | $C_2$ | 32.1 |
| | | | $C_1 = 0$ | | | | 両振幅 64.2<br>$C_2 = 32.1$ | |

問題3.5 電圧形インバータ波形

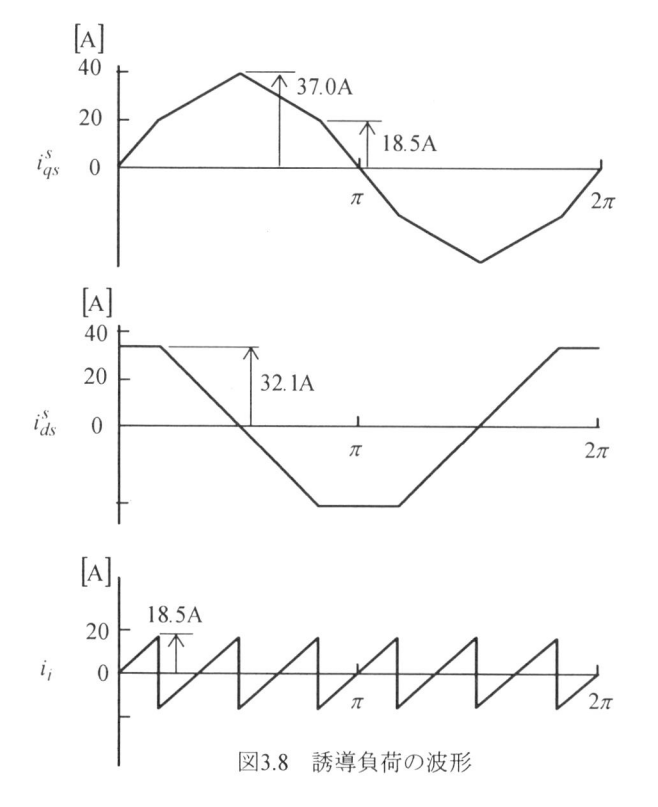

表3.4 $i_i$の計算

| $\theta$ | $i_{qs}^s$ | $i_{ds}^s$ | $\dfrac{3}{\pi}g_{qs}^s$ | $\dfrac{3}{\pi}g_{ds}^s$ | $i_i = \dfrac{3}{\pi}\left(i_{qs}^s g_{qs}^s + i_{ds}^s g_{ds}^s\right)$ |
|---|---|---|---|---|---|
| 0 | 0 | 32.1 | 1 | 0 | 0 |
| $\dfrac{\pi}{6}(t-)$ | 18.5 | 32.1 | 1 | 0 | 18.5 |
| $\dfrac{\pi}{6}(t+)$ | 18.5 | 32.1 | $\dfrac{1}{2}$ | $-\dfrac{\sqrt{3}}{2}$ | -18.5 |
| $\dfrac{\pi}{3}$ | 27.75 | 16.05 | $\dfrac{1}{2}$ | $-\dfrac{\sqrt{3}}{2}$ | 0 |
| $\dfrac{\pi}{2}(t-)$ | 37.0 | 0 | $\dfrac{1}{2}$ | $-\dfrac{\sqrt{3}}{2}$ | 18.5 |
| $\dfrac{\pi}{2}(t+)$ | 37.0 | 0 | $-\dfrac{1}{2}$ | $-\dfrac{\sqrt{3}}{2}$ | -18.5 |

図3.8 誘導負荷の波形

c) 誘導性負荷

$$\cdot \ i_{qs}^s = \frac{v_{qs}^s}{r+Lp} = \frac{v_{qs}^s}{r}\left(1 - e^{-\frac{t}{\tau}}\right) + C_1 = \frac{v_{qs}^s}{r}\left\{1 - e^{-\frac{1}{\tau}\left(\frac{n}{12f}\right)}\right\} + C_1$$

$$\cdot \ i_{ds}^s = \frac{v_{ds}^s}{r+Lp} = \frac{v_{ds}^s}{r}\left(1 - e^{-\frac{t}{\tau}}\right) + C_2 = \frac{v_{ds}^s}{r}\left\{1 - e^{-\frac{1}{\tau}\left(\frac{n}{12f}\right)}\right\} + C_2$$

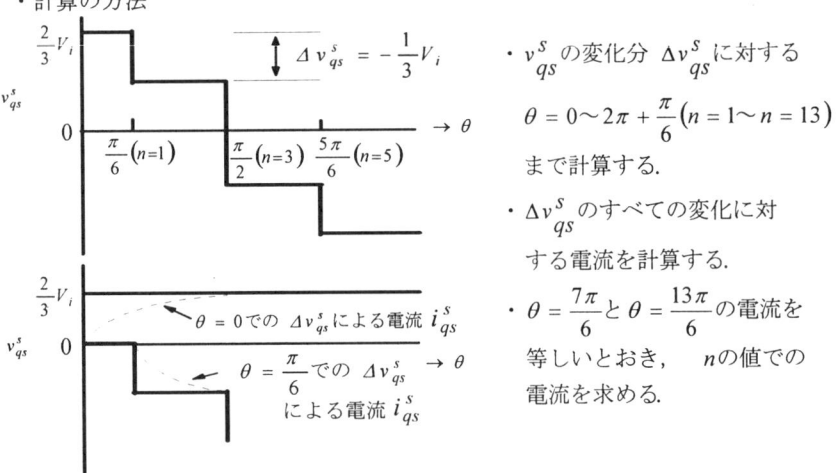

・計算の方法

- $v_{qs}^s$ の変化分 $\Delta v_{qs}^s$ に対する
  $\theta = 0 \sim 2\pi + \frac{\pi}{6}(n=1 \sim n=13)$
  まで計算する.
- $\Delta v_{qs}^s$ のすべての変化に対する電流を計算する.
- $\theta = \frac{7\pi}{6}$ と $\theta = \frac{13\pi}{6}$ の電流を等しいとおき, $n$ の値での電流を求める.

図3.9 計算の方法

問題3.5 電圧形インバータ波形

表3.5 $i_{qs}^s$の計算

| $\theta$ | $\Delta v_{qs}^s$ | $n=1$ | 2 | 3 | 4 | 5 | 6 | 7 | 8 | 9 | 10 | 11 | 12 | 13 |
|---|---|---|---|---|---|---|---|---|---|---|---|---|---|---|
| 0 | 66.7 | 6.26 | 6.64 | 6.67 | 6.67 | 6.67 | 6.67 | 6.67 | 6.67 | 6.67 | 6.67 | 6.67 | 6.67 | 6.67 |
| $\frac{\pi}{6}$ | -33.4 | 0 | -3.13 | -3.32 | -3.34 | -3.34 | -3.34 | -3.34 | -3.34 | -3.34 | -3.34 | -3.34 | -3.34 | -3.34 |
| $\frac{\pi}{2}$ | -66.7 | 0 | 0 | 0 | -6.26 | -6.64 | -6.67 | -6.67 | -6.67 | -6.67 | -6.67 | -6.67 | -6.67 | -6.67 |
| $\frac{5\pi}{6}$ | -33.4 | | | | 0 | 0 | -3.13 | -3.32 | -3.34 | -3.34 | -3.34 | -3.34 | -3.34 | -3.34 |
| $\frac{7\pi}{6}$ | 33.4 | | | | | | 0 | 0 | 3.13 | 3.32 | 3.34 | 3.34 | 3.34 | 3.34 |
| $\frac{3\pi}{2}$ | 66.7 | | | | | | | | 0 | 0 | 6.26 | 6.64 | 6.67 | 6.67 |
| $\frac{11\pi}{6}$ | 33.4 | | | | | | | | | | 0 | 0 | 3.13 | 3.32 |
| 計 | | 6.26 | 3.51 | 3.35 | -2.93 | -3.31 | -6.47 | -6.67 | -3.55 | -3.35 | 2.93 | 3.35 | 6.47 | 6.67 |
| $i_{qs}^s$の値 | | 6.67 | 3.55 | 3.35 | -2.93 | -3.35 | -6.47 | -6.67 | -3.55 | -3.35 | 2.93 | 3.35 | 6.47 | 6.67 |

(備考) $n=7\left(\frac{7\pi}{6}\right)$ と $n=13\left(2\pi+\frac{\pi}{6}\right)$ での $i_{qs}^s$ の大きさが等しい(符号逆)ので, $n=1\left(\frac{\pi}{6}\right)$ の値を $n=13$ の値と等しくした. また, $n=2\sim6$ の $i_{qs}^s$ の値は $n=8\sim12$ の $i_{qs}^s$ の値の符号と逆にした値とした.

表3.6 $i_{ds}^s$の計算：$i_{qs}^s$の計算と同じ方法で行う

| $\theta$ | $\Delta v_{ds}^s$ | $n=1$ | 2 | 3 | 4 | 5 | 6 | 7 | 8 | 9 | 10 | 11 | 12 | 13 |
|---|---|---|---|---|---|---|---|---|---|---|---|---|---|---|
| $\frac{\pi}{6}$ | -57.7 | 0 | -5.41 | -5.74 | -5.77 | -5.77 | -5.77 | -5.77 | -5.77 | -5.77 | -5.77 | -5.77 | -5.77 | -5.77 |
| $\frac{5\pi}{6}$ | 57.7 | 0 | | | | 0 | 5.41 | 5.74 | 5.77 | 5.77 | 5.77 | 5.77 | 5.77 | 5.77 |
| $\frac{7\pi}{6}$ | 57.7 | 0 | | | | | | | 5.41 | 5.74 | 5.77 | 5.77 | 5.77 | 5.77 |
| $\frac{11\pi}{6}$ | -57.7 | 0 | | | | | | | | | | | -5.41 | -5.74 |
| 計 | | 0 | -5.41 | -5.74 | -5.77 | -5.77 | -0.36 | -0.03 | 5.41 | 5.74 | 5.77 | 5.77 | 0.36 | 0.03 |
| $i_{ds}^s$の値 | | 0 | -5.41 | -5.74 | -5.77 | -5.77 | -0.36 | 0 | 5.41 | 5.74 | 5.77 | 5.77 | 0.36 | 0 |

表3.7 $i_i$の計算

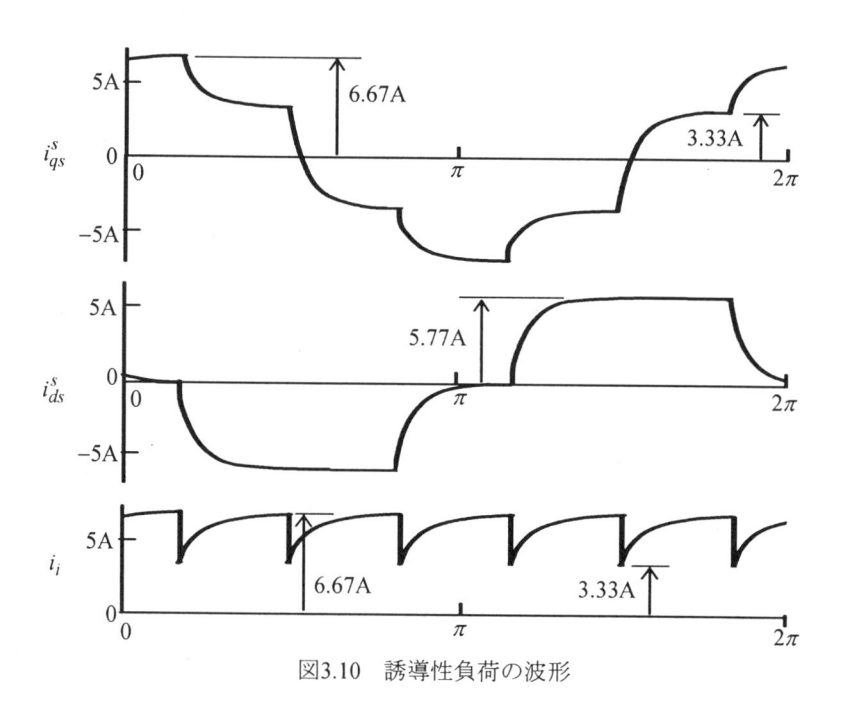

| $\theta$ | $i_{qs}^s$ | $i_{ds}^s$ | $\dfrac{3}{\pi}g_{qs}^s$ | $\dfrac{3}{\pi}g_{ds}^s$ | $i_i = \dfrac{3}{\pi}\left(i_{qs}^s g_{qs}^s + i_{ds}^s g_{ds}^s\right)$ |
|---|---|---|---|---|---|
| 0 | 6.47 | 0.36 | 1 | 0 | 6.47 |
| $\dfrac{\pi}{6}(t-)$ | 6.67 | 0 | 1 | 0 | 6.67 |
| $\dfrac{\pi}{6}(t+)$ | 6.67 | 0 | $\dfrac{1}{2}$ | $-\dfrac{\sqrt{3}}{2}$ | 3.33 |
| $\dfrac{\pi}{3}$ | 3.51 | -5.41 | $\dfrac{1}{2}$ | $-\dfrac{\sqrt{3}}{2}$ | 6.47 |
| $\dfrac{\pi}{2}(t-)$ | 3.35 | -5.74 | $\dfrac{1}{2}$ | $-\dfrac{\sqrt{3}}{2}$ | 6.67 |
| $\dfrac{\pi}{2}(t+)$ | 3.35 | -5.74 | $-\dfrac{1}{2}$ | $-\dfrac{\sqrt{3}}{2}$ | 3.33 |

図3.10 誘導性負荷の波形

## 問題3.5 電圧形インバータ波形

d) 容量性負荷

$$v_{qs}^s = \left(r + \frac{1}{Cp}\right)i_{qs}^s$$

$$v_{ds}^s = \left(r + \frac{1}{Cp}\right)i_{ds}^s$$

$$i_{qs}^s = \frac{1}{r + \frac{1}{Cp}}v_{qs}^s = \frac{v_{qs}^s}{r}e^{-\frac{t}{\tau}}$$

$$i_{ds}^s = \frac{1}{r + \frac{1}{Cp}}v_{ds}^s = \frac{v_{ds}^s}{r}e^{-\frac{t}{\tau}}$$

ここで，$\tau = cr$ である．

3. 半導体電力変換機器の$d, q$モデル

表3.8 $i_{qs}^s$の計算

| $\omega t$ | $\Delta\theta$ | $\Delta v_{qs}^s$ | $i_{qs}^s$ |
|---|---|---|---|
| $\dfrac{\pi}{6}$ | 0 | -33.4V | -3.34A |
| | $\dfrac{0.2\pi}{6}$ | 0 | -1.92 |
| | $\dfrac{0.4\pi}{6}$ | 0 | -1.10 |
| | $\dfrac{0.6\pi}{6}$ | 0 | -0.63 |
| | $\dfrac{0.8\pi}{6}$ | 0 | -0.36 |
| | $\dfrac{1.0\pi}{6}$ | 0 | -0.21 |
| $\dfrac{\pi}{2}$ | 0 | -66.7V | -6.67A |
| | $\dfrac{0.2\pi}{6}$ | 0 | -3.83 |
| | $\dfrac{0.4\pi}{6}$ | 0 | -2.20 |
| | $\dfrac{0.6\pi}{6}$ | 0 | -1.26 |
| | $\dfrac{0.8\pi}{6}$ | 0 | -0.72 |
| | $\dfrac{1.0\pi}{6}$ | 0 | -0.42 |
| | $\dfrac{1.2\pi}{6}$ | 0 | -0.24 |
| $\dfrac{5\pi}{6}$ | $i_{qs}^s$の時間変化分は,$\omega t=\dfrac{\pi}{6},\dfrac{\pi}{2}$の場合の値を利用して作図する. | -33.4 | -3.34 |
| $\dfrac{7\pi}{6}$ | | 33.4 | 3.34 |
| $\dfrac{3\pi}{2}$ | | 66.7 | 6.67 |
| $\dfrac{11\pi}{6}$ | | 33.4 | 3.34 |

表3.9 $i_{ds}^s$の計算

| $\omega t$ | $\Delta\theta$ | $\Delta v_{ds}^s$ | $i_{ds}^s$ |
|---|---|---|---|
| $\dfrac{\pi}{6}$ | 0 | -57.7V | -5.77A |
| | $\dfrac{0.2\pi}{6}$ | 0 | -3.31 |
| | $\dfrac{0.4\pi}{6}$ | 0 | -1.90 |
| | $\dfrac{0.6\pi}{6}$ | 0 | -1.09 |
| | $\dfrac{0.8\pi}{6}$ | 0 | -0.63 |
| | $\dfrac{1.0\pi}{6}$ | 0 | -0.36 |
| | $\dfrac{1.2\pi}{6}$ | 0 | -0.21 |
| $\dfrac{5\pi}{6}$ | $i_{ds}^s$の時間変化分は,$\omega t=\dfrac{\pi}{6}$の場合の値を利用して作図する. | 57.7 | 5.77 |
| $\dfrac{7\pi}{6}$ | | 57.7 | 5.77 |
| $\dfrac{11\pi}{6}$ | | -57.7 | -5.77 |

問題3.5　電圧形インバータ波形　　　　　　　　　　　　　　　　　　　　71

表3.10　$i_t$の計算

$i_t$：周期が$\dfrac{2\pi}{3}$の波形となるので$\dfrac{\pi}{6} \leq \omega t \leq \dfrac{\pi}{2}$について計算する．

| $\omega t$ | $i_{qs}^s$ | $i_{ds}^s$ | $\dfrac{3}{\pi}g_{qs}^s$ | $\dfrac{3}{\pi}g_{ds}^s$ | $i_t = \dfrac{3}{\pi}\left(i_{qs}^s g_{qs}^s + i_{ds}^s g_{ds}^s\right)$ |
|---|---|---|---|---|---|
| $\dfrac{\pi}{6}$ | -3.34 | -5.77 | $\dfrac{1}{2}$ | $-\dfrac{\sqrt{3}}{2}$ | 3.33 |
| $\dfrac{1.2\pi}{6}$ | -1.92 | -3.31 | $\dfrac{1}{2}$ | $-\dfrac{\sqrt{3}}{2}$ | 1.91 |
| $\dfrac{1.4\pi}{6}$ | -1.10 | -1.90 | $\dfrac{1}{2}$ | $-\dfrac{\sqrt{3}}{2}$ | 1.10 |
| $\dfrac{1.6\pi}{6}$ | -0.63 | -1.09 | $\dfrac{1}{2}$ | $-\dfrac{\sqrt{3}}{2}$ | 0.63 |
| $\dfrac{1.8\pi}{6}$ | -0.36 | -0.63 | $\dfrac{1}{2}$ | $-\dfrac{\sqrt{3}}{2}$ | 0.37 |
| $\dfrac{\pi}{3}$ | -0.21 | -0.36 | $\dfrac{1}{2}$ | $-\dfrac{\sqrt{3}}{2}$ | 0.21 |
| $\dfrac{2.2\pi}{6}$ | -0.12 | -0.21 | $\dfrac{1}{2}$ | $-\dfrac{\sqrt{3}}{2}$ | 0.12 |
| $\dfrac{2.4\pi}{6}$ | -0.068 | -0.12 | $\dfrac{1}{2}$ | $-\dfrac{\sqrt{3}}{2}$ | 0.07 |
| $\dfrac{2.6\pi}{6}$ | -0.039 | -0.068 | $\dfrac{1}{2}$ | $-\dfrac{\sqrt{3}}{2}$ | 0.04 |

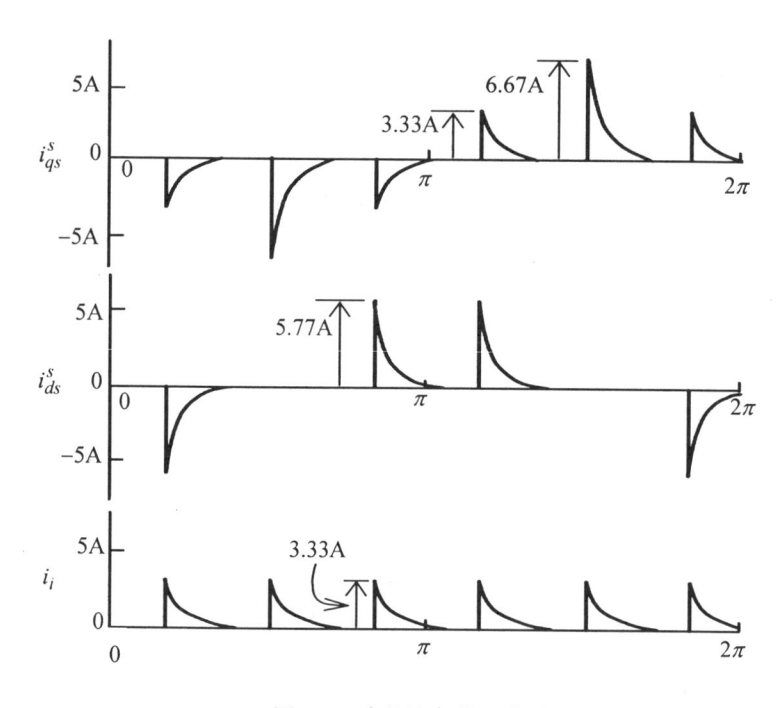

図3.11 容量性負荷の波形

問題3.6 電流形インバータ波形

---

**問題３.６　電流形インバータ波形[訳本の問題3-6]**

直流リンク電流 $I_i = 10\,\mathrm{A}$，基本波周波数60Hzで動作している電流形インバータに対して，次の場合の $v_{qs}^s, v_{ds}^s$ および $v_i$ の定常状態での波形を描け．

a)　平衡三相のY結線された抵抗負荷　　　$r = 10\Omega/$相
b)　平衡三相のY結線された容量負荷　　　$C = 50\mu\mathrm{F}/$相
c)　平衡三相のY結線された誘導性負荷　　$r = 10\Omega/$相, $L = 5\mathrm{mH}/$相
d)　平衡三相のY結線された容量性負荷　　$r = 10\Omega/$相, $C = 50\mu\mathrm{F}/$相

---

**解答**

この電流形インバータの $h_{qs}^s$ および $h_{ds}^s$ は図3.5に示す波形とする．
このとき $i_{qs}^s$ および $i_{ds}^s$ は式(3-3)より得られる．

$$i_{qs}^s = \frac{2\sqrt{3}}{\pi} i_i h_{qs}^s \tag{3-32}$$

$$i_{ds}^s = \frac{2\sqrt{3}}{\pi} i_i h_{ds}^s \tag{3-33}$$

図3.12に，$i_i = 10\mathrm{A}$ とした場合の $i_{qs}^s$, $i_{ds}^s$ の波形を示す．

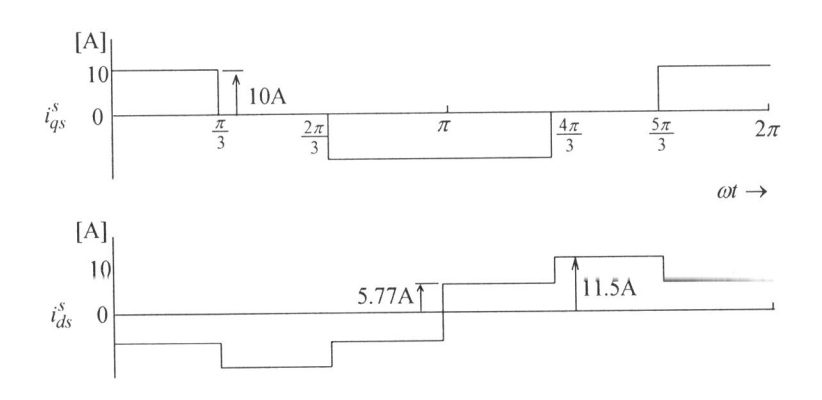

図3.12　$i_{qs}^s$ と $i_{ds}^s$ の波形

a) 抵抗負荷($r=10\Omega$)

$$v_{qs}^s = r \cdot i_{qs}^s$$
$$v_{ds}^s = r \cdot i_{ds}^s$$
$$v_i = \frac{3\sqrt{3}}{\pi}(v_{qs}^s h_{qs}^s + v_{ds}^s h_{ds}^s)$$
(3-34)

よって$v_{qs}^s$の波形は$i_{qs}^s$の波形に$r$を乗じて，$v_{ds}^s$の波形は$i_{ds}^s$の波形に$r$を乗じることによって得られる．

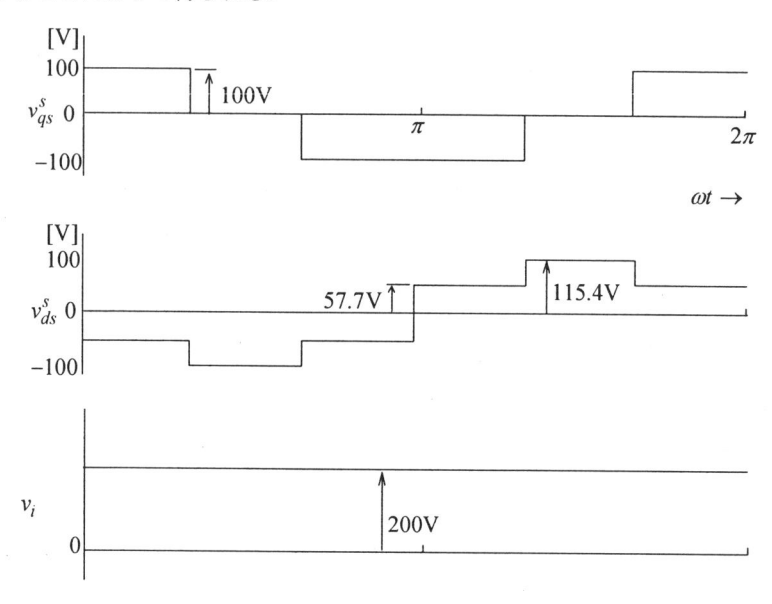

図3.13 抵抗負荷の波形

b) 容量負荷($C=50\mu$F)

$$v_{qs}^s = \frac{1}{C}\int i_{qs}^s dt \tag{3-35}$$

$$v_{ds}^s = \frac{1}{C}\int i_{ds}^s dt \tag{3-36}$$

$$v_i = \frac{3\sqrt{3}}{\pi}(v_{qs}^s h_{qs}^s + v_{ds}^s h_{ds}^s) \tag{3-37}$$

問題3.6 電流形インバータ波形 75

$i_{qs}^s$, $i_{ds}^s$ は図3.12に示す波形であり，たとえば $0 \leq \omega t \leq \dfrac{\pi}{3}$ に対しては $i_{qs}^s$ は10A一定である．よって，$\omega t = 0$ における $v_{qs}^s$ の値を $C_1$ とし，$0 \leq \omega t \leq \dfrac{\pi}{3}$ のときの $i_{qs}^s$ を $i_{qs0}^s$ とおくと，

$$v_{qs}^s = \frac{1}{C} \cdot i_{qs0}^s \cdot t + C_1 = \frac{1}{C} i_{qs0}^s \cdot \frac{\theta}{\omega} + C_1 \quad , \quad \theta = \frac{\pi}{3} \tag{3-38}$$

として計算できる．この方法により $v_{qs}^s$，$v_{ds}^s$ を計算する．

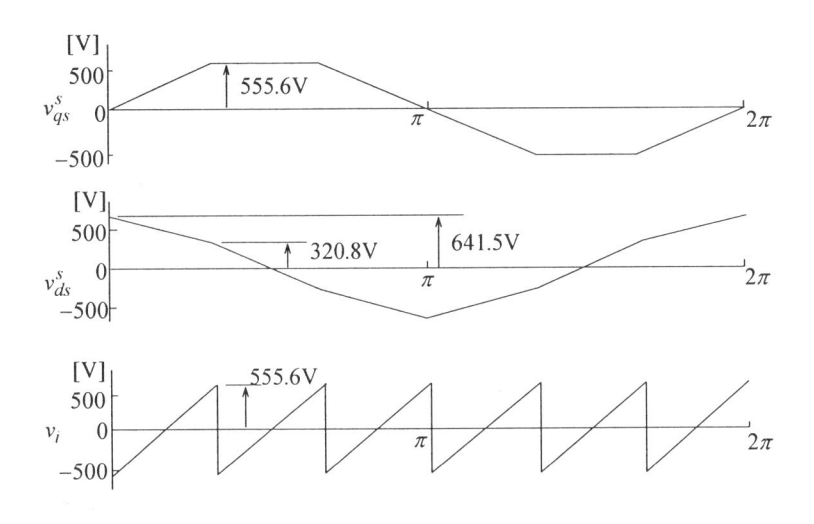

図3.14 容量負荷の波形

○) 誘導性負荷 ($r = 10\Omega, L = 5\text{mH}$)

$$v_{qs}^s = r i_{qs}^s + L \frac{di_{qs}^s}{dt} \tag{3-39}$$

$$v_{ds}^s = r i_{ds}^s + L \frac{di_{ds}^s}{dt} \tag{3-40}$$

・ $i_{qs}^s$，$i_{ds}^s$ は図3.12の波形であり，$i_{qs}^s$，$i_{ds}^s$ の時間変化率により，$L$ の逆起

電力は大きくなる．そこで，$i_{qs}^s$，$i_{ds}^s$ のスイッチングの瞬時は $L$ による逆起電力を $\infty$ として計算する．

・スイッチング瞬時の $v_i$ の波形

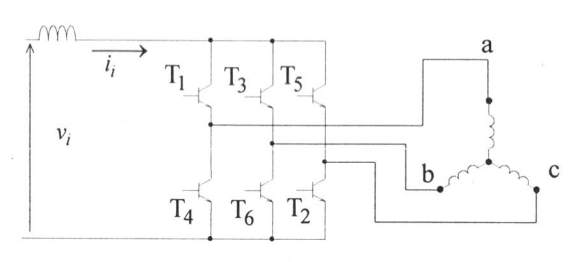

図3.15　回路図

$T_1$，$T_2$ オンから $T_3$，$T_2$ オンに切り換った場合，$T_1$ の両端には $-Ldi_i/dt$，$T_3$ の両端には $Ldi_i/dt$ の逆起電力が加わるが，直流リンク電圧は両者の和であり，$L$ の逆起電力は現れない．

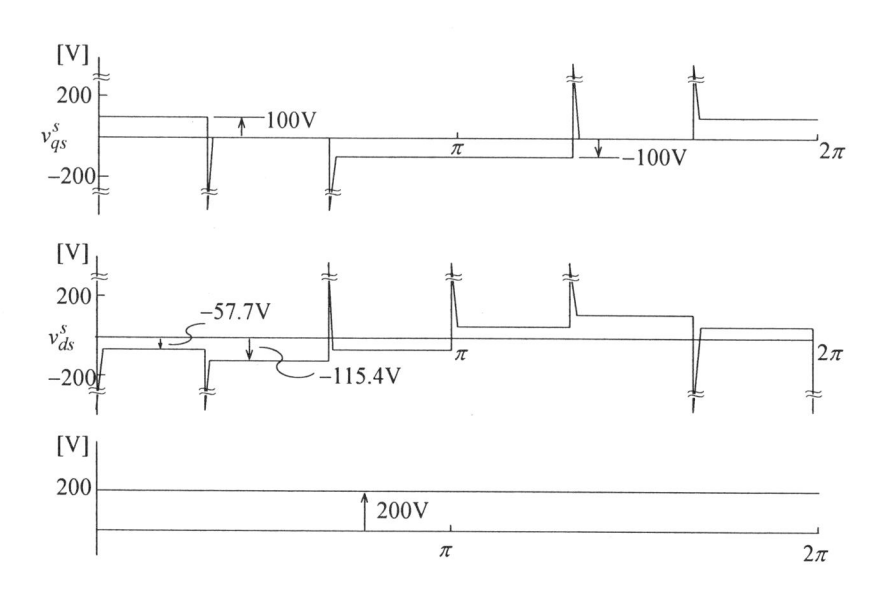

図3.16　誘導性負荷の波形

問題3.6 電流形インバータ波形　　　　　　　　　　　　　　　　　　　　77

d) $r$-$C$負荷　　　$r = 10\Omega, C = 50\mu F$

$$v_{qs}^s = (r + \frac{1}{Cp})i_{qs}^s$$

$$v_{ds}^s = (r + \frac{1}{Cp})i_{ds}^s$$

これは$r$負荷と$C$負荷の電圧の和として求める．

($r$-$C$負荷の波形)

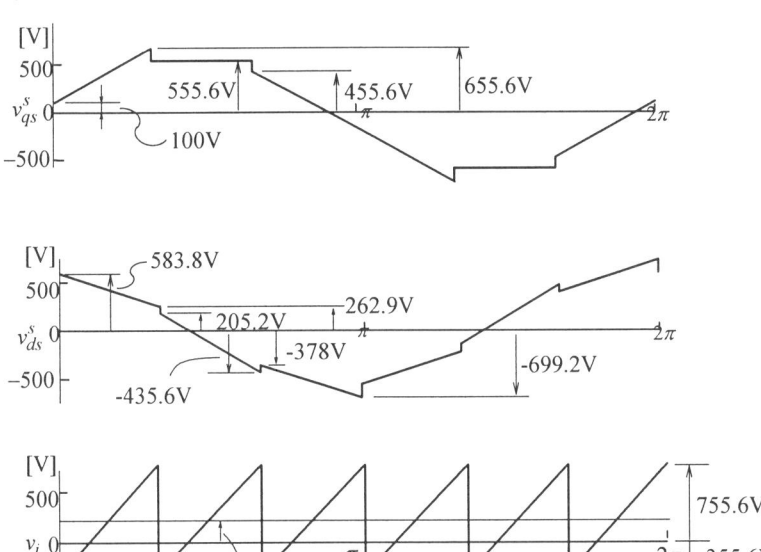

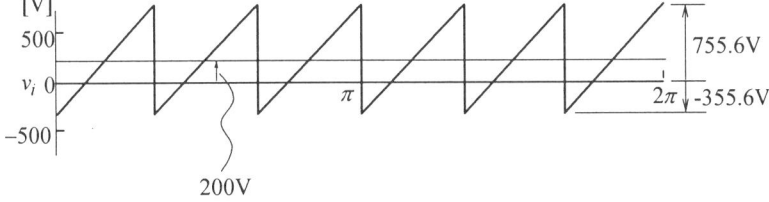

図3.17　$r$-$C$負荷の波形

78　　　　　　　　　　　　　　　　　　3. 半導体電力変換機器の$d$, $q$モデル

---

**問題3.7　電圧形インバータ高調波解析[訳本の問題3-7]**

問題3.5のa)〜d)に対して，$i_{qs}^s$ と $i_{ds}^s$ の基本波成分および第5次高調波成分，$i_i$ の直流成分および第6次高調波成分を求めよ．

---

**解答**

a) 抵抗負荷の場合，$i_{qs}^s$ は式(3.1)より，

$$i_{qs}^s = \frac{v_{qs}^s}{r} = \frac{2}{\pi} \cdot \frac{v_i}{r} \cdot g_{qs}^s \tag{3-41}$$

$g_{qs}^s$ に式(3-20)を代入して，

$$i_{qs}^s = \frac{2}{\pi} \cdot \frac{v_i}{r}(\cos\omega_e t + \frac{1}{5}\cos 5\omega_e t - \frac{1}{7}\cos 7\omega_e t - \cdots) \tag{3-42}$$

よって，

$i_{qs}^s$ の基本波成分　$i_{qs,1}^s = \frac{2}{\pi} \cdot \frac{v_i}{r} = \frac{2}{\pi} \cdot \frac{100}{10} = 6.37\,\text{A}$

$i_{qs}^s$ の第5次高調波成分　$i_{qs,5}^s = \frac{2}{\pi} \cdot \frac{v_i}{r} \times \frac{1}{5} = \frac{2}{\pi} \cdot \frac{100}{10} \times \frac{1}{5} = 1.27\,\text{A}$

$i_{ds}^s$ は式(3-1)より，

$$i_{ds}^s = \frac{v_{ds}^s}{r} = \frac{2}{\pi} \cdot \frac{v_i}{r} g_{ds}^s \tag{3-43}$$

$g_{ds}^s$ に式(3-21)を代入して，

$$i_{ds}^s = \frac{2}{\pi} \cdot \frac{v_i}{r}(-\sin\omega_e t + \frac{1}{5}\sin 5\omega_e t - \frac{1}{7}\sin 7\omega_e t - \cdots) \tag{3-44}$$

よって，

$i_{ds}^s$ の基本波成分　$i_{ds,1}^s = \frac{2}{\pi} \cdot \frac{v_i}{r} = \frac{2}{\pi} \cdot \frac{100}{10} = 6.37\,\text{A}$

$i_{ds}^s$ の第5次高調波成分　$i_{ds,5}^s = \frac{2}{\pi} \cdot \frac{v_i}{r} \times \frac{1}{5} = \frac{2}{\pi} \cdot \frac{100}{10} \times \frac{1}{5} = 1.27\,\text{A}$

$i_i$ は訳本の式(3.5-10)より，

$$i_i = \frac{3}{\pi}\text{Re}[i_{qds}^s \underline{g}_{qds}^{s\dagger}] = \frac{3}{\pi}\text{Re}[(i_{qs}^s - ji_{ds}^s)(g_{qs}^s + jg_{ds}^s)]$$

$$= \frac{3}{\pi}(i_{qs}^s g_{qs}^s + i_{ds}^s g_{ds}^s) \tag{3-45}$$

(3-41), (3-43)を(3-45)に代入して，

問題3.7 電圧形インバータ高調波解析

$$i_i = \frac{3}{\pi}\left\{\frac{2}{\pi}\cdot\frac{v_i}{r}(g_{qs}^s)^2 + \frac{2}{\pi}\cdot\frac{v_i}{r}(g_{ds}^s)^2\right\} = \frac{3}{\pi}\cdot\frac{2}{\pi}\cdot\frac{v_i}{r}\left\{(g_{qs}^s)^2 + (g_{ds}^s)^2\right\} \quad (3\text{-}46)$$

$$(g_{qs}^s)^2 + (g_{ds}^s)^2 = \left|\underline{g}_{qds}^s\right|^2 \quad (3\text{-}47)$$

$\left|\underline{g}_{qds}^s\right|^2$ は $\pi/3$ であるから，(3-46)式は，

$$i_i = \frac{6}{\pi^2}\cdot\frac{v_i}{r}\left|\underline{g}_{qds}^s\right|^2 = \frac{6}{\pi^2}\cdot\frac{v_i}{r}\cdot\left(\frac{\pi}{3}\right)^2 = \frac{2}{3}\cdot\frac{v_i}{r} = \frac{2}{3}\cdot\frac{100}{10} = 6.67\,\text{A}$$

$i_i$ は6.67A一定で，直流成分のみである．

(抵抗負荷の解答まとめ)

$i_{qs,1}^s = 6.37\,\text{A} \qquad i_{qs,5}^s = 1.27\,\text{A} \qquad i_{ds,1}^s = 6.37\,\text{A} \qquad i_{ds,5}^s = 1.27\,\text{A}$

$i_{i,dc} = 6.67\,\text{A} \qquad i_{i,6} = 0.00\,\text{A}$

---

b) 誘導負荷の場合

$i_{qs}^s$ は式(3-1)より $\frac{1}{p} = \int dt$ として，

$$i_{qs}^s = \frac{v_{qs}^s}{L_p} = \frac{2}{\pi}\cdot\frac{v_i}{L_p}g_{qs}^s \quad (3\text{-}48)$$

$g_{qs}^s$ に式(3-20)を代入して，

$$i_{qs}^s = \frac{2}{\pi}\cdot\frac{v_i}{L}\int\left\{\cos\omega_e t + \frac{1}{5}\cos 5\omega_e t - \frac{1}{7}\cos 7\omega_e t - \cdots\right\}dt$$

$$= \frac{2v_i}{\pi}\left\{\frac{1}{\omega_e L}\sin\omega_e t + \frac{1}{5}\cdot\frac{1}{5\omega_e L}\sin 5\omega_e t - \frac{1}{7}\cdot\frac{1}{7\omega_e L}\sin 7\omega_e t - \cdots\right\} \quad (3\text{-}49)$$

ここで，問題3.5 b)より $t=0$ において $i_{qs}^s=0$ である．

よって，

$i_{qs}^s$ の基本波成分 $i_{qs,1}^s = \dfrac{2}{\pi}\cdot\dfrac{v_i}{\omega_e L} = \dfrac{2}{\pi}\dfrac{100}{2\pi\times 60\times 5\times 10^{-3}} = 33.8\,\text{A}$

$i_{qs}^s$ の第5次高調波成分 $i_{qs,5}^s = \dfrac{2}{\pi}\cdot\dfrac{v_i}{5\omega_e L}\cdot\dfrac{1}{5} = \dfrac{33.8}{25} = 1.35\,\text{A}$

$i_{ds}^s$ は式(3-1)より，

$$i_{ds}^s = \frac{v_{ds}^s}{L_p} = \frac{2}{\pi}\cdot\frac{v_i}{L_p}g_{ds}^s \quad (3\text{-}50)$$

## 3. 半導体電力変換機器の d, q モデル

$g_{ds}^s$ に式(3-21)を代入して,

$$i_{ds}^s = \frac{2}{\pi} \cdot \frac{v_i}{L} \int \left\{ -\sin\omega_e t + \frac{1}{5}\sin 5\omega_e t + \frac{1}{7}\sin 7\omega_e t - \cdots \right\} dt$$

$$= \frac{2}{\pi} v_i \left\{ \frac{1}{\omega_e L}\cos\omega_e t - \frac{1}{5} \cdot \frac{1}{5\omega_e L}\cos 5\omega_e t - \frac{1}{7} \cdot \frac{1}{7\omega_e L}\cos 7\omega_e t + \cdots \right\} \quad (3\text{-}51)$$

$i_{ds}^s$ の基本波成分 $i_{ds,1}^s = \frac{2}{\pi} \cdot \frac{v_i}{\omega_e L} = \frac{2}{\pi} \frac{100}{2\pi \times 60 \times 5 \times 10^{-3}} = 33.8\,\text{A}$

$i_{ds}^s$ の第5次高調波成分 $i_{ds,5}^s = \frac{2}{\pi} \cdot \frac{v_i}{5\omega_e L} \cdot \frac{1}{5} = \frac{33.8}{25} = 1.35\,\text{A}$

<$i_i$ の計算>

$i_i$ については,問題3.5 b)の $i_i$ の波形をフーリエ級数に展開して求める.
直流分 $i_{i,dc}$ は $i_i$ の波形より0となる.

$i_i$ の波形 $\quad 0 \sim \frac{\pi}{6} : i_i = \frac{18.5}{(\pi/6)}\theta = \frac{6 \times 18.5}{\pi}\theta$

$\quad\quad\quad \frac{\pi}{6} \sim \frac{\pi}{3} : i_i = -18.5 + \frac{6 \times 18.5}{\pi}(\theta - \frac{\pi}{6}) = \frac{6 \times 18.5}{\pi}\theta - 2 \times 18.5$

1周期は $0 \sim \frac{\pi}{3}$ であるから

$$b_m = \frac{6}{\pi}\left\{ \int_0^{\frac{\pi}{6}} \frac{6 \times 18.5}{\pi}\theta \sin m\theta d\theta + \int_{\frac{\pi}{6}}^{\frac{\pi}{3}} (\frac{6 \times 18.5}{\pi}\theta - 2 \times 18.5)\sin m\theta d\theta \right\}$$

$$= \frac{6}{\pi} \cdot \frac{6 \times 18.5}{\pi}\left\{ \int_0^{\frac{\pi}{6}} \theta\sin m\theta d\theta + \int_{\frac{\pi}{6}}^{\frac{\pi}{3}} \theta\sin m\theta d\theta - \frac{\pi}{3}\int_{\frac{\pi}{6}}^{\frac{\pi}{3}}\sin m\theta d\theta \right\}$$

$$= \frac{36 \times 18.5}{\pi^2}\left[ \frac{1}{m^2}\sin\frac{m\pi}{3} - \frac{\pi}{3m}\cos\frac{m\pi}{6} \right]$$

$m = 6$ のとき

$$b_6 = \frac{36 \times 18.5}{\pi^2}(-\frac{\pi}{18}\cos\pi) = \frac{2 \times 18.5}{\pi} = 11.8$$

(誘導負荷の解答まとめ)

| $i_{qs,1}^s = 33.8\,\text{A}$ | $i_{qs,5}^s = 1.35\,\text{A}$ | $i_{ds,1}^s = 33.8\,\text{A}$ |
|---|---|---|
| $i_{ds,5}^s = 1.35\,\text{A}$ | $i_{i,dc} = 0.00\,\text{A}$ | $i_{i,6} = 11.8\,\text{A}$ |

## 問題3.7 電圧形インバータ高調波解析

c) r-L負荷の場合

(3-63)式から明らかなように，基本波成分は基本波周波数のインピーダンスで，第5次高調波成分は第5次高調波成分のインピーダンスで制限される電流が流れる．よって，これ以降の計算では各調波によるインピーダンスを計算し，その値より電流を求める．

① $i_{qs,1}^s$ の計算

・$v_{qs}^s$ 基本波成分  $v_{qs,1}^s = \dfrac{2}{\pi} v_i = \dfrac{2}{\pi} \times 100 = 66.7$ V

・基本波に対するインピーダンス

$$Z_1 = \sqrt{r^2 + (\omega_e L)^2} = \sqrt{10^2 + (2\pi \times 60 \times 5 \times 10^{-3})^2} = 10.176\Omega$$

・$i_{qs}^s$ 基本波成分

$$i_{qs,1}^s = \dfrac{v_{qs,1}^s}{Z_1} = \dfrac{66.7}{10.176} = 6.26 \text{ A}$$

② $i_{qs,5}^s$ の計算

・$v_{qs}^s$ の第5次高調波成分  $v_{qs,5}^s = \dfrac{2}{\pi} v_i \times \dfrac{1}{5} = 12.73$ V

・第5次高調波に対するインピーダンス

$$Z_5 = \sqrt{r^2 + 5(\omega_e L)^2} = \sqrt{10^2 + (5 \times 2\pi \times 60 \times 5 \times 10^{-3})^2} = 13.74\Omega$$

・$i_{qs}^s$ の第5次高調波成分

$$i_{qs,5}^s = \dfrac{v_{qs,5}^s}{Z_5} = \dfrac{12.73}{13.74} = 0.927 \text{ A}$$

③ $i_{ds,1}^s$ の計算

$v_{ds,1}^s$ および$Z_1$は$i_{qs,1}^s$の場合と同じであり，よって$i_{ds,1}^s$=6.26A

④ $i_{ds,5}^s$ の計算

$v_{ds,5}^s$ および$Z_5$についても$i_{qs,5}^s$の場合と同じであり，よって$i_{ds,5}^s$=0.927A

⑤ $i_i$ の計算

$i_i$ の問題3.5 c)の$i_i$の波形をフーリエ級数に展開して求める．

・$i_i$ の直流分

$i_i$ の波形は $\dfrac{\pi}{6} \sim \dfrac{\pi}{2}$ で $i_i = 3.33 + 3.33(1 - e^{-\frac{\theta - \pi/6}{\omega\tau}}) = 6.66 - 3.33\, e^{-\frac{\theta - \pi/6}{\omega\tau}}$

$$\omega\tau = 2\pi \times 60 \times \frac{5 \times 10^{-3}}{10} = 0.1885$$

$$i_{i,dc} = \frac{3}{\pi} \int_{\frac{\pi}{6}}^{\frac{\pi}{2}} (6.66 - 3.33\, e^{-\frac{\theta - \pi/6}{\omega\tau}})\, d\theta$$

$$= \frac{3}{\pi} \left\{ \int_{\frac{\pi}{6}}^{\frac{\pi}{2}} 6.66\, d\theta - 3.33\, e^{\frac{\pi}{6\omega\tau}} \int_{\frac{\pi}{6}}^{\frac{\pi}{2}} e^{-\frac{\theta}{\omega\tau}}\, d\theta \right\}$$

$$= \frac{3}{\pi} \{6.97 - 0.63 \times 16.08 \times 0.062\} = 6.06 \text{ A}$$

・$i_i$ の第6次高調波成分

$i_i$ の波形は，第6次高調波は正弦波となり，$\dfrac{\pi}{6} \sim \dfrac{\pi}{2}$ で周期関数であり，

$$i_{i,6} = \frac{6}{\pi} \int_{\frac{\pi}{6}}^{\frac{\pi}{2}} (6.66 - 3.33 e^{-\frac{\theta - \pi/6}{\omega\tau}})\sin 6\theta\, d\theta \tag{3-52}$$

$$= \frac{6}{\pi} \left\{ \int_{\frac{\pi}{6}}^{\frac{\pi}{2}} 6.66 \sin 6\theta\, d\theta - 3.33\, e^{\frac{\pi}{6\omega\tau}} \int_{\frac{\pi}{6}}^{\frac{\pi}{2}} e^{-\frac{\theta}{\omega\tau}} \sin 6\theta\, d\theta \right\}$$

公式より $\int e^{-\frac{\theta}{\omega\tau}} \sin 6\theta\, d\theta = \dfrac{e^{-\frac{\theta}{\omega\tau}}}{\left(\frac{1}{\omega\tau}\right)^2 + 6^2} \left(-\frac{1}{\omega\tau}\sin 6\theta - 6\cos 6\theta\right)$

$$i_{i,6} = \frac{6}{\pi} \left\{ -\frac{6.66}{6} [\cos 6\theta]_{\frac{\pi}{6}}^{\frac{\pi}{2}} - 3.33\, e^{\frac{\pi}{6\omega\tau}} \cdot \left[ \frac{e^{-\frac{\theta}{\omega\tau}}}{\left(\frac{1}{\omega\tau}\right)^2 + 6^2} \left(-\frac{1}{\omega\tau}\sin 6\theta - 6\cos 6\theta\right) \right]_{\frac{\pi}{6}}^{\frac{\pi}{2}} \right\}$$

$$= -\frac{6 \times 3.33}{\pi} \cdot e^{\frac{\pi}{6\omega\tau}} \cdot \frac{1}{\left(\frac{1}{\omega\tau}\right)^2 + 6^2} \left\{ e^{-\frac{\pi}{2\omega\tau}}(-6) - e^{-\frac{\pi}{6\omega\tau}}(-6) \right\}$$

$$= \frac{6 \times 3.33}{\pi} \cdot \frac{6}{\left(\frac{1}{\omega\tau}\right)^2 + 6^2} \left\{ -e^{-\frac{2\pi}{3\omega\tau}} + 1 \right\}$$

$$\omega\tau = 2\pi \times 60 \times \frac{5 \times 10^{-3}}{\pi} = 0.1885, \quad \frac{1}{\omega\tau} = 5.305$$

$$\therefore i_{i,6} = \frac{6 \times 3.33}{\pi} \cdot \frac{6}{(5.305)^2 + 6^2} \left\{ 1 - e^{-\frac{2\pi}{3 \times 0.1885}} \right\} = 0.594 \text{ A}$$

(r-L負荷の解答まとめ)

$$i_{qs,1}^s = 6.26\,\text{A} \quad i_{qs,5}^s = 0.927\,\text{A} \quad i_{ds,1}^s = 6.26\,\text{A} \quad i_{ds,5}^s = 0.927\,\text{A}$$

問題3.7 電圧形インバータ高調波解析

$$i_{i,dc} = 6.06\,\text{A} \qquad i_{i,6} = 0.594\,\text{A}$$

d) r-C負荷

c)のr-L負荷と同様に基本波，第5次高調波の電圧およびインピーダンスを求め，$i_{qs}^s$，$i_{ds}^s$ を計算する．

①基本波

$$v_{qs,1}^s = \frac{2}{\pi}v_i = 63.66\,\text{V}$$

$$Z_1 = \sqrt{10^2 + \left(\frac{1}{2\pi f C}\right)^2} = \sqrt{10^2 + (53.05)^2} = 54\,\Omega$$

$$v_{ds,1}^s = \frac{2}{\pi}v_i = 63.66\,\text{V}$$

②第5調波 $\quad v_{qs,5}^s = 63.66/5 = 12.73\,\text{V}$

$$Z_5 = \sqrt{10^2 + (53.05/5)^2} = 14.58\,\Omega$$

$$v_{ds,5}^s = 63.66/5 = 12.73\,\text{V}$$

・基本波 $\quad i_{qs,1}^s = 63.66/54 = 1.18\,\text{A}$

$\qquad\qquad i_{ds,1}^s = 63.66/54 = 1.18\,\text{A}$

・第5調波 $i_{qs,5}^s = 12.73/14.58 = 0.873\,\text{A}$

$\qquad\qquad i_{ds,5}^s = 12.73/14.58 = 0.873\,\text{A}$

③ $i_i$ の計算

問題3.5 d)解答の $i_i$ の波形をフーリエ級数に展開して $i_{i,dc}$ および $i_{i,6}$ を求める

・$i_{i,dc}$ の計算

$i_i$ の波形 $\dfrac{\pi}{6} \sim \dfrac{\pi}{2}$ : $\quad i_i = 3.34 e^{-\frac{\theta - \frac{\pi}{6}}{\omega\tau}} = 3.34 e^{\frac{\pi}{6\omega\tau}} e^{-\frac{\theta}{\omega\tau}}$

$$i_{i,dc} = \frac{3}{\pi}\int_{\frac{\pi}{6}}^{\frac{\pi}{2}} i_i\, d\theta = \frac{3}{\pi}\int_{\frac{\pi}{6}}^{\frac{\pi}{2}} 3.34 e^{\frac{\pi}{6\omega\tau}} e^{-\frac{\theta}{\omega\tau}}\, d\theta$$

$$= \frac{3 \times 3.34}{\pi} e^{\frac{\pi}{6\omega\tau}} \left[ -\omega\tau\, e^{-\frac{\theta}{\omega\tau}} \right]_{\frac{\pi}{6}}^{\frac{\pi}{2}} = \frac{3 \times 3.34}{\pi} e^{\frac{\pi}{6\omega\tau}} \left\{ -\omega\tau\, e^{-\frac{\pi}{2\omega\tau}} + \omega\tau\, e^{-\frac{\pi}{6\omega\tau}} \right\}$$

$$= \frac{3 \times 3.34}{\pi} \omega\tau\, (1 - e^{-\frac{\pi}{3\omega\tau}}) = \frac{3 \times 3.34}{\pi} \times 0.1885 \times (1 - 0.00387) = 0.597\ \text{A}$$

④ $i_{i,6}$ の計算

$$i_{i,6} = \frac{6}{\pi} \int_{\frac{\pi}{6}}^{\frac{\pi}{2}} i_i\, \sin 6\theta\, d\theta = \frac{6}{\pi} \int_{\frac{\pi}{6}}^{\frac{\pi}{2}} 3.34\, e^{\frac{\pi}{6\omega\tau}} e^{-\frac{\theta}{\omega\tau}} \sin 6\theta\, d\theta$$

$$= \frac{6}{\pi} \times 3.34\, e^{\frac{\pi}{6\omega\tau}} \int_{\frac{\pi}{6}}^{\frac{\pi}{2}} e^{-\frac{\theta}{\omega\tau}} \sin 6\theta\, d\theta$$

$$= \frac{6}{\pi} \times 3.34\, e^{\frac{\pi}{6\omega\tau}} \left[ \frac{e^{-\frac{\theta}{\omega\tau}}}{(1/\omega\tau)^2 + 6^2} \left( -\frac{1}{\omega\tau} \sin 6\theta - 6 \cos 6\theta \right) \right]_{\frac{\pi}{6}}^{\frac{\pi}{2}}$$

$$= \frac{6 \times 3.34 \times 6}{\pi} \cdot \frac{1}{64} \times 0.996 = 0.594$$

($r$-$C$負荷の解答まとめ)

$i_{qs,1}^s = 1.18\ \text{A}$  $\quad i_{qs,5}^s = 0.873\ \text{A}$  $\quad i_{ds,1}^s = 1.18\ \text{A}$  $\quad i_{ds,5}^s = 0.873\ \text{A}$

$i_{i,dc} = 0.597\ \text{A}$  $\quad i_{i,6} = 0.594\ \text{A}$

問題3.8 電流形インバータ高調波解析

> **問題3.8　電流形インバータ高調波解析[訳本の問題3.8]**
>
> 問題3.6のa)〜d)に対して，$v_{qs}^s$ と $v_{ds}^s$ の基本波成分および第5次高調波成分，$v_i$ の直流成分および第6次高調波成分を求めよ．

**解答**

a) 抵抗負荷　式(3.3)より $i_{ds}^s$, $i_{qs}^s$ をそれぞれ求める．

基本波 $i_{qs,1}^s = \dfrac{2\sqrt{3}}{\pi} i_i = \dfrac{2\sqrt{3}}{\pi} \times 10 = 11.03\,\text{A}$

$i_{ds,1}^s = \dfrac{2\sqrt{3}}{\pi} i_i = 110.3\,\text{A}$

第5次 $i_{qs,5}^s = \dfrac{2\sqrt{3}}{\pi} \cdot \dfrac{1}{5} i_i = 2.21\,\text{A}$

$i_{ds,5}^s = 2.21\,\text{A}$

基本波 $v_{qs,1}^s = r \cdot i_{qs,1}^s = 110.3\,\text{V}$

$v_{ds,1}^s = r \cdot i_{ds,1}^s = 110.3\,\text{V}$

第5次 $v_{qs,5}^s = r \cdot i_{qs,5}^s = 10 \times 2.21 = 22.1\,\text{V}$

$v_{ds,5}^s = r \cdot i_{ds,5}^s = 22.1\,\text{V}$

問題3.6 a)の解答の波形より，

$v_{i,dc} = 200\,\text{V}$

$v_{i,6} = 0\,\text{V}$

(抵抗負荷解答まとめ)

$v_{qs,1}^s = 110\,\text{V}$　　$v_{qs,5}^s = 22.1\,\text{V}$　　$v_{ds,1}^s = 110\,\text{V}$　　$v_{ds,5}^s = 22.1\,\text{V}$

$v_{i,dc} = 200\,\text{V}$　　$v_{i,6} = 0\,\text{V}$

---

b) 容量負荷

・$v_{qs}^s$, $v_{ds}^s$ の計算

インピーダンス：

基本波　$Z_1 = \dfrac{1}{2\pi f C} = 53.05\,\Omega$

第5次　$Z_5 = \dfrac{1}{5} Z_1 = 10.61\,\Omega$

電圧:
基本波 　$v_{qs,1}^s = i_{qs,1}^s \cdot Z_1 = 11.03 \times 53.05 = 585$ V

$v_{ds,1}^s = i_{ds,1}^s \cdot Z_1 = 11.03 \times 53.05 = 585$ V

第5次 　$v_{qs,5}^s = i_{qs,5}^s \cdot Z_5 = 2.21 \times 10.6 = 23.4$ V

$v_{ds,5}^s = i_{ds,5}^s \cdot Z_5 = 2.21 \times 10.6 = 23.4$ V

- $v_{i,dc}$ は問題3.6 b)の解答の $v_i$ の波形より，直流分はないので零．
- $v_{i,6}$ は $v_i$ の波形をフーリエ級数展開して求める．

$v_{i,6}$ : $v_i$ の波形より

$$0 \sim \frac{\pi}{3} \quad v_i = -555 + \frac{555 \times 2}{\pi/3}\theta = -555 + \frac{6 \times 555}{\pi}\theta$$

$$v_{i,6} = \frac{6}{\pi}\int_0^{\frac{\pi}{3}} v_i \sin 6\theta d\theta = \frac{6}{\pi}\int_0^{\frac{\pi}{3}}(-555 + \frac{6 \times 555}{\pi}\theta)\sin 6\theta d\theta$$

$$= \frac{6 \times 555}{\pi}\left\{\int_0^{\frac{\pi}{3}}(-\sin 6\theta)d\theta + \frac{6}{\pi}\int_0^{\frac{\pi}{3}}\theta \sin 6\theta d\theta\right\}$$

$$= \frac{6 \times 555}{\pi}\left\{\left[\frac{1}{6}\cos 6\theta\right]_0^{\frac{\pi}{3}} + \frac{6}{\pi}\left[-\frac{\theta}{6}\cos 6\theta - \frac{1}{36}\sin 6\theta\right]_0^{\frac{\pi}{3}}\right\}$$

$$= \frac{6 \times 555}{\pi}\left\{\frac{1}{6} - \frac{1}{6} + \frac{6}{\pi}\left(-\frac{\pi}{18}\right)\right\} = \frac{6 \times 555}{\pi}\left(-\frac{1}{3}\right) = -35.4$$

(容量負荷の解答まとめ)

$v_{qs,1}^s = 585$ V 　　$v_{qs,5}^s = 23.4$ V 　　$v_{ds,1}^s = 585$ V 　　$v_{ds,5}^s = 23.4$ V

$v_{i,dc} = 0$ V 　　$v_{i,6} = 35.4$ V

c) 誘導性負荷

- $v_{qs}^s$, $v_{ds}^s$ の計算

インピーダンス:

基本波: $Z_1 = \sqrt{R^2 + (2\pi fL)^2} = \sqrt{10^2 + (1.885)^2} = 10.18$ Ω

第5次: $Z_5 = \sqrt{R^2 + (2\pi \times 5 \times fL)^2} = \sqrt{10^2 + (5 \times 1.885)^2} = 13.73$ Ω

電圧:
基本波: $v_{qs,1}^s = i_{qs,1}^s \cdot Z_1 = 11.03 \times 10.18 = 112.0$ V

$v_{ds,1}^s = i_{ds,1}^s \cdot Z_1 = 11.03 \times 10.18 = 112.0$ V

問題3.8　電流形インバータ高調波解析

第5次:　$v_{qs,5}^s = i_{qs,5}^s \cdot Z_5 = 2.21 \times 13.74 = 30.3 \text{ V}$

　　　　$v_{ds,5}^s = i_{ds,5}^s \cdot Z_5 = 30.3 \text{ V}$

$v_{i,dc}$ :問題3.6 c)の解答の $v_i$ の波形より $v_{i,dc} = 200 \text{ V}$

$v_{i,6}$ :問題3.6 c)の解答の $v_i$ の波形より $v_{i,6} = 0 \text{ V}$

(誘導負荷の解答まとめ)

$v_{qs,1}^s = 112 \text{ V}$　　$v_{qs,5}^s = 30.3 \text{ V}$　　$v_{ds,1}^s = 112 \text{ V}$　　$v_{ds,5}^s = 30.3 \text{ V}$

$v_{i,dc} = 200 \text{ V}$　　$v_{i,6} = 0.0 \text{ V}$

---

d)　容量性負荷

・ $v_{qs}^s$,　$v_{ds}^s$ の計算

インピーダンス:

基本波:　$Z_1 = \sqrt{R^2 + \left(\dfrac{1}{2\pi f C}\right)^2} = \sqrt{10^2 + \left(\dfrac{1}{2\pi \times 60 \times 50 \times 10^{-6}}\right)^2} = 54\Omega$

第5次:　$Z_5 = \sqrt{R^2 + \left(\dfrac{1}{2\pi f C \times 5}\right)^2} = \sqrt{10^2 + \left(\dfrac{1}{2\pi \times 60 \times 5 \times 50 \times 10^{-6}}\right)^2} = 14.58\Omega$

電圧:

基本波:　$v_{qs,1}^s = i_{qs,1}^s \cdot Z_1 = 11.03 \times 54 = 595 \text{ V}$

　　　　$v_{ds,1}^s = i_{ds,1}^s \cdot Z_1 = 11.03 \times 54 = 595 \text{ V}$

第5次:　$v_{qs,5}^s = i_{qs,5}^s \cdot Z_5 = 2.21 \times 14.58 = 32.2 \text{ V}$

　　　　$v_{ds,5}^s = i_{ds,5}^s \cdot Z_5 = 2.21 \times 14.58 = 32.2 \text{ V}$

・ $v_i$ の計算

　　$v_{i,dc}$ は問題3.6 d)の解答の $v_i$ の波形より200V

・ $v_{i,6}$ の計算

　　問題3.6 d)の解答の $v_i$ の波形をフーリエ級数展開して求める．

　　$v_i$ の波形

$$0 \sim \frac{\pi}{3} \; ; \; -355.1 + \frac{555.1 \times 2}{\pi/3}\theta = -355.1 + \frac{6 \times 555.1}{\pi}\theta$$

$$a_6 = \frac{6}{\pi}\int_0^{\frac{\pi}{3}} v_i \sin 6\theta d\theta = \frac{6}{\pi}\int_0^{\frac{\pi}{3}}\left(-355.1 + \frac{6\times 555.1}{\pi}\theta\right)\sin 6\theta d\theta$$

$$= \frac{6}{\pi}\left\{\int_0^{\frac{\pi}{3}} -355.1 \sin 6\theta d\theta + \int_0^{\frac{\pi}{3}}\frac{6\times 555.1}{\pi}\theta \sin 6\theta d\theta\right\}$$

$$= -354$$

$$\therefore v_{i,6} = 354\,\text{V}$$

(容量性負荷の解答まとめ)

$v_{qs,1}^s = 595\,\text{V}$  $v_{qs,5}^s = 32.2\,\text{V}$  $v_{ds,1}^s = 595\,\text{V}$  $v_{ds,5}^s = 32.2\,\text{V}$
$v_{i,dc} = 200\,\text{V}$  $v_{i,6} = 354\,\text{V}$

問題3.9 電圧形インバータ同期座標モデル

> **問題3.9 電圧形インバータ同期座標モデル[訳本の問題3-9]**
>
> 高調波を無視した電圧形インバータの同期座標$d, q$モデルが式(3-53)および(3-54)で与えられている．
>
> $$g_{qs}^e \cong 1 \tag{3-53}$$
>
> $$g_{ds}^e \cong 0 \tag{3-54}$$
>
> この場合の同期座標に対する零基準は，$t=0$において$q$軸が$a$相軸と一致するように選ばれている．$t=0$で$q$軸が$a$相軸から反時計方向に角度$\phi_{0e}$の位置にある場合の一般化した同期座標$d, q$モデルを導出せよ．また，訳本の図3.14において，$\phi_{0e} \neq 0$の場合の等価回路の一般形を描け．

**解答**

式(3-53), (3-54)は式(3-5)において$\theta_e = \omega_e t$，すなわち$t=0$において$q$軸が$a$相軸に一致するように選ばれた場合に成立する式である．この問題は$t=0$において$q$軸の$a$相軸からの角度が$\phi_{0e}$である場合の，式(3-53), (3-54)に対応する式および$\phi_{0e} \neq 0$の場合の等価回路を導出する問題と考えて解答する．

a) 一般モデルの導出

複素フーリエ級数で表したスイッチング関数$\underline{g}_{qds}^e$は，

$$\underline{g}_{qds}^e = e^{j(\omega_e t - \theta_e)} + \frac{1}{5}e^{-j(5\omega_e t + \theta_e)} - \frac{1}{7}e^{j(7\omega_e t - \theta_e)} \cdots \tag{3-5}$$

題意により，$q$軸と$a$相軸の角度を$\phi_{0e}$とすると，

$$\theta_e = \omega_e t + \phi_{0e} \tag{3-55}$$

(3-55)を式(3-5)に代入して，

$$\begin{aligned}\underline{g}_{qds}^e &= e^{-j\phi_{0e}} + \frac{1}{5}e^{-j6\omega_e t} \cdot e^{-j\phi_{0e}} - \frac{1}{7}e^{j6\omega_e t} \cdot e^{-j\phi_{0e}} - \cdots \\ &= e^{-j\phi_{0e}}\left(1 + \frac{1}{5}e^{-j6\omega_e t} - \frac{1}{7}e^{j6\omega_e t} - \cdots\right)\end{aligned} \tag{3-56}$$

高調波無視の場合，スイッチング関数$\underline{g}_{qds}^e$の第6次高調波および6の整数倍数の高調波を無視するので(3-56)式より，

$$\underline{g}_{qds}^e = e^{-j\phi_{0e}} = \cos\phi_{0e} - j\sin\phi_{0e} \tag{3-57}$$

また，

$$\underline{g}^e_{qds} = g^e_{qs} - jg^e_{ds}$$

より，

$$\left.\begin{array}{l} g^e_{qs} = \cos\phi_{0e} \\ g^e_{ds} = \sin\phi_{0e} \end{array}\right\} \tag{3-58}$$

$v^e_{qs}$, $v^e_{ds}$ および $i_i$ は，式(3-1)および (3-45)より，それぞれ，

$$v^e_{qs} = \frac{2}{\pi} v_i g^e_{qs} \tag{3-59}$$

$$v^e_{ds} = \frac{2}{\pi} v_i g^e_{ds} \tag{3-60}$$

$$\frac{\pi}{3} i_i = i^e_{qs} g^e_{qs} + i^e_{ds} g^e_{ds} \tag{3-45}$$

式(3-59), (3-60)および(3-45)を式(3-58)に代入して，

$$v^e_{qs} = \frac{2}{\pi} v_i g^e_{qs} = \frac{2}{\pi} v_i \cos\phi_{0e} \tag{3-61}$$

$$v^e_{ds} = \frac{2}{\pi} v_i g^e_{ds} = \frac{2}{\pi} v_i \sin\phi_{0e} \tag{3-62}$$

$$\frac{\pi}{3} i_i = i^e_{qs} g^e_{qs} + i^e_{ds} g^e_{ds} = i^e_{qs} \cos\phi_{0e} + i^e_{ds} \sin\phi_{oe} \tag{3-63}$$

b) $\phi_{0e} \neq 0$ の場合の等価回路の一般形

訳本p.136の図3.14の等価回路は $\phi_{0e} = 0$ のときであり，(3-61)～(3-63)式で $\cos\phi_{0e} = 1, \sin\phi_{0e} = 0$ とした場合である．$\phi_{0e} \neq 0$ の場合の等価回路は図3.18のようになる．

・$\phi_{0e} \neq 0$ の場合の等価回路図

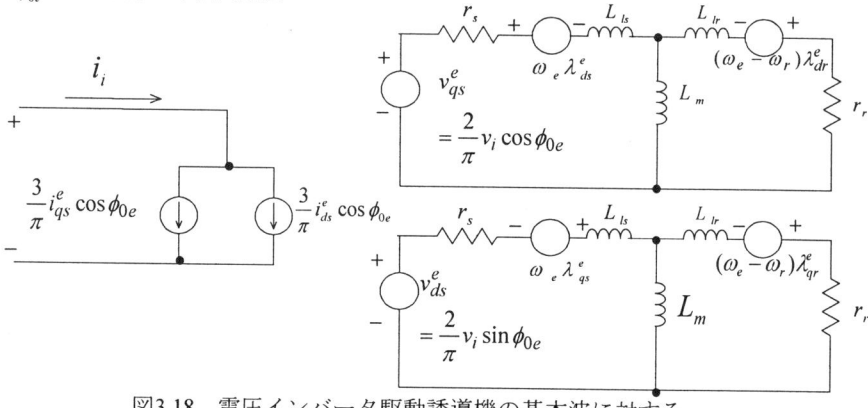

図3.18 電圧インバータ駆動誘導機の基本波に対する同期座標d, qモデル($\phi_{0e} \neq 0$)

問題3.10 電圧形インバータで駆動される非突極形同期機　　　　　　　　　　91

**問題３．１０　電圧形インバータで駆動される非突極形同期機のδ一定運転時の速度-トルク特性［訳本の問題3-10］**

電圧形インバータで駆動される非突極形同期機に対する基本波成分等価回路を導け．この等価回路を用いてトルク角δ($V$と$E$の間の角)は一定時の[※]，速度-トルク特性を導け[※※]．ただし，$I_f$は一定で動作しているものとする．これと類似の特性を有する直流機は何か．

※　訳者注：回転子磁極の位置(無負荷誘導起電力$E$の位相に相当)の検出信号を基に，電圧形インバータのゲート信号(インバータ出力電圧$V$の位相に相当)を作る場合である．
※※　訳者注：直流リンクの入力電圧$V_r$は一定とする．

**解答**
電圧形インバータで駆動される非突極形同期機の基本波成分等価回路
 (1) 非突極形同期機の等価回路は訳本p.220の図5.5で表される．
 (2) 電圧形インバータで駆動される誘導負荷に対する基本波成分等価回路は訳本p.153の図3.26で表される．
 (3) よって，訳本の図3.26の誘導負荷の部分を訳本の図5.5の同期機の等価回路に置き換えることにより解が得られる．

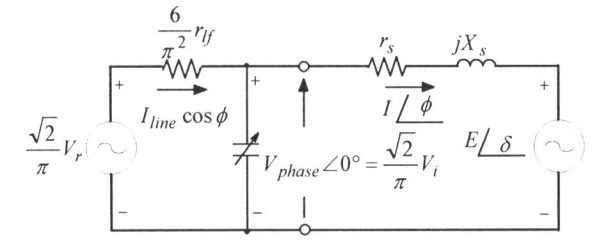

$$\frac{\sqrt{2}}{\pi}V_r \quad I_{line}\cos\phi \quad \frac{6}{\pi^2}r_{lf} \quad V_{phase}\angle 0° = \frac{\sqrt{2}}{\pi}V_i \quad r_s \quad jX_s \quad I\angle\phi \quad E\angle\delta$$

図3.19　電圧形インバータで駆動した非突極形同期機に対する基本波成分等価回路

表3.22 速度-トルク特性

| 速度-トルク特性<br>計算の前提条件 | 1. 訳本p.108のパラメータを使用して数値計算を行う.<br>2. 定格周波数60Hzにおいて，次の条件で定格運転中とする.<br>　　電動機の入力力率0.95遅れ，軸出力20kW<br>3. 直流リンクフィルタの抵抗 $\gamma_{lf} = 0.18\Omega$ とする.<br>4. $V_{phase}\angle 0° = \dfrac{230}{\sqrt{3}} = 132.8\text{V}, \dfrac{\sqrt{2}}{\pi}V_r = V_{phase}\angle 0° + \dfrac{6}{\pi^2}\gamma_{lf}\cdot I_R$<br>　　とする. ただし，$I_R$ は定格電流.<br>5. 訳本p.108の同期機は突極機であり，本問題では<br>　　$L_s = (L_{ds} + L_{qs})/2$ の非突極機として計算する. これは非突極機では固定子，回転子ともスロットがあり，$d$, $q$軸のインダクタンスは突極機の$d$, $q$軸の平均になるものと仮定したためである. |
|---|---|

表3.23 定格運転時の電流 $I_R$，誘導起電力 $E$，トルク角 $\delta$ の計算

| 計算項目 | 計算式 | パラメータ[注)]<br>(60Hz) | 計算結果 | 備考 |
|---|---|---|---|---|
| $I_R$ | $3V_{phase}I_R\cos\phi$<br>$= 20\text{kW} + 3\gamma_s I_R^2$ | $V_{phase} = 132.8\text{V}$<br>$\gamma_s = 0.1\Omega$ | $I_R = 55.3\text{ A}$ | 訳本の図3.25より |
| $E$ | $V_{phase} = E\cos\delta + X_S I_R\sin\phi$<br>$+ \gamma_s I_R\cos\phi$ | $X_s = 1.45\Omega$ ※ | $E = 126.7$ V<br>(60Hz) | 訳本の図3.26より |
| $\delta$ | $E\sin\delta = X_s I_R\cos\phi$<br>$-\gamma_s I_R\sin\phi$ | $\cos\phi = 0.95$ | $\delta = 36°$<br>一定 | |

注): 訳本のp.108のパラメータで，$L_s = (L_{ds} + L_{qs})/2$ の非突極機と仮定した.

(a) 整流器電圧 $\dfrac{\sqrt{2}}{\pi}V_r$ の計算

図3.19より，$\dfrac{\sqrt{2}}{\pi}V_r = V_r'$，$\dfrac{6}{\pi^2}\gamma_{lf} = \gamma_{lf}'$ とおくと，

$$V_r' = V_{phase} + \gamma_{lf}' I_R = 132.8 + \dfrac{6}{\pi^2}\times 0.18\times 55.3 = 138.85\text{ V} \quad 一定$$

(b) 速度-トルク特性計算のための電圧，電流の関係式

問題3.10 電圧形インバータで駆動される非突極形同期機

この場合，周波数$f$を変えてトルクを求める．周波数を60Hzから$f$に変えた場合，

$$E' = \frac{f}{60}E, \quad X'_s = \frac{f}{60}X_s$$

とおくと，図3.20のベクトル図より，

$$V'_r - E'\cos\delta = X'_s I \sin\phi + (\gamma'_{lf} + \gamma_s)I\cos\phi \tag{3-64}$$

$$E'\sin\delta = X'_s I \cos\phi - \gamma_s I \sin\phi \tag{3-65}$$

(3-64)，(3-65)式より，周波数$f$における$I$, $\cos\phi$を求める．

(c) 出力$P_{out}$, トルク$T$および回転速度$N_r$

図3.19より，$P_{out} = 3\left\{(V'_R - \gamma'_{lf}I\cos\phi)I\cos\phi - \gamma_S I^2\right\}$ [W]

$$T = \frac{P_{out}}{2\pi\frac{2}{P}f} = \frac{P_{out}}{\pi f} \text{ [N-m]}$$

$$N_r = \frac{120f}{P} = 30f \text{ [rpm]}$$

ここで$P$は極数であり4である．

(d) 結果

(1) 図3.20に定格運転時のベクトル図を示す．
(2) 図3.21に速度-トルク特性を示す．

速度-トルク特性は直流直巻電動機に類似した特性を示す．

(野中作太郎著．「電気機器Ⅰ」p.154，森北出版の式(3.54)では$\omega_m \propto \dfrac{1}{\sqrt{T}}$であるが，本問題では$\omega \propto \dfrac{1}{T}$に近い特性となっている)

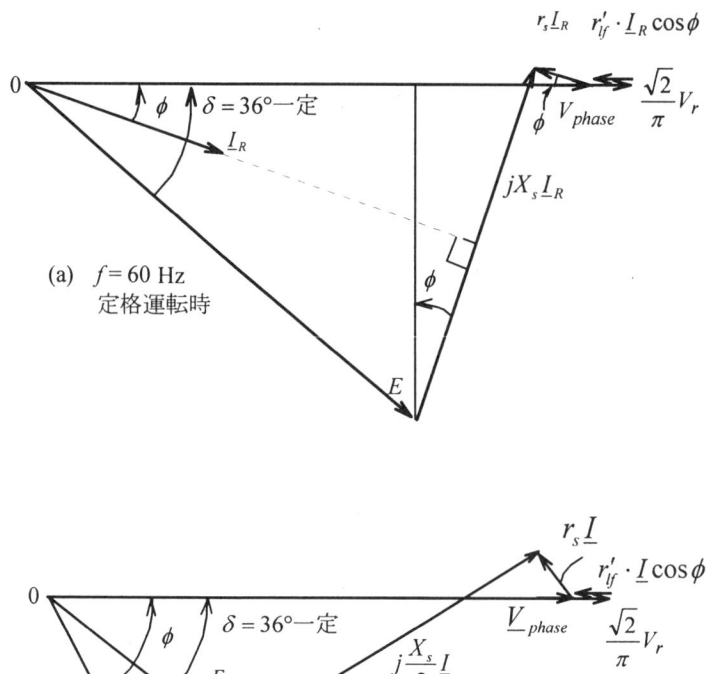

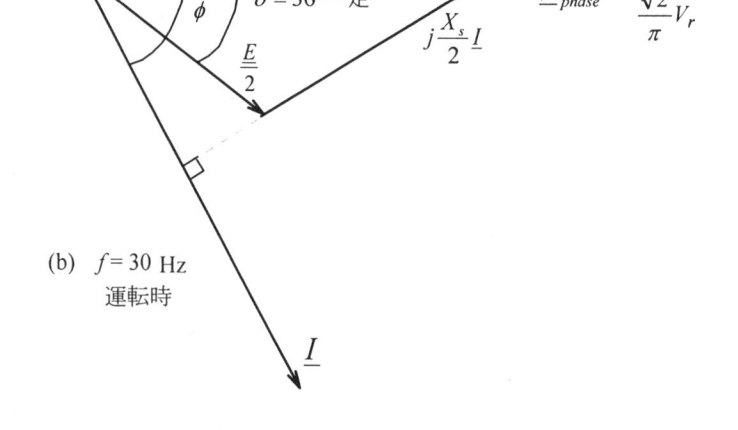

図3.20 ベクトル図(電圧形インバータのフィルタ抵抗 $r_{lf} = 0.18\Omega$ )
非突極形同期機(訳本p.108のパラメータ)の電圧形インバータ
による駆動

問題3.10　電圧形インバータで駆動される非突極形同期機

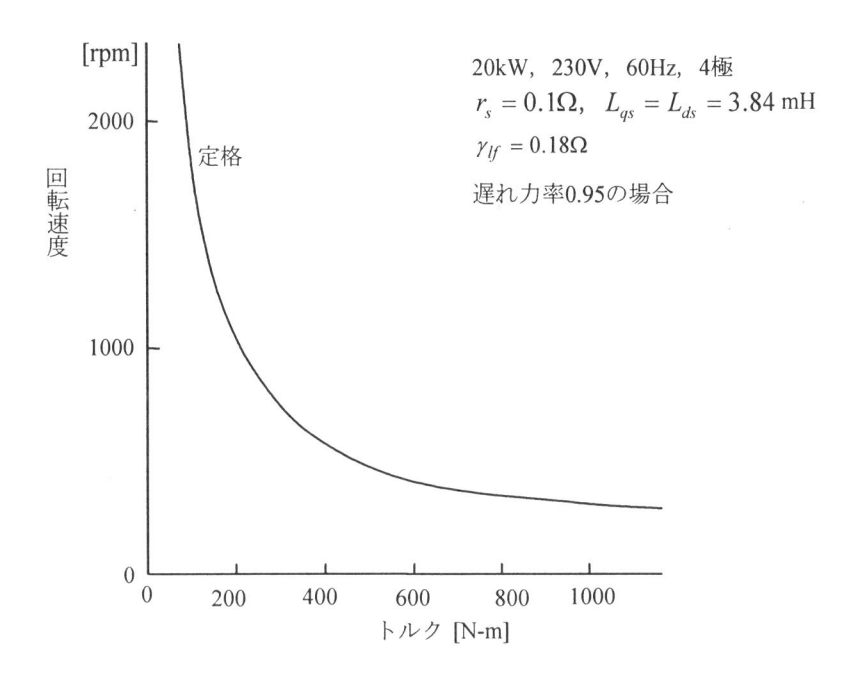

図中データ:
20kW，230V，60Hz，4極
$r_s = 0.1\Omega$, $L_{qs} = L_{ds} = 3.84$ mH
$\gamma_{lf} = 0.18\Omega$
遅れ力率0.95の場合

定格

縦軸: 回転速度 [rpm]
横軸: トルク [N-m]

図3.21　速度-トルク特性

**問題3.11　電流形インバータで駆動される突極形同期機の有効分等価回路**※
　　　　　［訳本の問題3-11］

電流形インバータで駆動される突極形同期機の有効分等価回路を次図に示す．この等価回路を導出せよ．ただし、角度 $\gamma$ は内部力率角($E$と$I$の間の角)，$R_{eq} = (1/2)(X_q - X_d)\sin 2\gamma$，$V_r$ は直流リンクの入力電圧，$\gamma_{lf}$ は直流リンクフィルタの抵抗，$r_s$ は固定子抵抗，$E$ は無負荷誘導起電力，$\phi$ は力率角である．

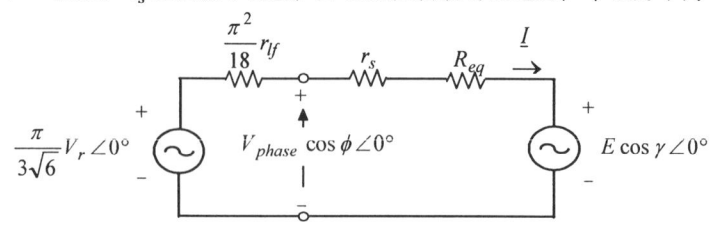

図3.22　電流形インバータで駆動される突極形同期機の有効成分等価回路

※　訳者注：訳本p.154の基本波成分等価回路図3.27において誘導性負荷を同期機に置き換え、有効分のみに着目した等価回路．

**解答**

訳本p.154.図3.27において，誘導性負荷を同期機に置き換える．また、訳本p.226.図5.9の突極形同期機の空間ベクトル図において，$\underline{I}$ を $\underline{E}$ に対して進み位相とし，$\underline{V}_{qds} = \underline{V}_{phase}$ として，電流形インバータ駆動突極形同期機のベクトル図を描くと次の図3.23となる．

このベクトル図より次式が成り立つ．

$$V_{phase}\cos\phi = E\cos\gamma + r_s I + R_{eq} I \tag{3-65}$$

また，直流リンク部の交流側(同期機側)換算を行うと，訳本p.149の式(3.7-8)および訳本p.150の式(3.7-14)より，

$$V_{phase}\cos\phi = \frac{\pi}{3\sqrt{6}}(V_r - r_{lf}i_i) \tag{3-66}$$

$$I_{line} = I = \frac{\sqrt{6}}{\pi}i_i \tag{3-67}$$

$\gamma_{lf}$ の交流側換算値を $\gamma'_{lf}$ とすると，

$$\gamma'_{lf} = \frac{\frac{\pi}{3\sqrt{6}}\gamma_{lf}i_i}{\frac{\sqrt{6}}{\pi}i_i} = \frac{\pi^2}{18}\gamma_{lf} \tag{3-68}$$

問題3.11 電流形インバータで駆動される突極形同期機　　　　　　　　　　　　　　　97

よって, (3-65)〜(3-68)より,

$$\frac{\pi}{3\sqrt{6}}V_r = \frac{\pi^2}{18}r_{lf}I + r_S I + R_{eq}\cdot I + |E|\cos\gamma \tag{3-69}$$

となり，問題に描かれた，有効分のみに着目した等価回路が描ける．

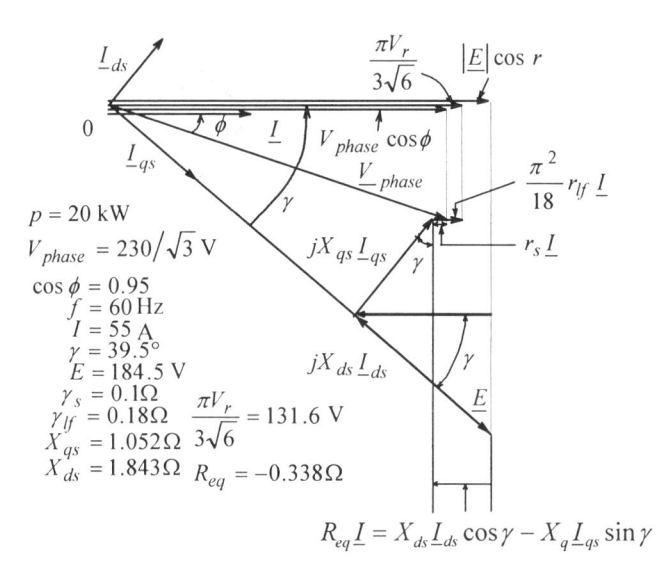

$p = 20\,\text{kW}$
$V_{phase} = 230/\sqrt{3}\,\text{V}$
$\cos\phi = 0.95$
$f = 60\,\text{Hz}$
$I = 55\,\text{A}$
$\gamma = 39.5°$
$E = 184.5\,\text{V}$
$r_s = 0.1\,\Omega$
$r_{lf} = 0.18\,\Omega$
$X_{qs} = 1.052\,\Omega$
$X_{ds} = 1.843\,\Omega$
$\dfrac{\pi V_r}{3\sqrt{6}} = 131.6\,\text{V}$
$R_{eq} = -0.338\,\Omega$

$$R_{eq}\underline{I} = X_{ds}\underline{I}_{ds}\cos\gamma - X_q\underline{I}_{qs}\sin\gamma$$

図3.23　電流形インバータ駆動突極形同期機の空間ベクトル図
(訳本の2.14節の同期機, $f$=60Hz, 定格出力時)

## 問題3.12 電圧形インバータを用いた自励式誘導発電機の無負荷時の関係式※
[訳本の問題3-12]

誘導機を電圧形インバータで始動した後，インバータの直流電源を負荷抵抗$R_{dc}$で置き換えた．この駆動系は，励磁電源として作用する電圧形インバータ(等価的にコンデンサとして働き無効電力を供給する)を有する自励式誘導発電機として動作する．無負荷($R_{dc} \to \infty$)において，$S(\omega_e L_m)^2 \fallingdotseq -r_s r_r$の関係が成り立つことおよび，このことから飽和レベル(出力電圧)がすべり$S$と誘導機の抵抗$r_s$，$r_r$によって決定されることを示せ．

※ 訳者注：D.W.Novotony, D.J.Gritter and G.H.studumann, "Self-Excitation in Inverter Driven Induction Machines", IEEE Trans. on Power Apparatus and systems, Vol. PAS-96, No.4 July/August 1977, pp.1117-1125 を参照．

**解答**

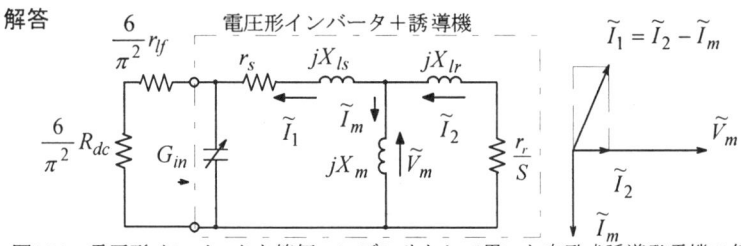

図3.24 電圧形インバータを等価コンデンサとして用いた自励式誘導発電機の等価回路

上の等価回路で，定常状態での電力平衡より次式が得られる．

$$\frac{1}{\frac{6}{\pi^2}(R_{dc}+r_{lf})}+G_{in}=0$$

($G_{in}$はインバータから誘導機側を見たコンダクタンス)

無負荷では$(R_{dc} \to \infty)$であるので $G_{in}=\mathrm{Re}\left\{\dfrac{1}{Z}\right\}=0$ より次式が成り立つ．

$$X_m = -\frac{S^2 r_s X_{lr}}{S^2 r_s + S r_r} \pm \sqrt{\left(\frac{r_s L_{lr} S^2}{S r_r^2 + S r_r}\right)^2 - \frac{r_s}{\omega_e^2}\frac{r_r^2+(s\omega_e L_{lr})^2}{S r_r + S^2 r_s}}$$

ここで，$X_{lr}=\omega_e L_{lr}$，$X_m=\omega_e L_m$である．
無負荷時には$S$が小さいと仮定して，上式で$S^2$の項を無視すると

$$X_m = \sqrt{-\frac{r_s r_r}{S}}$$

$$\therefore\ S(\omega_e L_m)^2 = -r_s r_r$$

が成り立つ．

問題3.13 電流形インバータで駆動される突極形同期機　　　　　　　　　　　　99

> **問題３．１３　電流形インバータで駆動される突極形同期機のγ一定運転時の速度-トルク特性[訳本の問題3-13]**
>
> 問題3.11の駆動系に対して，内部力率角γ一定時の※速度-トルク特性を導け．ただし，$I_f$は一定で動作しているものとする．これと類似の特性を有する直流機は何か．
>
> 図3.25　電流形インバータで駆動される突極形同期機の有効分等価回路

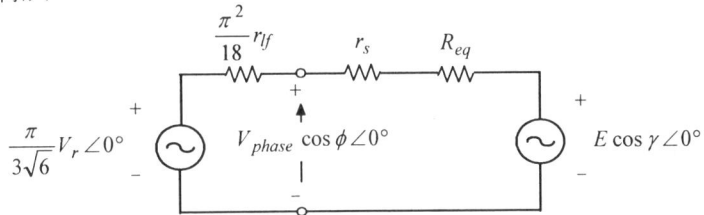

※訳者注：回転子磁極の位置（無負荷誘導起電力の位相に相当）の検出信号を基に，電流形インバータのゲート信号（インバータ出力電圧の位相に相当）を作る場合である．

### 解答

解答の前提条件

(a) 訳本p.108のパラメータを使用する．
(b) 定格周波数60Hzにおいて次の条件で定格運転中とする．
　　電動機入力力率0.95進み，軸出力20kW．
(c) 直流リンクリアクトルの抵抗 $r_{lf} = 0.18\Omega$（同期機側換算 $0.1\Omega$）とする．
(d) $V_{phase}\cos\phi = \dfrac{230}{\sqrt{3}} \times 0.95 = 126.2V$, $\dfrac{\pi}{3\sqrt{6}}V_r = V_{phase}\cos\phi + \dfrac{\pi^2}{18}r_{lf}I_R$ とする．
　　ただし $I_R$ は定格電流．

3. 半導体電力変換機器の $d, q$ モデル

(a) 表3.24 定格運転時の $I_R$, 誘導起電力 $E$, 内部力率角 $\gamma$ の計算

| 計算項目 | 計算式 | パラメータ (60Hz) | 計算結果(60Hz) | 備考 |
|---|---|---|---|---|
| $I_R$ | $3V_{phase}\cos\phi \cdot I_R = 20\text{kW} + 3r_s I_R^2$ | $V_{phase}\cos\phi = 126.2\text{V}$<br>$r_s = 0.1\Omega$ | $I_R = 55.3\text{A}$ | 図3.25より |
| $\gamma$ | $\gamma = \tan^{-1}\dfrac{V_{phase}\sin\phi + X_{qs}I_R}{V_{phase}\cos\phi - r_s I_R}$ | $\cos\phi = 0.95$<br>$X_{qs} = 1.052\Omega$<br>$V_{phase}\cos\phi = 126.2\text{V}$ | $\gamma = 39.5°$<br>(一定) | 図3.25より |
| $R_{eq}$<br>$E$ | $R_{eq} = \dfrac{1}{2}(X_{qs} - X_{ds})\sin 2\gamma$<br>$V_{phase}\cos\phi = E\cos\gamma$<br>$\quad + r_s I_R + R_{eq} \cdot I_R$ | $X_{ds} = 1.843\Omega$ | $R_{eq} = -0.388\Omega$<br>$E = 184.5\text{V}$ | 図3.25より |
| $\dfrac{\pi V_r}{3\sqrt{6}}$ | $\dfrac{\pi V_r}{3\sqrt{6}} = V_{phase}\cos\phi + \dfrac{\pi^2}{18}r_{lf}\cdot I_R$ | $r_{lf} = 0.18\Omega$ | $\dfrac{\pi V_r}{3\sqrt{6}} = 131.6\text{V}$ | 図3.25より |

(b) 速度-トルク特性計算のための電圧, 電流および出力の関係式 (図3.25より)

$$V_{phase}\cos\phi = \dfrac{\pi}{3\sqrt{6}}V_r - \dfrac{\pi^2}{18}r_{lf}\cdot I = E\dfrac{f}{60}\cos\gamma + r_s\cdot I + R_{eq}\dfrac{f}{60}\sin 2\gamma \cdot I \qquad (3\text{-}85)$$

ここで $f$ は周波数であり, 負荷電流 $I$ の変化に伴い(3-85)式を満たす $f$ の値に変化する.

(c) 出力 $P_{out}$, トルク $T$ および回転速度 $N_r$

$$P_{out} = 3(V_{phase}\cos\phi \cdot I - r_s I^2) \quad [\text{W}]$$

$$T = \dfrac{P_{out}}{2\pi\dfrac{2}{P}f} = \dfrac{P_{out}}{\pi f} \quad [\text{N-m}], \quad P\text{は極数で}, \quad P = 4 \qquad N_r = \dfrac{120}{P}f = 30f \quad [\text{rpm}]$$

(d) 結果

(1) 図3.26に定格運転時のベクトル図を示す.

問題3.13　電流形インバータで駆動される突極形同期機　　　　　　　　　101

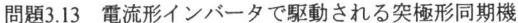

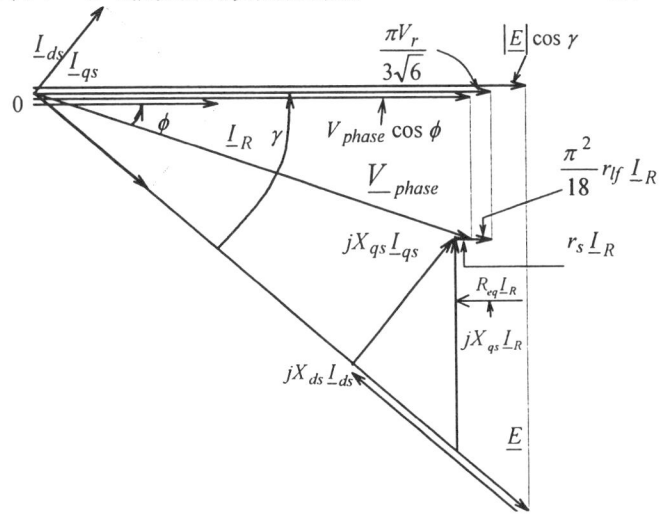

図3.26　定格運転時のベクトル図

突極形同期機（訳本p.108のパラメータ）の電流形インバータによる駆動時
(2) 図3.27に速度-トルク特性を示す.

速度-トルク特性は直流分巻（差動複巻[*1]）電動機に類似した特性を示す.

　*1　野中作太郎著，「電気機器Ⅰ」, p.156-157，森北出版(１９９４)

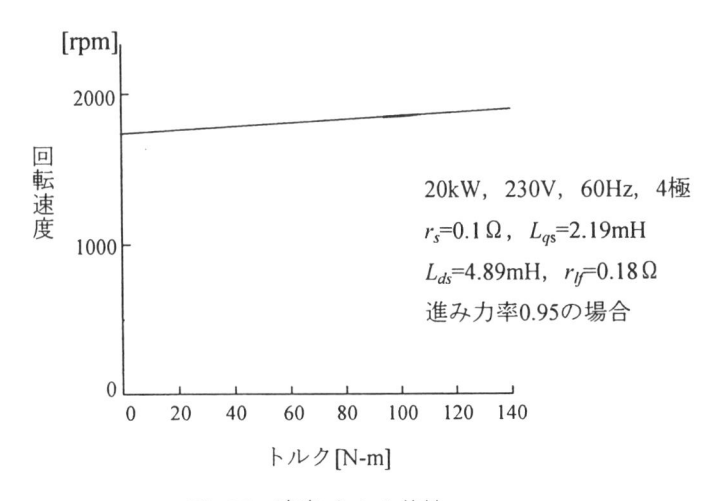

20kW, 230V, 60Hz, 4極
$r_s$=0.1Ω, $L_{qs}$=2.19mH
$L_{ds}$=4.89mH, $r_{lf}$=0.18Ω
進み力率0.95の場合

図3.27　速度-トルク特性

## 問題3．14　電流形インバータを用いた自励式誘導発電機の無負荷時の関係式
［訳本の問題3-14］

電圧形インバータに対して，問題3.12で得られた結果と同様に，電流形インバータを用いた自励式誘導発電機に対する関係式を求めよ(電流形インバータの場合，無負荷時に直流端子が短絡される).

**解答**

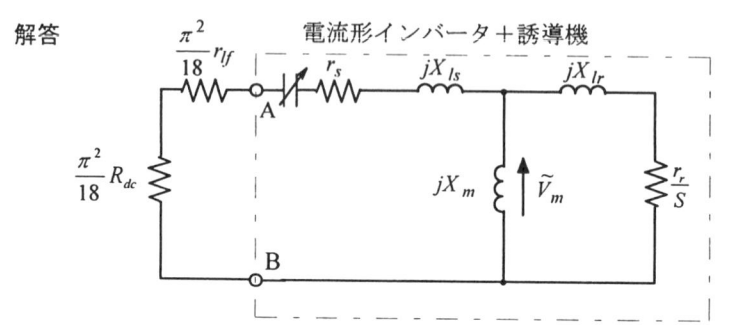

図3.28　電流形インバータを用いた自励式誘導発電機の等価回路

図3.28に示す等価回路において，無負荷時はAB両端子が短絡されたことになるので，問題3.12の無負荷の場合と同じ等価回路になり，同じ結果が得られる．

## 問題3.15 スイッチング関数 $g^e_{qs}$, $g^e_{ds}$ の波形

式(3-28)および(3-29)に示す級数により作られるスイッチング関数$g^e_{qs}$および$g^e_{ds}$の波形が，訳本の図3.8に示す$g^e_{qs}$および$g^e_{ds}$の波形になることを示せ．

**解答**

式(3-28)および(3-29)に示す級数の高調波次数として，約1800次程度まで計算することにより訳本の図3.8に示す$g^e_{qs}$および$g^e_{ds}$の波形が得られる．

式(3-28)および(3-29)を無限級数で表すと，それぞれ次式となる．

$$g^e_{qs} = 1 + \sum_{m=1}^{\infty}(-1)^{m+1}\frac{2}{6m^2-1}\cos 6m\omega_e t \tag{3-76}$$

$$g^e_{ds} = \sum_{m=1}^{\infty}(-1)^{m+1}\frac{12m}{6m^2-1}\sin 6m\omega_e t \tag{3-77}$$

ここで $m=1, 2, 3, \cdots$ の整数

(3-76), (3-77)式において，$m=600$, 計算の刻み幅 $\Delta\omega_e t = \dfrac{2\pi}{600}$ として，$\omega_e t = 0 \sim 2\pi$ の間繰り返し計算を行うことにより，図3.29の波形が得られる．

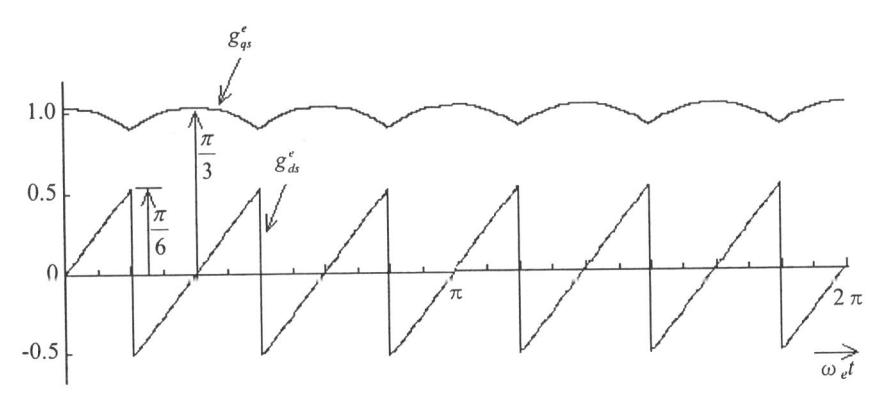

図3.29 同期座標における電圧形インバータのスイッチング関数$g^e_{qs}, g^e_{ds}$

**問題3.16 スイッチング関数 $h^e_{qs}$, $h^e_{ds}$ の波形**

式(3-78)および(3-79)に示す級数により作られるスイッチング関数$h^e_{qs}$および$h^e_{ds}$の波形が，訳本の図3.9に示す$h^e_{qs}$および$h^e_{ds}$の波形になることを示せ．

$$h^e_{qs} = 1 - \frac{2}{35}\cos 6\omega_e t - \frac{2}{143}\cos 12\omega_e t - \cdots \quad (3\text{-}78)$$

$$h^e_{ds} = -\frac{12}{35}\sin 6\omega_e t - \frac{24}{143}\sin 12\omega_e t - \cdots \quad (3\text{-}79)$$

**解答**

式(3-78)および(3-79)に示す級数の高調波次数として，約1800次程度まで計算することにより訳本の図3.9に示す$h^e_{qs}$および$h^e_{ds}$の波形が得られる．

式(3-78)および(3-79)を無限級数で表すとそれぞれ次式となる．

$$h^e_{qs} = 1 - \sum_{m=1}^{\infty} \frac{2}{6m^2 - 1} \cos 6m\omega_e t \quad (3\text{-}80)$$

$$h^e_{ds} = -\sum_{m=1}^{\infty} \frac{12m}{6m^2 - 1} \sin 6m\omega_e t \quad (3\text{-}81)$$

ここで $m=1$，2，3，… の整数

(3-80)，(3-81)式において，$m=600$，計算の刻み幅 $\Delta\omega_e t = \frac{2\pi}{600}$ として，$\omega_e t = 0 \sim 2\pi$ の間繰り返し計算を行うことにより，図3.30の波形が得られる．

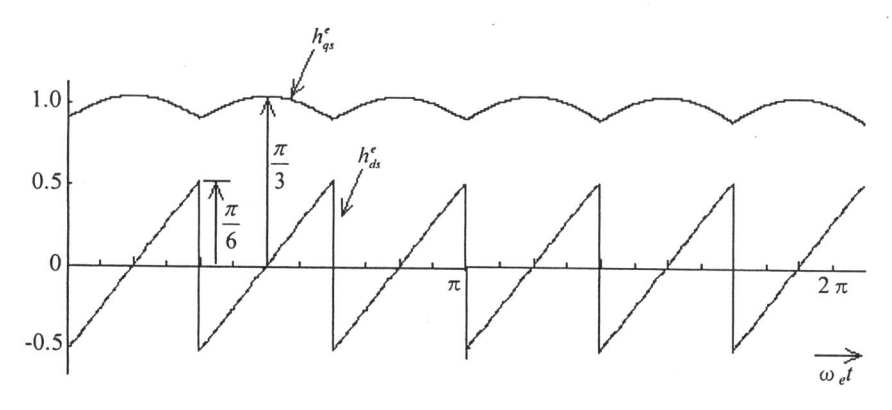

図3.30 同期座標における電流形インバータのスイッチング関数 $h^e_{qs}$, $h^e_{ds}$

問題3.17 電圧形インバータ駆動誘導機の加速特性(静止座標)　　　　　　　　105

問題3.17　電圧形インバータ駆動誘導機の静止座標$d$, $q$モデルを用いた静止状態から
の加速特性のシミュレーション

5馬力(3.73kW)，230V，60Hz，4極誘導電動機のパラメータの値は，
　　　固定子抵抗$r_s$= 0.531Ω, 　固定子漏れインダクタンス$L_{ls}$= 2.52mH
　　　回転子抵抗$r_r$= 0.408Ω, 　回転子漏れインダクタンス$L_{lr}$=2.52mH
　　　励磁インダクタンス$L_m$=84.7mH, 　慣性モーメント$J$= 0.1kg-m$^2$
である．この誘導電動機を6ステップ電圧形インバータにおいて出力周波数
30Hzで駆動した場合の静止状態からの加速時について，静止座標における
$v_{as}=v_{qs}^s$, $i_{as}=i_{qs}^s$, $i_{ar}=i_{qr}^s$, $T_e$, $T_l$および回転子速度$n_r$[rpm]の波形を描け．
電源電圧印加から0.4秒後に定格トルクの0.83倍の負荷トルク$T_l$ = 16N-mを0.1
秒間加え，計算時間は0.6秒とする．また，直流リンク部電圧$v_i$ =150Vとする．

### 解答

6ステップ電圧形インバータ駆動であり，電源電圧は次式となる．

$$v_{qds}^s = \frac{2}{3} \cdot 150\, e^{j(k-1)\frac{\pi}{3}} \qquad k=1,2,\ldots 6 \tag{3-82}$$

よって，$\omega_e t$ と $v_{qs}^s$, $v_{ds}^s$の関係は次式となる．

$$0 \le \omega_e t < \frac{\pi}{6} \quad ; \quad v_{qs}^s = \frac{2}{3}\times 150 \quad,\quad v_{ds}^s = 0 \tag{3-83}$$

$$\frac{\pi}{6} \le \omega_e t < \frac{\pi}{2} \quad ; \quad v_{qs}^s = \frac{1}{3}\times 150 \quad,\quad v_{ds}^s = -\frac{150}{\sqrt{3}} \tag{3-84}$$

$$\frac{\pi}{2} \le \omega_e t < \frac{5\pi}{6} \quad ; \quad v_{qs}^s = -\frac{1}{3}\times 150 \quad,\quad v_{ds}^s = -\frac{150}{\sqrt{3}} \tag{3-85}$$

$$\frac{5\pi}{6} \le \omega_e t < \frac{7\pi}{6} \quad ; \quad v_{qs}^s = -\frac{2}{3}\times 150 \quad,\quad v_{ds}^s = 0 \tag{3-86}$$

$$\frac{7\pi}{6} \le \omega_e t < \frac{3\pi}{2} \quad ; \quad v_{qs}^s = -\frac{1}{3}\times 150 \quad,\quad v_{ds}^s = \frac{150}{\sqrt{3}} \tag{3-87}$$

$$\frac{3\pi}{2} \le \omega_e t < \frac{11\pi}{6} \quad ; \quad v_{qs}^s = \frac{1}{3}\times 150 \quad,\quad v_{ds}^s = \frac{150}{\sqrt{3}} \tag{3-88}$$

$$\frac{11\pi}{6} \le \omega_e t < 2\pi \quad ; \quad v_{qs}^s = \frac{2}{3}\times 150 \quad,\quad v_{ds}^s = 0 \tag{3-89}$$

ここで，$\omega_e = 2\pi \times 30 = 188.5\,\text{rad/s}$である．

(2-83)〜(2-86)において，座標軸の角速度ω=0とし，未知数を$\lambda_{ds}^s, \lambda_{qs}^s, \lambda_{dr}^s, \lambda_{qr}^s, \omega_r$として次の微分方程式を得る．ここで，$p = d/dt, \sigma = 1 - \frac{L_m^2}{L_s L_r}, L_s = L_m + L_{ls}, L_r = L_m + L_{lr}$，$\omega_r = d\theta_r/dt$である．

$$p\lambda_{ds}^s = v_{ds}^s - \frac{r_s}{\sigma L_s L_r}\left(L_r \lambda_{ds}^s - L_m \lambda_{dr}^s\right) \tag{3-90}$$

$$p\lambda_{qs}^s = v_{qs}^s - \frac{r_s}{\sigma L_s L_r}\left(L_r \lambda_{qs}^s - L_m \lambda_{qr}^s\right) \tag{3-91}$$

$$p\lambda_{dr}^s = -\frac{r_r}{\sigma L_s L_r}\left(L_s \lambda_{dr}^s - L_m \lambda_{ds}^s\right) - \omega_r \lambda_{qr}^s \tag{3-92}$$

$$p\lambda_{qr}^s = -\frac{r_r}{\sigma L_s L_r}\left(L_s \lambda_{qr}^s - L_m \lambda_{qs}^s\right) + \omega_r \lambda_{dr}^s \tag{3-93}$$

$$p\omega_r = \frac{P}{2J}\left\{\frac{3}{2}\cdot\frac{P}{2}\cdot\frac{L_m}{\sigma L_s L_r}\left(\lambda_{qs}^s \lambda_{dr}^s - \lambda_{ds}^s \lambda_{qr}^s\right) - T_l\right\} \tag{3-94}$$

これらの5元連立微分方程式で，$t=0$において，(3-83)式の$v_{ds}^s$，$v_{qs}^s$の値，$\lambda_{ds}^s = 0$，$\lambda_{qs}^s = 0$，$\lambda_{dr}^s = 0$，$\lambda_{qr}^s = 0$，$\omega_r = 0$，$T_l = 0$のもとでルンゲクッタ・ギル法で解く．これらの計算結果より(2.88)〜(2.92)を静止座標に変換した次式から各電流およびトルクを求める．

$$i_{ds}^s = \frac{L_r \lambda_{ds}^s - L_m \lambda_{dr}^s}{L_s L_r - L_m^2} \tag{3-95}$$

$$i_{qs}^s = \frac{L_r \lambda_{qs}^s - L_m \lambda_{qr}^s}{L_s L_r - L_m^2} \tag{3-96}$$

$$i_{dr}^s = \frac{L_s \lambda_{dr}^s - L_m \lambda_{ds}^s}{L_s L_r - L_m^2} \tag{3-97}$$

$$i_{qr}^s = \frac{L_s \lambda_{qr}^s - L_m \lambda_{qs}^s}{L_s L_r - L_m^2} \tag{3-98}$$

$$T_e = \frac{3}{2}\frac{P}{2}(\lambda_{qs}^s \lambda_{dr}^s - \lambda_{ds}^s \lambda_{qr}^s) \tag{3-99}$$

回転子速度は $n_r = \dfrac{\omega_r}{2\pi(P/2)} \times 60$ [rpm] \tag{2-97}

刻み幅$h$を$2\mu$sとし，計算時刻$t$における$\omega_e t$に対する$v_{ds}^s$，$v_{qs}^s$を(3-83)〜(3-89)に示す値に変えて，(3-90)，(3-91)に代入し，(3-90)〜(3-94)の連立微分方程式を0.6秒間にわたり繰り返し解き，各計算時刻$t$における電流，トルクおよび回転子速度を(3-95)〜(3-100)より求める．なお，$t = 0.4$sから0.1sの間16N-mの負荷トルク$T_l$を加えて計算する．計算結果を図3.21に示す．

問題3.17 電圧形インバータ駆動誘導機の加速特性(静止座標)　　　　　107

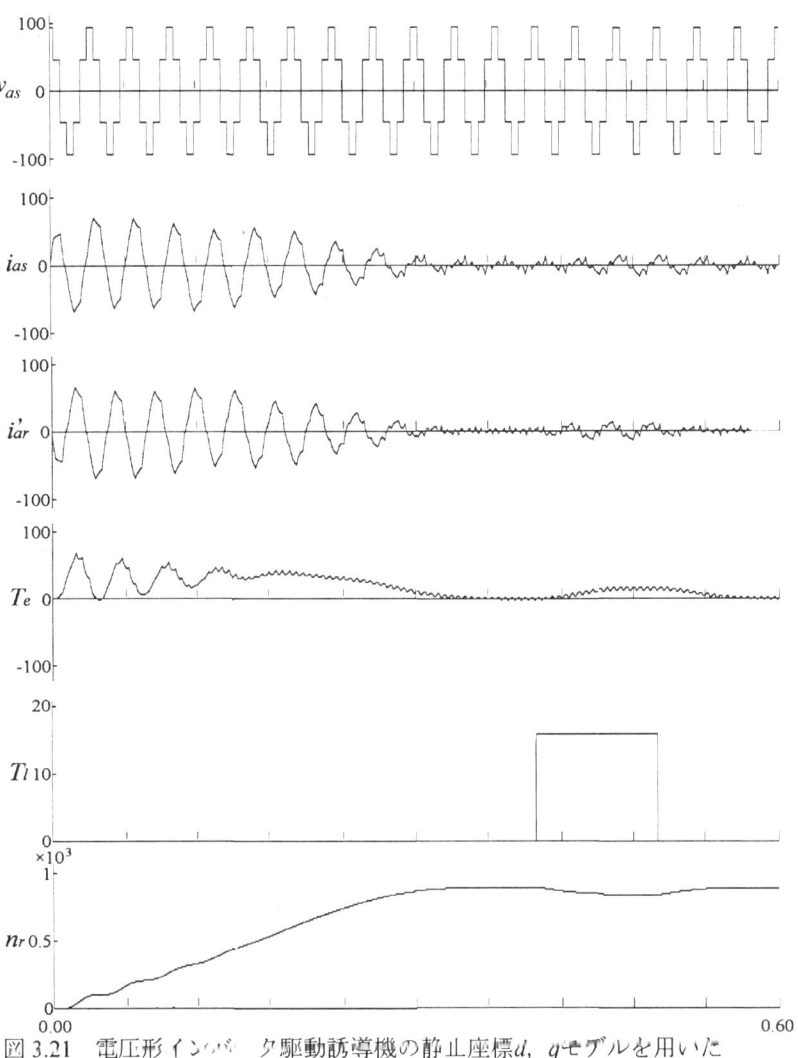

図 3.21　電圧形インバータ駆動誘導機の静止座標$d$, $q$モデルを用いた
静止状態からの加速特性のシミュレーション(インバータ周波数は
30Hzに固定)

$v_{as} = v_{qs}^s$ (V),　$i_{as} = i_{qs}^s$ (A),　$i'_{ar} = i''_{qr}$ (A),　$T_e$ (N-m),　$T_l$ (N-m)
回転子速度(rpm),　時間軸は0.06s/div

問題3.18 電圧形インバータ駆動誘導機の同期座標$d$, $q$モデルを用いた静止状態からの加速特性のシミュレーション

5馬力(3.73kW),230V,60Hz,4極誘導電動機のパラメータの値は,
  固定子抵抗$r_s$=0.531Ω,  固定子漏れインダクタンス$L_{ls}$=2.52mH
  回転子抵抗$r_r$=0.408Ω,  回転子漏れインダクタンス$L_{lr}$=2.52mH
  励磁インダクタンス$L_m$=84.7mH,  慣性モーメント$J$=0.1kg-m$^2$
である.この誘導電動機を6ステップ電圧形インバータにおいて出力周波数30Hzで駆動した場合の静止状態からの加速時について,同期座標における$v_{qs}^e$,$i_{qs}^e$,$i_{qr}^e$,$T_e$,$T_l$および回転子速度$n_r$[rpm]の波形を描け.電源電圧印加直後から0.4秒後に定格トルクの0.83倍の負荷トルク$T_l$=16N-mを0.1秒間加え,計算時間は0.6秒とする.また,直流リンク部電圧$v_i$=150Vとする.

**解答**

6ステップ電圧形インバータ駆動時の同期座標による波形計算であり,電源電圧は訳本p.130の(3.5-8),(3.5-9),p.131の(3.5-12)および(3.5-13)により得られる.

$$v_{ds}^e = \frac{2}{\pi} \times 150 \times \sum_{m=1}^{\infty}\left\{(-1)^{m+1}\frac{12n}{(6m)^2-1}\sin(6m\omega_e t)\right\} \quad (3\text{-}100)$$

$$v_{qs}^e = \frac{2}{\pi} \times 150 \times \left\{1+\sum_{m=1}^{\infty}(-1)^{m+1}\frac{2}{(6m)^2-1}\cos(6m\omega_e t)\right\} \quad (3\text{-}101)$$

ここで,$m$は6の倍数の高調波次数であり,計算時刻$t$における$\omega_e t$に対して$m$=10まで計算を行う.また$\omega_e = 2\pi \times 30 = 188.5$rad/sである.

(2-83)~(2-86)において,座標軸の角速度を$\omega=\omega_e$とし,未知数を$\lambda_{ds}^e$,$\lambda_{qs}^e$,$\lambda_{dr}^e$,$\lambda_{qr}^e$,$\omega_r$として次の微分方程式を得る.

$$p\lambda_{ds}^e = v_{ds}^e - \frac{r_s}{\sigma L_s L_r}(L_r \lambda_{ds}^e - L_m \lambda_{dr}^e) + \omega_e \lambda_{qs}^e \quad (3\text{-}102)$$

$$p\lambda_{qs}^e = v_{qs}^e - \frac{r_s}{\sigma L_s L_r}(L_r \lambda_{qs}^e - L_m \lambda_{qr}^e) - \omega_e \lambda_{ds}^e \quad (3\text{-}103)$$

問題3.18 電圧形インバータ駆動誘導機の加速特性(同期座標)

$$p\lambda_{dr}^e = -\frac{r_r}{\sigma L_s L_r}\left(L_s\lambda_{dr}^e - L_m\lambda_{ds}^e\right) + (\omega_e - \omega_r)\lambda_{qr}^e \tag{3-104}$$

$$p\lambda_{qr}^e = -\frac{r_r}{\sigma L_s L_r}\left(L_s\lambda_{qr}^e - L_m\lambda_{qs}^e\right) - (\omega_e - \omega_r)\lambda_{dr}^e \tag{3-105}$$

$$p\omega_r = \frac{P}{2J}\left\{\frac{3}{2}\cdot\frac{P}{2}\cdot\frac{L_m}{\sigma L_s L_r}\left(\lambda_{qs}^e\lambda_{dr}^e - \lambda_{ds}^e\lambda_{qr}^e\right) - T_l\right\} \tag{3-106}$$

これらの5元連立微分方程式で，$t=0$ における $v_{ds}^e$ および $v_{qs}^e$ を(3-100)，(3-101)よりそれぞれ求め，また $t=0$ において，$\lambda_{ds}^e = 0$，$\lambda_{qs}^e = 0$，$\lambda_{dr}^e = 0$，$\lambda_{qr}^e = 0$，$\omega_r = 0$，$T_l = 0$ としてルンゲクッタ・ギル法で解く．これらの計算結果より次式から各電流を求める．

$$i_{ds}^e = \frac{L_s\lambda_{ds}^e - L_m\lambda_{dr}^e}{L_s L_r - L_m^2} \tag{3-106}$$

$$i_{qs}^e = \frac{L_r\lambda_{qs}^e - L_m\lambda_{qr}^e}{L_s L_r - L_m^2} \tag{3-107}$$

$$i_{dr}^e = \frac{L_s\lambda_{dr}^e - L_m\lambda_{ds}^e}{L_s L_r - L_m^2} \tag{3-108}$$

$$i_{qr}^e = \frac{L_s\lambda_{qr}^e - L_m\lambda_{qs}^e}{L_s L_r - L_m^2} \tag{3-109}$$

$$T_e = \frac{3}{2}\frac{P}{2}(\lambda_{qs}^e\lambda_{dr}^e - \lambda_{ds}^e\lambda_{qr}^e) \tag{3-110}$$

刻み幅$h$を$2\mu$sとして，計算時刻$t$における $\omega_e t$ に対する $v_{ds}^e$ および $v_{qs}^e$ を(3-100)，(3-101)より求めて(3-102)，(3-103)に代入し，(3-102)〜(3-106)の連立微分方程式を0.6秒間にわたり繰り返し解く．各計算時刻における電流，トルク，および回転子速度を(3-106)〜(3-110)および(2-97)よりそれぞれ求める．なお，$t=0.4$sから0.1sの間16N-mの負荷トルク$T_l$を加えて計算する．

計算結果を図3.22に示す．

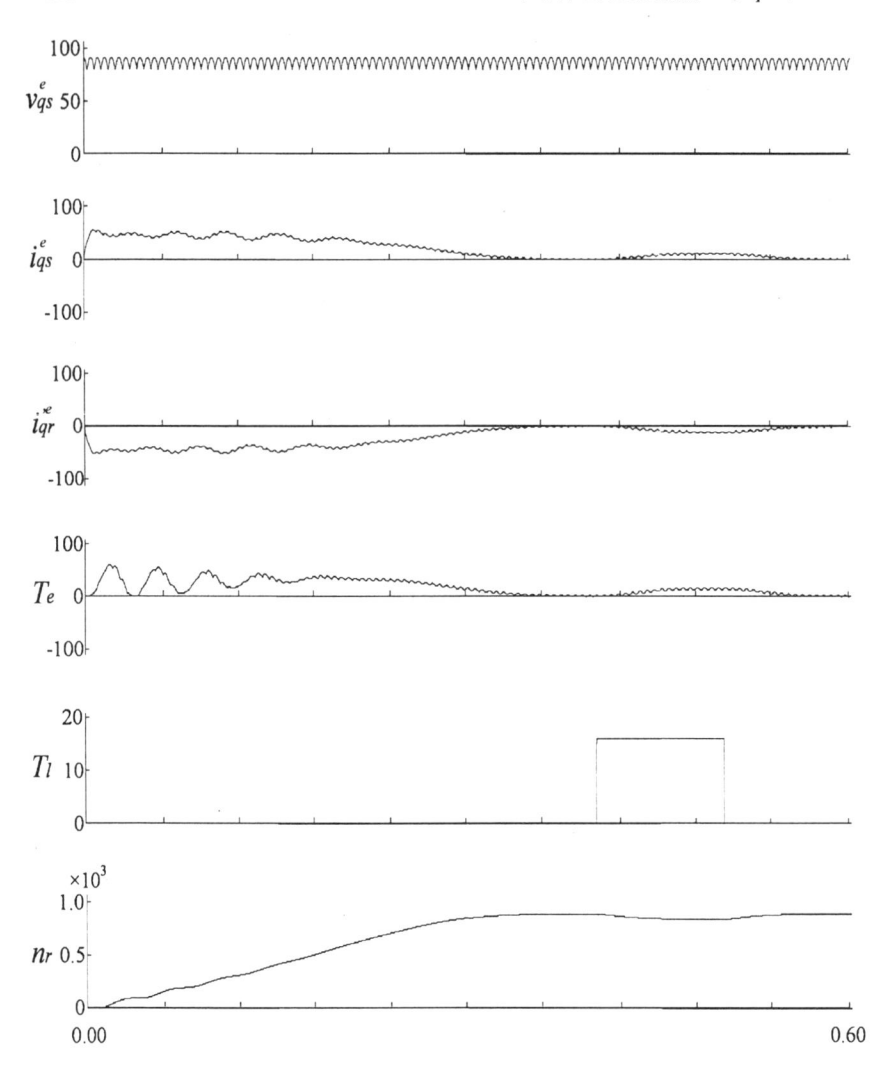

図3.22 電圧形インバータ駆動誘導電動機の同期座標$d$, $q$モデルを用いた静止状態からの加速特性のシミュレーション(インバータ周波数は30Hzに固定)

$v_{qs}^e$(V), $i_{qs}^e$(A), $i_{qr}^{\prime e}$(A), $T_e$(N-m), $T_l$(N-m)
回転子速度(rpm), 時間軸は0.06s/div

問題3.19 電圧形インバータ駆動誘導機の基本波に対する加速特性　　　111

> **問題3.19** 電圧形インバータ駆動誘導機の基本波に対する同期座標$d$, $q$モデルを用いた静止状態からの加速特性のシミュレーション
>
> 5馬力(3.73kW), 230V, 60Hz, 4極誘導電動機のパラメータの値は,
> 　　固定子抵抗$r_s$= 0.531Ω, 　　固定子漏れインダクタンス$L_{ls}$= 2.52mH
> 　　回転子抵抗$r_r$= 0.408Ω, 　　回転子漏れインダクタンス$L_{lr}$=2.52mH
> 　　励磁インダクタンス$L_m$=84.7mH, 　　慣性モーメント$J$= 0.1kg-m$^2$
> である．この誘導電動機を6ステップ電圧形インバータにおいて出力周波数30Hzで駆動した場合の静止状態からの加速時について，基本波に対する同期座標における$v_{qs}^e$, $i_{qs}^e$, $i_{qr}^e$, $T_e$, $T_l$および回転速度$n_r$[rpm]の波形を描け．電源電圧印加から0.4秒後に定格トルクの0.83倍の負荷トルク$T_l$=16N-mを0.1秒間加え，計算時間は0.6秒とする．また，直流リンク部電圧$v_i$=150Vとする．

**解答**

　基本波に対する同期座標における計算であるから，(3-100), (3-101)式において$n=0$とすると基本波に対する同期座標における電源電圧は次式となる．

$$v_{ds}^e = 0 \tag{3-111}$$
$$v_{qs}^e = \frac{2}{\pi} \times 150 \tag{3-112}$$

　問題3．18において，電源電圧を(3-111), (3-112)に置き換えて問題3．18と同様の計算を行う．

　計算結果を図3.23に示す．

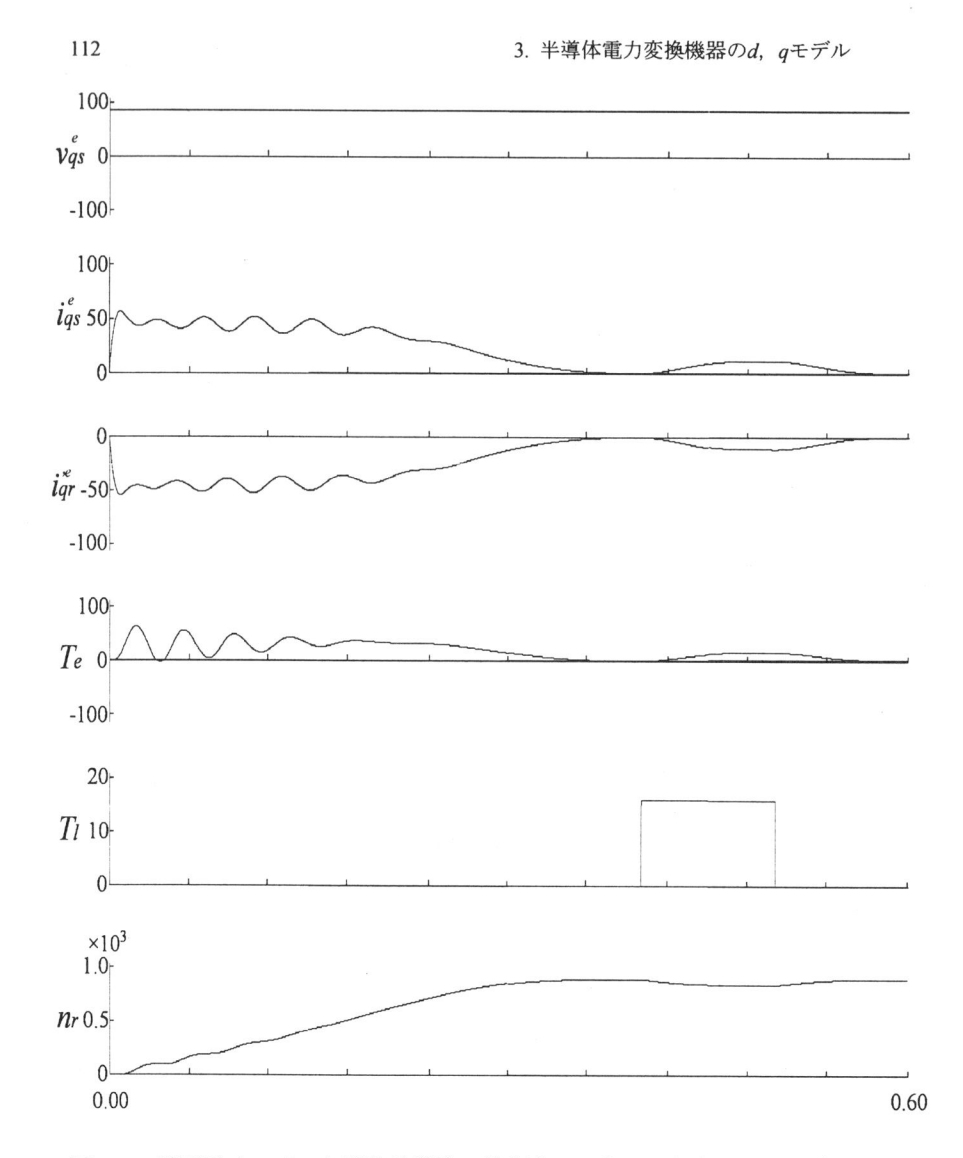

図3.23　電圧形インバータ駆動誘導機の基本波に対する同期座標$d$, $q$モデルを用いた静止状態からの加速特性のシミュレーション(インバータ周波数は30Hzに固定)

$v_{qs}^e$ (V), $i_{qs}^e$ (A), $i_{qr}^{\prime e}$ (A), $T_e$ (N-m), $T_l$ (N-m)
回転子速度(rpm), 時間軸は0.06s/div

問題3.20 電圧形インバータ駆動誘導機の加速特性(フィルタの影響考慮)   113

問題3.20 直流リンク部フィルタの影響を考慮した電圧形インバータ駆動誘導機の静止$d$, $q$モデルを用いた静止状態からの加速特性のシミュレーション

5馬力(3.73kW), 230V, 60Hz, 4極誘導電動機のパラメータの値は,
   固定子抵抗$r_s$= 0.531Ω,   固定子漏れインダクタンス$L_{ls}$= 2.52mH
   回転子抵抗$r_r$= 0.408Ω,   回転子漏れインダクタンス$L_{lr}$=2.52mH
   励磁インダクタンス$L_m$=84.7mH,   慣性モーメント$J$= 0.1kg-m$^2$
である.この誘導電動機を直流リンク部フィルタを有する6ステップ電圧形インバータで,出力周波数30Hzにおいて駆動した場合の静止状態から加速時について,静止座標における$v_{as}=v_{qs}^s$, $i_{as}=i_{qs}^s$, $i_{ar}=i_{qr}^s$, $T_e$, $T_l$ および回転子速度$n_r$[rpm]の波形を描け.電源電圧印加から0.4秒後に定格トルクの0.83倍の負荷トルク$T_l$ = 16N-mを0.1秒加え,計算時間は0.6秒とする.また,整流部電圧$v_r$ =150Vとし,直流リンク部フィルタの定数は, $r_{lf}$ = 0.3Ω, $L_f$ =1mH, $C_f$ =3000$\mu$Fとする.

**解答**

6ステップ電圧形インバータ駆動の場合の$\omega_e t$に対する$v_{ds}^s$, $v_{qs}^s$, $i_i$は訳本p.120の図3.1より以下のようになる.

$$0 \le \omega_e t < \frac{\pi}{6} \quad ; \quad v_{qs}^s = \frac{2}{3}v_i \quad , \quad v_{ds}^s = 0 \quad , \quad i_i = i_{qs}^s \tag{3-113}$$

$$\frac{\pi}{6} \le \omega_e t < \frac{\pi}{2} \quad ; \quad v_{qs}^s = \frac{1}{3}v_i \quad , \quad v_{ds}^s = -\frac{v_i}{\sqrt{3}} \quad , \quad i_i = \frac{1}{2}i_{qs}^s - \frac{\sqrt{3}}{2}i_{ds}^s \tag{3-114}$$

$$\frac{\pi}{2} \le \omega_e t < \frac{5\pi}{6} \quad ; \quad v_{qs}^s = -\frac{1}{3}v_i \quad , \quad v_{ds}^s = -\frac{v_i}{\sqrt{3}} \quad , \quad i_i = -\frac{1}{2}i_{qs}^s - \frac{\sqrt{3}}{2}i_{ds}^s \tag{3-115}$$

$$\frac{5\pi}{6} \le \omega_e t < \frac{7\pi}{6} \quad ; \quad v_{qs}^s = -\frac{2}{3}v_i \quad , \quad v_{ds}^s = 0 \quad , \quad i_i = -i_{qs}^s \tag{3-116}$$

$$\frac{7\pi}{6} \le \omega_e t < \frac{3\pi}{2} \quad ; \quad v_{qs}^s = -\frac{1}{3}v_i \quad , \quad v_{ds}^s = \frac{v_i}{\sqrt{3}} \quad , \quad i_i = -\frac{1}{2}i_{qs}^s + \frac{\sqrt{3}}{2}i_{ds}^s \tag{3-117}$$

$$\frac{3\pi}{2} \le \omega_e t < \frac{11\pi}{6} \quad ; \quad v_{qs}^s = \frac{1}{3}v_i \quad , \quad v_{ds}^s = \frac{v_i}{\sqrt{3}} \quad , \quad i_i = \frac{1}{2}i_{qs}^s + \frac{\sqrt{3}}{2}i_{ds}^s \tag{3-118}$$

$$\frac{11\pi}{6} \le \omega_e t < 2\pi \quad ; \quad v_{qs}^s = \frac{2}{3}v_i \quad , \quad v_{ds}^s = 0 \quad , \quad i_i = i_{qs}^s \tag{3-119}$$

整流部電圧,電流を$v_r$, $i_r$, 直流リンク部電圧,電流を$v_i$, $i_i$として,訳本p.141の式(3.6-6), (3.6-8)より,

$$pi_r = \frac{1}{L_f}(v_r - v_i - r_{lf}i_r) \tag{3-120}$$

$$pv_i = \frac{1}{C_f}(i_r - i_i) \tag{3-121}$$

静止座標であるから，$\lambda_{ds}^s$，$\lambda_{qs}^s$，$\lambda_{dr}^s$，$\lambda_{qr}^s$，$\omega_r$ に関しての微分方程式は(3-90)〜(3-94)と同一である．

$$p\lambda_{ds}^s = v_{ds}^s - \frac{r_s}{\sigma L_s L_r}(L_r \lambda_{ds}^s - L_m \lambda_{dr}^s) \tag{3-90}$$

$$p\lambda_{qs}^s = v_{qs}^s - \frac{r_s}{\sigma L_s L_r}(L_r \lambda_{qs}^s - L_m \lambda_{qr}^s) \tag{3-91}$$

$$p\lambda_{dr}^s = -\frac{r_r}{\sigma L_s L_r}(L_s \lambda_{dr}^s - L_m \lambda_{ds}^s) - \omega_r \lambda_{qr}^s \tag{3-92}$$

$$p\lambda_{qr}^s = -\frac{r_r}{\sigma L_s L_r}(L_s \lambda_{qr}^s - L_m \lambda_{qs}^s) + \omega_r \lambda_{dr}^s \tag{3-93}$$

$$p\omega_r = \frac{P}{2J}\left\{\frac{3}{2}\cdot\frac{P}{2}\cdot\frac{L_m}{\sigma L_s L_r}(\lambda_{qs}^s \lambda_{dr}^s - \lambda_{ds}^s \lambda_{qr}^s) - T_l\right\} \tag{3-94}$$

$t=0$ において $i_r = i_i = 0$ とすると $v_i = v_r = 150$ V である．

(3-120)，(3-121)，(3.90)〜(3.94)の7元連立微分方程式で，$t=0$ において $i_r = i_i = 0$, $v_i = v_r = 150$ V, $\lambda_{ds}^s = \lambda_{qs}^s = 0$, $\lambda_{dr}^s = \lambda_{qr}^s = 0$, $\omega_r = 0$, $T_l = 0$ のもとでルンゲクッタ・ギル法で解く．これらの計算結果より各電流を次式から求める．

$$i_{ds}^s = \frac{L_r \lambda_{ds}^s - L_m \lambda_{dr}^s}{L_s L_r - L_m^2} \tag{3-95}$$

$$i_{qs}^s = \frac{L_r \lambda_{qs}^s - L_m \lambda_{qr}^s}{L_s L_r - L_m^2} \tag{3-96}$$

$$i_{dr}^s = \frac{L_s \lambda_{dr}^s - L_m \lambda_{ds}^s}{L_s L_r - L_m^2} \tag{3-97}$$

$$i_{qr}^s = \frac{L_s \lambda_{qr}^s - L_m \lambda_{qs}^s}{L_s L_r - L_m^2} \tag{3-98}$$

トルクは(3-99)より，回転子速度は(2-97)より求める．刻み幅$h$を$2\mu$sとして，計算時刻$t$における$\omega_e t$に対する$i_i$, $v_{ds}^s$, $v_{qs}^s$を(3-113)〜(3-119)式から求めて，(3-90)，(3-91)に代入し，(3-120)，(3-121)，(3-90)〜(3-94)の微分方程式を0.6秒

## 問題3.20　電圧形インバータ駆動誘導機の加速特性(フィルタの影響考慮)

間にわたり繰り返し解き，各計算時刻$t$における電流，トルクおよび回転子速度は(3-95)〜(3-99)，および(2-97)からそれぞれ求める．なお，$t=0.4$sから0.1sの間16N-mの負荷トルク$T_l$を加えて計算する．計算結果を図3.24に示す．

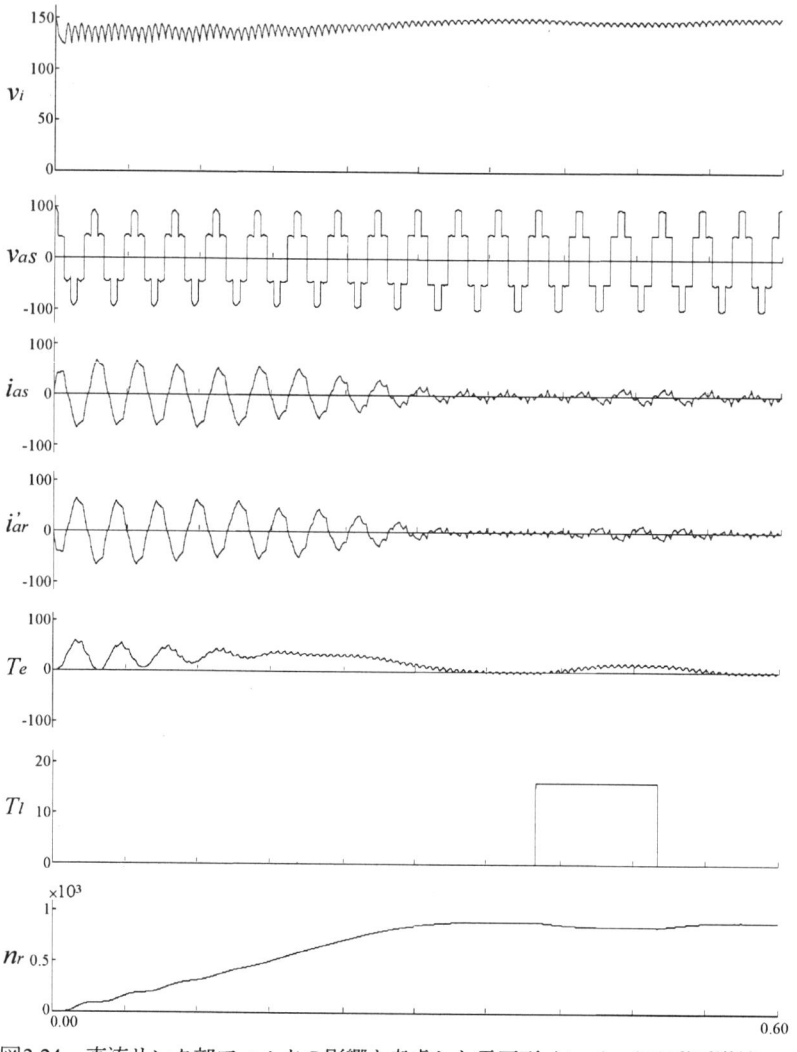

図3.24 直流リンク部フィルタの影響を考慮した電圧形インバータ駆動誘導機の静止$d$, $q$モデルを用いた静止状態からの加速特性のシミュレーション(インバータ周波数は30Hzに固定)

$v_i$(V), $v_{as} = v_{qs}^s$ (V), $i_{as} = i_{qs}^s$ (A), $i'_{ar} = i'^s_{qr}$ (A), $T_e$(N-m), $T_l$(N-m) 回転子速度(rpm), 時間軸は0.06s/div

## 4. 誘導機の空間ベクトル解析

単相交流や不平衡三相交流電圧を誘導機に印加した場合，この電圧の正相分を$\widetilde{V}_{sp}$，逆相分を$\widetilde{V}_{sn}$とすると次式が成り立つ.

$$\sqrt{2}\widetilde{V}_{sp}e^{j\omega_e t} + \sqrt{2}\widetilde{V}_{sn}^{\dagger}e^{-j\omega_e t} = (r_s + L_s p)i_{qds}^s + L_m p i_{qdr}^s \tag{4-1}$$

$$0 = L_m(p - j\omega_r)i_{qds}^s + [r_r + L_r(p - j\omega_r)]i_{qdr}^s \tag{4-2}$$

これらの式で，$\widetilde{V}_{sp}$ と $\widetilde{V}_{sn}^{\dagger}$ の二つの成分は別々に取り扱うことができる. 正相分 $\widetilde{V}_{sp}$ に対する定常解を，

$$i_{qdsp}^s = \sqrt{2}\widetilde{I}_{sp}e^{j\omega_e t}, \; i_{qdrp}^s = \sqrt{2}\widetilde{I}_{np}e^{j\omega_e t} \tag{4-3}$$

逆相分 $\widetilde{V}_{sn}$ に対する定常解を，

$$i_{qdsn}^s = \sqrt{2}\widetilde{I}_{sn}^{\dagger}e^{-j\omega_e t}, \; i_{qdrn}^s = \sqrt{2}\widetilde{I}_{rn}e^{-j\omega_e t} \tag{4-4}$$

とする. このとき平均トルク $T_{eo}$ および $2\omega_e$ での脈動トルク $T_{e2}$ は次式となる.

$$T_{eo} = 3\frac{P}{2}\frac{1}{\omega_e}\left[|\widetilde{I}_{rp}|^2 \frac{r_r}{S} - |\widetilde{I}_{rn}|^2 \frac{r_r}{2-S}\right] \tag{4-5}$$

$$T_{e2} = 3\frac{P}{2}\frac{1}{\omega_e}\left(\frac{r_r}{S} - \frac{r_r}{2-S}\right)R_e\left[\widetilde{I}_{rp}\widetilde{I}_{rn}e^{j2\omega_e t}\right] \tag{4-6}$$

ここで，正相分に対するすべりは，

$$\frac{\omega_e - \omega_r}{\omega_e} = S \tag{4-7}$$

また，逆相分に対するすべりは，

$$\frac{\omega_e + \omega_r}{\omega_e} = \frac{2\omega_e - (\omega_e - \omega_r)}{\omega_e} = 2 - S \tag{4-8}$$

である.

**問題 4.1 誘導機の直流電流制動時の電流，電圧，トルク（固定子座標）[訳本の問題 4-1]**

回転速度が $\omega_{r0}$ [rad/s]で回転中の三相誘導機の固定子の $b$ 相から $c$ 相の向きに振幅 $I_{dc}$ の直流電流源を接続したとする．このとき，$a$ 相は接続されてないものとする．静止座標の $q$ 軸と固定子 $a$ 相軸が一致しているものとし，回転子速度は制動によって変化しないものとして以下の計算をせよ．

a) 固定子 $d$ 軸および $q$ 軸電流
b) 回転子 $d$ 軸および $q$ 軸電流
c) 固定子 $d$ 軸および $q$ 軸電圧
d) トルク

**解答**

a) 固定子 $d$ 軸および $q$ 軸電流；式(2-1)より，

$$\underline{i}^s_{qds} = \frac{2}{3}\left(i_a + \underline{a}i_b + \underline{a}^2 i_c\right) \tag{4-9}$$

$i_a = 0, i_b = I_{dc}, i_c = -I_{dc}$ より，

$$\underline{i}^s_{qds} = \frac{2}{3}\left\{\left(-\frac{1}{2} + j\frac{\sqrt{3}}{2}\right)I_{dc} + \left(-\frac{1}{2} - j\frac{\sqrt{3}}{2}\right)(-I_{dc})\right\}$$

$$= j\frac{2}{3}\sqrt{3}I_{dc} = j\frac{2}{\sqrt{3}}I_{dc} \tag{4-10}$$

$$\therefore i^s_{qs} = 0 \quad , \quad i^s_{ds} = -\frac{2}{\sqrt{3}}I_{dc} \tag{4-11}$$

b) 回転子 $d$ 軸および $q$ 軸電流

訳本 p.168 の式(4.4-14)において $p = d/dt = 0$，$\omega_r = \omega_{r0}$ とすると次式が得られる．

$$0 = -j\omega_{r0}L_m \underline{i}^s_{qds} + (r_r - j\omega_{r0}L_r)\underline{i}^s_{qdr} \tag{4-12}$$

$$\therefore \underline{i}^s_{qdr} = \frac{j\omega_{r0}L_m \underline{i}^s_{qds}}{r_r - j\omega_{r0}L_r} = \frac{j\omega_{r0}L_m(r_r + j\omega_{r0}L_r)}{r_r^2 + (\omega_{r0}L_r)^2} \cdot j\frac{2}{\sqrt{3}}I_{dc} \tag{4-13}$$

問題 4.1 誘導機の直流電流制動時の電流,電圧,トルク(固定子座標)　　119

$$= \frac{2}{\sqrt{3}} I_{dc} \cdot \frac{-r_r \omega_{r0} L_m - j\omega_{r0}^2 L_r L_m}{r_r^2 + (\omega_{r_0} L_r)^2} \tag{4-14}$$

$$\therefore i_{qr}^s = -\frac{2}{\sqrt{3}} I_{dc} \frac{r_r \omega_{r0} L_m}{r_r^2 + (\omega_{r0} L_r)^2} \tag{4-15}$$

$$i_{dr}^s = \frac{2}{\sqrt{3}} I_{dc} \frac{\omega_{r0}^2 L_r L_m}{r_r^2 + (\omega_{r0} L_r)^2} \tag{4.16}$$

注) 直流励磁で$\omega_r$は減少していくが,ここでは$\omega_r = \omega_{r0}$一定として考えた.

c) 固定子$d$軸および$q$軸電圧
静止座標のとき$(\omega = 0)$の電圧方程式は次式となる.

$$\underline{v}_{qds}^s = (r_s + L_s p)\underline{i}_{qds}^s + L_m p \underline{i}_{qdr}^s \tag{4-17}$$

$$\underline{v}_{qdr}^s = 0 = L_m(p - j\omega_r)\underline{i}_{qds}^s + \{r_r + L_r(p - j\omega_r)\}\underline{i}_{qdr}^s \tag{4-18}$$

いま,直流励磁であるから$p = 0$,また$\omega_r = \omega_{r0}$より,

$$\underline{v}_{qds}^s = r_s \underline{i}_{qds}^s = j\frac{2}{\sqrt{3}} r_s I_{dc} \tag{4.19}$$

$$v_{qs}^s = 0 \quad,\quad v_{ds}^s = -\frac{2}{\sqrt{3}} I_{dc} r_s \tag{4-20}$$

d) トルク
直流電流,回転子速度および機械パラメータの関数としてのトルクは式(2-45)より,

$$T_e = \frac{3}{2}\frac{P}{2} L_m I_m \left\{ \underline{i}_{qds}^s \left(\underline{i}_{qdr}^{'s}\right)^\dagger \right\}$$

$$= \frac{3}{2}\frac{P}{2} L_m I_m \left\{ j\frac{2}{\sqrt{3}} I_{dc} \cdot \left(\frac{2}{\sqrt{3}} I_{dc} \cdot \frac{-r_r \omega_{r0} L_m - j\omega_{r0} L_r L_m}{r_r^2 + (\omega_{r0} L_r)^2}\right)^\dagger \right\}$$

$$= \frac{3}{2}\frac{P}{2} L_m \left\{ -\frac{4}{3} I_{dc}^2 \frac{r_r \omega_{r0} L_m}{r_r^2 + (\omega_{r0} L_r)^2} \right\} = -P I_{dc}^2 \frac{r_r \omega_{r0} L_m^2}{r_r^2 + (\omega_{r0} L_r)^2} \tag{4-21}$$

ここで,$P$は極数である.

問題 4.2　誘導機の直流電流制動時の電流，電圧，トルク（回転子座標）[訳本の問題 4-2]

問題 4.1 を回転子座標を用いて解け．ただし，$t=0$ で回転子座標での $q$ 軸と固定子 $a$ 相軸が一致しているものとする．

解答

a)　固定子 $d$ 軸および $q$ 軸電流
　　式(2-95)，および式(4-10)より，

$$\underline{i}^r_{qds} = e^{-j\theta_r}\underline{i}^s_{qds} = (\cos\theta_r - j\sin\theta_r)\cdot j\frac{2}{\sqrt{3}}I_{dc}$$

$$= \frac{2}{\sqrt{3}}I_{dc}\sin\theta_r + j\frac{2}{\sqrt{3}}I_{dc}\cos\theta_r \tag{4-22}$$

$\theta_r = \omega_{r0}t$ として，

$$i^r_{qs} = \frac{2}{\sqrt{3}}I_{dc}\sin\omega_{r0}t \;,\; i^r_{ds} = -\frac{2}{\sqrt{3}}I_{dc}\cos\omega_{r0}t \tag{4-23}$$

b)　回転子 $d$ 軸および $q$ 軸電流
　　式(4-2)において，定常状態であるから $p=0, \omega_r = \omega_{r0}, \underline{i}^s_{qds} = j\frac{2}{\sqrt{3}}I_{dc}$ とおいて次式が得られる．

$$\underline{i}^s_{qdr} = \frac{j\omega_{r0}L_m \cdot j\frac{2}{\sqrt{3}}I_{dc}}{r_r - j\omega_{r0}L_r} = \frac{-\frac{2}{\sqrt{3}}I_{dc}\omega_{r0}L_m}{\sqrt{r_r^2 + (\omega_{r0}L_r)^2}}e^{j\alpha} \tag{4-24}$$

$$\underline{i}^r_{qdr} = e^{-j\theta_r}\underline{i}^s_{qdr} = -\frac{2}{\sqrt{3}}I_{dc}\frac{\omega_{r0}L_m}{\sqrt{r_r^2 + (\omega_{r0}L_r)^2}}e^{-j(\theta_r - \alpha)} \tag{4-25}$$

$\phi = \tan^{-1}\dfrac{r_r}{\omega_{r0}L_r}$ とすると $\alpha = \dfrac{\pi}{2} - \phi$ であるから，

$$\underline{i}^r_{qdr} = -\frac{2}{\sqrt{3}}I_{dc}\frac{\omega_{r0}L_m}{\sqrt{r_r^2 + (\omega_{r0}L_r)^2}}e^{-j\left(\theta_r + \phi - \frac{\pi}{2}\right)} \tag{4-26}$$

問題 4.2　誘導機の直流電流制動時の電流，電圧，トルク(回転子座標)

$$\begin{aligned}
i_{qr}^r &= -\frac{2}{\sqrt{3}} I_{dc} \frac{\omega_{r0} L_m}{\sqrt{r_r^2 + (\omega_{r0} L_r)^2}} \cos\left(\theta_r + \phi - \frac{\pi}{2}\right) \\
&= -\frac{2}{\sqrt{3}} I_{dc} \frac{\omega_{r0} L_m}{\sqrt{r_r^2 + (\omega_{r0} L_r)^2}} \sin(\omega_{r0} t + \phi)
\end{aligned} \quad (4\text{-}27)$$

$$\begin{aligned}
i_{dr}^r &= \frac{2}{\sqrt{3}} I_{dc} \frac{\omega_{r0} L_m}{\sqrt{r_r^2 + (\omega_{r0} L_r)^2}} \sin\left(\theta_r + \phi - \frac{\pi}{2}\right) \\
&= \frac{2}{\sqrt{3}} I_{dc} \frac{\omega_{r0} L_m}{\sqrt{r_r^2 + (\omega_{r0} L_r)^2}} \cos(\omega_{r0} t + \phi)
\end{aligned} \quad (4\text{-}28)$$

c)　固定子 $d$ 軸および $q$ 軸電圧
　式(2.95)および(4.19)より，

$$\underline{v}_{qds}^r = e^{-j\theta_r} \underline{v}_{qds}^s = \frac{2}{\sqrt{3}} r_s I_{dc} (\sin\theta_r + j\cos\theta_r) \quad (4\text{-}29)$$

$\theta_r = \omega_{r0} t$ として，

$$v_{qs}^r = \frac{2}{\sqrt{3}} I_{dc} r_s \sin\omega_{r0} t \quad , \quad v_{ds}^r = -\frac{2}{\sqrt{3}} I_{dc} r_s \cos\omega_{r0} t \quad (4\text{-}30)$$

d)　トルク

$$\begin{aligned}
T_e &= \frac{3}{2} \cdot \frac{P}{2} L_m I_m \left[ \underline{i}_{qds}^r \left( \underline{i}_{qdr}^r \right)^\dagger \right] = \frac{3}{2} \frac{P}{2} L_m I_m \left[ \underline{i}_{qds}^s e^{-j\theta_r} \left( \underline{i}_{qdr}^s e^{-j\theta_r} \right)^\dagger \right] \\
&= \frac{3}{2} \cdot \frac{P}{2} L_m I_m \left[ \underline{i}_{qds}^s \left( \underline{i}_{qdr}^s \right)^\dagger \right]
\end{aligned} \quad (4\text{-}31)$$

したがってトルクは回転子座標にしても，固定子座標の場合に対して変化なく，問題 4.1 d)の解答と同一である．

> **問題 4.3 誘導機の交流電流制動時の電流, 電圧, トルク (固定子座標)[訳本の問題 4-3]**
>
> 問題4.1 で，直流電流源の代わりに振幅 $I_m$，角周波数 $\omega_e$ の交流電流源 $i_b = I_m \cos\omega_e t$ を接続した場合について解け．さらに，この場合の，同期座標の利点(または欠点)について考えよ．また，$b$ 相から $c$ 相に向かって流入する電流を $i_b$ とする．

**解答**

a) 固定子 $d$ 軸および $q$ 軸電流

題意より $i_a=0$, $i_b=-i_c=I_m\cos\omega_e t$ であるから式(2.2)より，

$$\underline{i}^s_{qds} = \frac{2}{3}\left(i_a + \underline{a}i_b + \underline{a}^2 i_c\right)$$
$$= j\frac{2}{\sqrt{3}} I_m \cos\omega_e t \tag{4-32}$$

$$i^s_{qs} = 0 \quad , \quad i^s_{ds} = -\frac{2}{\sqrt{3}} I_m \cos\omega_e t \tag{4-33}$$

b) 回転子 $d$ 軸および $q$ 軸電流

誘導機の電圧，電流の式(2-7), (2-8)を固定子座標に変換し，$\omega_r=\omega_{r0}$ とおいた式で，式(4-3)より $i^s_{qs}$ および $i^s_{ds}$ が既知であるから，未知数は $i^s_{dr}$, $i^s_{qr}$ の2つである．式(2-7), (2-8)を固定子座標に変換した式で $v^s_{dr}=0$, $v^s_{qr}=0$ とすると(巻数比変換は成されているものとしてダッシュの記号は省略する)，

$$v^s_{dr} = 0 = L_m p i^s_{ds} + (r_r + L_r p)i^s_{dr} + \omega_{r0}L_r i^s_{qr}$$
$$v^s_{qr} = 0 = -\omega_{r0}L_m i^s_{ds} - \omega_{r0}L_r i^s_{dr} + (r_r + L_r p)i^s_{qr} \tag{4-34}$$

行列の形式で書くと，次式となる．

$$\begin{bmatrix} r_r + L_r p & \omega_{r0}L_r \\ -\omega_{r0}L_r & r_r + L_r p \end{bmatrix} \begin{bmatrix} i^s_{dr} \\ i^s_{qr} \end{bmatrix} = \begin{bmatrix} -L_m p i^s_{ds} \\ +\omega_{r0}L_m i^s_{ds} \end{bmatrix} \tag{4-35}$$

式(4-35)より $i^s_{dr}$, $i^s_{qr}$ を求め，$p=j\omega_e$ とおくと定常状態の回転子電流 $\underline{I}^s_{dr}$, $\underline{I}^s_{qr}$ が得られる．

問題 4.3 誘導機の交流電流制動時の電流，電圧，トルク固定子座標） 123

$$i_{dr}^s = \frac{\begin{vmatrix} -L_m p i_{ds}^s & \omega_{r0} L_r \\ \omega_{r0} L_m i_{ds}^s & r_r + L_r p \end{vmatrix}}{\begin{vmatrix} r_r + L_r p & \omega_{r0} L_r \\ -\omega_{r0} L_r & r_r + L_r p \end{vmatrix}} = \frac{-(r_r + L_r p) L_m p - \omega^2_{r0} L_r L_m}{(r_r + L_r p)^2 + (\omega_{r0} L_r)^2} i_{ds}^s \quad (4\text{-}36)$$

$$i_{qr}^s = \frac{\begin{vmatrix} r_r + L_r p & -L_m p i_{ds}^s \\ -\omega_{r0} L_r & \omega_{r0} L_m i_{ds}^s \end{vmatrix}}{\begin{vmatrix} r_r + L_r p & \omega_{r0} L_r \\ -\omega_{r0} L_r & r_r + L_r p \end{vmatrix}} = \frac{(r_r + L_r p) \omega_{r0} L_m - \omega_{r0} L_r L_m p}{(r_r + L_r p)^2 + (\omega_{r0} L_r)^2} i_{ds}^s$$

$$= \frac{r_r \omega_{r0} L_m i_{ds}^s}{(r_r + L_r p)^2 + (\omega_{r0} L_r)^2} \quad (4\text{-}37)$$

式(4-36), (4-37)で $p = j\omega_e$, $I_{ds}^s = -\frac{2I_m}{\sqrt{3}}$ とおくことにより, 定常状態における空間電流ベクトル $I_{dr}^s$, $I_{qr}^s$ が得られる.

$$\underline{I}_{dr}^s = \frac{-j\omega_e L_m (r_r + j\omega_e L_r) - \omega^2_{r0} L_r L_m}{(r_r + j\omega_e L_r)^2 + (\omega_{r0} L_r)^2} \left\{ -\frac{2I_m}{\sqrt{3}} \right\}$$

$$= -\frac{2I_m}{\sqrt{3}} \frac{(\omega_e^2 - \omega_{r0}^2) L_r L_m - j\omega_e L_m r_r}{r_r^2 - (\omega_e^2 - \omega_{r0}^2) L_r^2 + j2\omega_e L_r r_r}$$

$$\underline{I}_{qr}^s = \frac{r_r \omega_{r0} L_m}{(r_r + j\omega_e L_r)^2 + (\omega_{r0} L_r)^2} \left\{ -\frac{2I_m}{\sqrt{3}} \right\} \quad (4\text{-}38)$$

$$= -\frac{2I_m}{\sqrt{3}} \frac{r_r \omega_{r0} L_m}{r_r^2 - (\omega_e^2 - \omega_{r0}^2) L_r^2 + j2\omega_e L_r r_r} \quad (4\text{-}39)$$

式(4-38), (4-39)を瞬時値電流 $i_{qr}^s$, $i_{dr}^s$ で表現すると,

$$i_{qr}^s = -\frac{2I_m}{\sqrt{3}} \frac{\omega_{r0} L_m r_r}{\sqrt{\{r_r^2 - (\omega_e^2 - \omega_{r0}^2) L_r^2\}^2 + (2\omega_e L_r r_r)^2}} \cos(\omega_e t - \phi_q) \quad (4\text{-}40)$$

$$i_{dr}^s = -\frac{2I_m}{\sqrt{3}} \sqrt{\frac{\{(\omega_e^2 - \omega_{r0}^2) L_m L_r\}^2 + (\omega_e L_m r_r)^2}{\{r_r^2 - (\omega_e^2 - \omega_{r0}^2) L_r^2\}^2 + (2\omega_e L_r r_r)^2}} \cos(\omega_e t - \phi_{d1}) \quad (4\text{-}41)$$

ここで, $\phi_q = \tan^{-1} \dfrac{2\omega_e L_r r_r}{r_r^2 - (\omega_e^2 - \omega_{r0}^2) L_r^2}$ \quad (4\text{-}42)

$$\phi_{d1} = \tan^{-1} \frac{\omega_e r_r}{(\omega_e^2 - \omega_{r0}^2)L_r} + \phi_q \tag{4-43}$$

c) 固定子 $d$ 軸および $q$ 軸電圧

固定子 $d$ 軸電圧 $v_{ds}^s$ および $q$ 軸電圧 $v_{qs}^s$ は，式(2-3)，(2-4)で $i_{qs}^s = 0$ とした式より求める．

$$\left. \begin{array}{l} v_{qs}^s = L_m p i_{qr}^s \\ v_{ds}^s = (r_s + L_s p) i_{ds}^s + L_m p i_{dr}^s \end{array} \right\} \tag{4-44}$$

式(4-44)に式(4-36)，(4-37)を代入すると，

$$v_{qs}^s = \frac{r_r \omega_{r0} L_m^2 p}{(r_r + L_r p)^2 + (\omega_{r0} L_r)^2} i_{ds}^s \tag{4-45}$$

$$v_{ds}^s = \left[ (r_s + L_s p) + \frac{-(r_r + L_r p)L_m^2 p^2 - \omega_{r0}^2 L_r L_m^2 p}{(r_r + L_r p)^2 + (\omega_{r0} L_r)^2} \right] i_{ds}^s \tag{4-46}$$

式(4-45)，(4-46)で $p = j\omega_e, I_{ds}^s = -\frac{2I_m}{\sqrt{3}}$ とおくことにより，定常状態における空間電圧ベクトル $\underline{V}_{qs}^s, \underline{V}_{ds}^s$ が得られる．

$$\underline{V}_{qs}^s = -\frac{2I_m}{\sqrt{3}} \frac{j\omega_e \omega_{r0} L_m^2 r_r}{r_r^2 - (\omega_e^2 - \omega_{r0}^2)L_r^2 + j2\omega_e L_r r_r} \tag{4-47}$$

$$\underline{V}_{ds}^s = -\frac{2I_m}{\sqrt{3}} \left[ \frac{r_s r_r^2 - (\omega_e^2 - \omega_{r0}^2)L_r^2 r_s - 2\omega_e L_s L_r r_r + \omega_e^2 L_m^2 r_r}{r_r^2 - (\omega_e^2 - \omega_{r0}^2)L_r^2 + j2\omega_e L_r r_r} \right.$$
$$\left. + \frac{j\omega_e \{L_s r_r^2 + 2L_r r_s r_r - (\omega_e^2 - \omega_{r0}^2)(L_s L_r^2 - L_r L_m^2)\}}{r_r^2 - (\omega_e^2 - \omega_{r0}^2)L_r^2 + j2\omega_e L_r r_r} \right] \tag{4-48}$$

式(4-47)，(4-48)を瞬時値電圧 $v_{qs}^s, v_{ds}^s$ で表現すると，

$$v_{qs}^s = \frac{2I_m}{\sqrt{3}} \frac{\omega_e \omega_{r0} L_m^2 r_r}{\sqrt{\{r_r^2 - (\omega_e^2 - \omega_{r0}^2)L_r^2\}^2 + (2\omega_e L_r r_r)^2}} \sin(\omega_e t - \phi_q) \tag{4-49}$$

問題4.3 誘導機の交流電流制動時の電流，電圧，トルク固定子座標） 125

$$v_{ds}^s = -\frac{2I_m}{\sqrt{3}} \sqrt{\frac{\{r_s r_r^2 - (\omega_e^2 - \omega_{r0}^2)L_r^2 r_s - 2\omega_e^2 L_s L_r r_r + \omega_e^2 L_m^2 r_r\}^2}{\{r_r^2 - (\omega_e^2 - \omega_{r0}^2)L_r^2\}^2 + (2\omega_e L_r r_r)^2}} + \frac{\{\omega_e L_s r_r^2 + 2\omega_e L_r r_s r_r - \omega_e(\omega_e^2 - \omega_{r0}^2)(L_s L_r^2 - L_r L_m^2)\}^2}{\{r_r^2 - (\omega_e^2 - \omega_{r0}^2)L_r^2\}^2 + (2\omega_e L_r r_r)^2}}$$
$$\times \cos(\omega_e t - \phi_{d2}) \qquad (4\text{-}50)$$

$$\phi_{d2} = -\tan^{-1} \frac{\omega_e L_s r_r^2 + 2\omega_e L_r r_s r_r - \omega_e(\omega_e^2 - \omega_{r0}^2)(L_s L_r^2 - L_r L_m^2)}{r_s r_r^2 - (\omega_e^2 - \omega_{r0}^2)L_r^2 r_s - 2\omega_e^2 L_s L_r r_r + \omega_e^2 L_m^2 r_r} + \phi_q \qquad (4\text{-}51)$$

d) トルク
  トルクは，
$$Te = \frac{3}{2}\frac{P}{2}L_m \{i_{qs}^s i_{dr}^s - i_{ds}^s i_{qr}^s\} \qquad (2\text{-}45)$$

より求める．式(4-33)より $i_{qs}^s = 0, i_{qr}^s$ の式(4-40)を(2-45)に代入して，

$$Te = -\frac{3}{2}\frac{P}{2}L_m \left[\left(-\frac{2I_m}{\sqrt{3}}\cos\omega_e t\right) \cdot \left\{-\frac{2I_m}{\sqrt{3}}\frac{r_r \omega_{r0} L_m \cos(\omega_e t - \phi_q)}{\sqrt{\{r_r^2 - (\omega_e^2 - \omega_{r0}^2)L_r^2\}^2 + (2\omega_e L_r r_r)^2}}\right\}\right]$$

$$= -\frac{P\omega_{r0} L_m^2 r_r I_m^2}{2\sqrt{\{r_r^2 - (\omega_e^2 - \omega_{r0}^2)L_r^2\}^2 + (2\omega_e L_r r_r)^2}} \{\cos\phi_q + \cos(2\omega_e t - \phi_q)\} \qquad (4\text{-}52)$$

**問題 4.4 誘導機の単相運転時の電流, 電圧, トルク[訳本の問題 4-4]**

三相誘導機が $a$ 相開放で $bc$ 相端子に電圧 $v_{bc}$ が印加されて運転しているとする.

a) 固定子座標での $d$ 軸, $q$ 軸, および零相軸に関する微分方程式を変数 $v_{bc}$ と $i_b$ で表現せよ. 電圧, 電流方程式およびトルク方程式を求めよ.

b) 入力電圧 $v_{bc} = V\cos\omega_e t$ および一定回転子速度 $\omega_{r0}$ に対して, 固定子座標での電圧, 電流に関する時間ベクトルの式およびトルクの式を求めよ.

c) これらの方程式より次に示す等価回路(正相分と逆相分の直列回路)を導け. 次に $\tilde{V}_x$ と $\tilde{I}_x$ を $\tilde{V}_{bc}$ と $\tilde{I}_b$ のベクトルで表せ.

**解答**

a) 電圧, 電流方程式およびトルク方程式を求める.
$a$ 相開放, $bc$ 相に $v_{bc}$ を印加した場合, 式(2-2)より,

$$v_{ds}^s = -\frac{1}{\sqrt{3}} v_{bc}, \quad i_{qs}^s = 0, \quad i_{ds}^s = -\frac{2}{\sqrt{3}} i_b \tag{4-53}$$

よって, 式(2-3), (2-4), (2-7), (2-8)で $i_{qs}^s = 0$, 固定子座標であるから $\omega = 0$, また, かご形誘導機であり $v_{qr}^s = v_{dr}^s = 0$ を代入すると,

$$\begin{bmatrix} v_{ds}^s \\ 0 \\ 0 \end{bmatrix} = \begin{bmatrix} r_s + L_s p & L_m p & 0 \\ L_m p & r_r + L_r p & \omega_{r_0} L_r \\ -\omega_{r_0} L_m & -\omega_{r_0} L_r & r_r + L_r p \end{bmatrix} \begin{bmatrix} i_{ds}^s \\ i_{dr}^s \\ i_{qr}^s \end{bmatrix} \tag{4-54}$$

ここで, $i_{ds}^s$ と $v_{ds}^s$ の関係式および未知数である $i_{dr}^s$, $i_{qr}^s$ を求める.

$$i_{ds}^s = \frac{\begin{vmatrix} v_{ds}^s & L_m p & 0 \\ 0 & r_r + L_r p & \omega_{r_0} L_r \\ 0 & -\omega_{r_0} L_r & r_r + L_r p \end{vmatrix}}{\begin{vmatrix} r_s + L_s p & L_m p & 0 \\ L_m p & r_r + L_r p & \omega_{r_0} L_r \\ -\omega_{r_0} L_m & -\omega_{r_0} L_r & r_r + L_r p \end{vmatrix}} = \frac{v_{ds}^s (r_r + L_r p)^2 + (\omega_{r_0} L_r)^2 v_{ds}^s}{\Delta} \tag{4-55}$$

ここで,

$$\Delta = (r_s + L_s p)(r_r + L_r p)^2 - \omega_{r_0}^2 L_r L_m^2 p + (r_s + L_s p)\omega_{r_0}^2 L_r^2 - (r_r + L_s p)L_m^2 p^2 \tag{4-56}$$

問題 4.4 誘導機の単相運転時の電流，電圧，トルク

$$i_{dr}^s = \frac{1}{\Delta}\begin{vmatrix} r_s + L_s p & v_{ds} & 0 \\ L_m p & 0 & \omega_{r_0} L_r \\ -\omega_{r_0} L_m & 0 & r_r + L_r p \end{vmatrix} = \frac{-v_{ds}\omega_{r_0}^2 L_r L_m - (r_r + L_r p)L_m p v_{ds}^s}{\Delta} \quad (4\text{-}57)$$

$$i_{qr}^s = \frac{1}{\Delta}\begin{vmatrix} r_s + L_s p & L_m p & v_{ds}^s \\ L_m p & r_r + L_r p & 0 \\ -\omega_{r_0} L_m & -\omega_{r_0} L_r & 0 \end{vmatrix} = \frac{r_r \omega_{r_0} L_m v_{ds}^s}{\Delta} \quad (4\text{-}58)$$

a)の解答

①電圧，電流の式　式(4-57)に式(4-58)の関係を代入して，

$d$ 軸 :

$$i_b = \frac{1}{2} \cdot \frac{(r_r + L_r p)^2 + (\omega_{r_0} L_r)^2}{(r_s + L_s p)(r_r + L_r p)^2 - \omega_{r_0}^2 L_r L_m^2 p + (r_s + L_s p)\omega_{r_0}^2 L_r^2 - (r_r + L_r p)L_m^2 p^2} v_{bc} \quad (4\text{-}59)$$

$q$ 軸 : $i_{qs}^s = 0$ であるので $v_{qs}^s$ は式(2-4)より，

$$v_{qs}^s = L_m p i_{qr}^s \quad (4\text{-}60)$$

式(4-60)に式(4-58)，(4-53)を代入して，

$q$ 軸 :

$$v_{qs}^s = -\frac{1}{\sqrt{3}} \frac{r_r \omega_{r_0} L_m^2 p v_{bc}}{(r_s + L_s p)(r_r + L_r p)^2 - \omega_{r_0}^2 L_r L_m^2 p + (r_s + L_s p)\omega_{r_0}^2 L_r^2 - (r_r + L_r p)L_m^2 p^2} \quad (4\text{-}61)$$

$i_a + i_b + i_c = 0$ より，

零相軸　　$\underline{v_0^s = 0}$ \quad\quad\quad\quad (4-62)

②トルクの式

式(2-45)より，

$$T_e = \frac{3}{2}\frac{P}{2}L_m\left(i_{qs}^s i_{dr}^s - i_{ds}^s i_{qr}^s\right) \quad (2\text{-}45)$$

$i_{qs}^s = 0$，$i_{ds}^s$ の式(4-55)，$i_{qr}^s$ の式(4-58)および式(4-53)を代入して，

$$T_e = -\frac{P}{2}\frac{r_r \omega_{r_0} L_m^2 v_{bc} i_b}{\Delta} \quad (4\text{-}63)$$

$i_b$ に式(4-59)を代入して，

$$T_e = -\frac{1}{2}\frac{P}{2}v_{bc}^2 \frac{\{(r_r+L_r p)^2+(\omega_{r_0} L_r)^2\}\cdot r_r \omega_{r_0} L_m^2}{\{(r_s+L_s p)(r_r+L_r p)^2-\omega_{r_0}^2 L_r L_m^2 p+(r_s+L_s p)\omega_{r_0}^2 L_r^2-(r_r+L_r p)L_m^2 p^2\}^2}$$

(4-64)

b) $v_{bc}=V\cos\omega_e t$ を印加したときの電圧,電流に関する式は,a)の解答で $p=j\omega_e$ とおくことにより得られるが,c)の問題で正相分,逆相分の直列回路を用いた等価回路を導出する必要があり,対称座標法[1]により解く.

①正相電圧・正相電流;$\tilde{V}_{sp}\cdot\tilde{I}_{sp}$,逆相電圧・逆相電流;$\tilde{V}_{sn}\cdot\tilde{I}_{sn}$ の計算

$i_a=0$,$i_b=-i_c$ (4-65)

対称座標法により,

$\tilde{I}_a=\tilde{I}_{sp}+\tilde{I}_{sn}=0$

∴ $\tilde{I}_{sp}=-\tilde{I}_{sn}$ (4-66)

$v_{bc}=V\cos\omega_e t$ より,

$\tilde{V}_{bc}=Ve^{j0}$ (4-67)

対称座標法より,

$\tilde{V}_{bc}=\tilde{V}_b-\tilde{V}_c=(\underline{a}^2\tilde{V}_{sp}+\underline{a}\tilde{V}_{sn})-(\underline{a}\tilde{V}_{sp}+\underline{a}^2\tilde{V}_{sn})$

$=(\underline{a}^2-\underline{a})\tilde{V}_{sp}-(\underline{a}^2-\underline{a})\tilde{V}_{sn}=(\underline{a}^2-\underline{a})(\tilde{V}_{sp}-\tilde{V}_{sn})$

$=-j\sqrt{3}(\tilde{V}_{sp}-\tilde{V}_{sn})$ (4-68)

∴ $\tilde{V}_{sp}-\tilde{V}_{sn}=j\dfrac{\tilde{V}_{bc}}{\sqrt{3}}=j\dfrac{V}{\sqrt{3}}$ (4-69)

②正相電圧 $\tilde{V}_{sp}$,逆相電圧 $\tilde{V}_{sn}$ の正相インピーダンス $\tilde{Z}_p$,逆相インピーダンス $\tilde{Z}_n$ による表現

対称座標法により,

$\tilde{V}_{sp}=\tilde{Z}_p\tilde{I}_{sp}$ (4-70)

$\tilde{V}_{sn}=\tilde{Z}_n\tilde{I}_{sn}=-\tilde{Z}_n\tilde{I}_{sp}$ (4-71)

∴ $\tilde{I}_{sp}=-\tilde{I}_{sn}=\dfrac{\tilde{V}_{sp}-\tilde{V}_{sn}}{\tilde{Z}_p+\tilde{Z}_n}$ (4-72)

---

(1)例えば,大野,西:「大学課程 電気回路(1)」(平12)オーム社,pp.276〜279

問題 4.4 誘導機の単相運転時の電流, 電圧, トルク

式(4-67), (4-72)より,

$$\widetilde{I}_{sp} = -\widetilde{I}_{sn} = \frac{j\dfrac{\widetilde{v}_{bc}}{\sqrt{3}}}{\widetilde{Z}_p + \widetilde{Z}_n} = j\frac{V}{\sqrt{3}\left(\widetilde{Z}_p + \widetilde{Z}_n\right)} \tag{4-73}$$

また,

$$\widetilde{I}_b = \underline{a}^2 \widetilde{I}_{sp} + \underline{a}\widetilde{I}_{sn} = \left(\underline{a}^2 - \underline{a}\right)\widetilde{I}_{sp} = -j\sqrt{3}\widetilde{I}_{sp} \tag{4-74}$$

$$\widetilde{I}_{sp} = -\widetilde{I}_{sn} = j\frac{\widetilde{I}_b}{\sqrt{3}} \tag{4-75}$$

式(4-70), (4-73)より,

$$\widetilde{V}_{sp} = j\frac{V\widetilde{Z}_p}{\sqrt{3}\left(\widetilde{Z}_p + \widetilde{Z}_n\right)} \tag{4-76}$$

式(4-71), (4-73)より,

$$\widetilde{V}_{sn} = -j\frac{V\widetilde{Z}_n}{\sqrt{3}\left(\widetilde{Z}_p + \widetilde{Z}_n\right)} \tag{4-77}$$

③正相インピーダンス；正相分時間ベクトル等価回路を図4.1に示す.

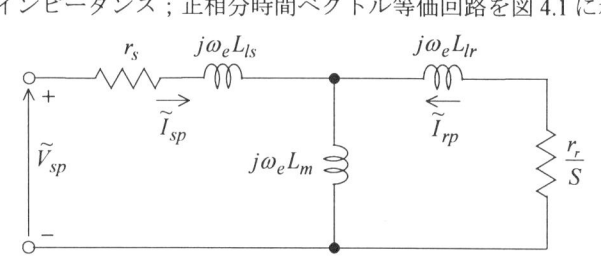

図 4.1 正相分時間ベクトル等価回路

正相インピーダンス $\widetilde{Z}_p$ は図 4.1 より次式となる.

$$\widetilde{Z}_p = r_s + j\omega_e L_{ls} + \frac{j\omega_e L_m \left(j\omega_e L_{lr} + \dfrac{r_r}{S}\right)}{j\omega_e (L_m + L_{lr}) + \dfrac{r_r}{S}} \tag{4-78}$$

④逆相インピーダンス；逆相分時間ベクトル等価回路を図4.2に示す.
逆相インピーダンス $\widetilde{Z}_n$ は図 4.2 より次式となる.

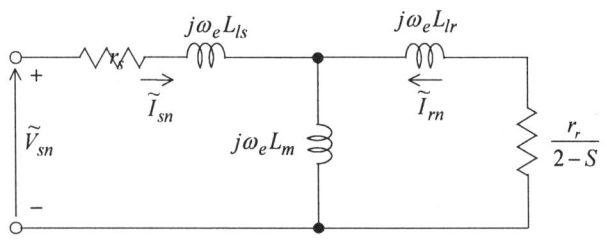

図4.2 逆相分時間ベクトル等価回路

$$\widetilde{Z}_n = r_s + j\omega_e L_{ls} + \frac{j\omega_e L_m \left(j\omega_e L_{lr} + \frac{r_r}{2-S}\right)}{j\omega_e (L_m + L_{lr}) + \frac{r_r}{2-S}} \qquad (4\text{-}79)$$

式(4-73),(4-75)より,

$$j\frac{\widetilde{v}_{bc}}{\sqrt{3}} = \left(\widetilde{Z}_p + \widetilde{Z}_n\right)\widetilde{I}_{sp} = j\frac{\widetilde{I}_b}{\sqrt{3}}\left(\widetilde{Z}_p + \widetilde{Z}_n\right) \qquad (4\text{-}80)$$

$$\widetilde{v}_{bc} = \left(\widetilde{Z}_p + \widetilde{Z}_n\right)\widetilde{I}_b \qquad (4\text{-}81)$$

$\widetilde{Z}_p$, $\widetilde{Z}_n$ にそれぞれ式(4-78),(4-79)を代入して整理すると,

$$\widetilde{v}_{bc} = \left[2(r_s + j\omega_e L_{ls}) + j\frac{2\omega_e L_m \left\{r_r^2 - \left(\omega_e^2 - \omega_{r_0}^2\right)L_r L_{lr} + j\omega_e (L_r + L_{lr})r_r\right\}}{r_r^2 - \left(\omega_e^2 - \omega_{r_0}^2\right)L_r^2 + j2\omega_e L_r r_r}\right]\widetilde{I}_b \qquad (4\text{-}82)$$

⑤トルクの式

平均トルクは, $\widetilde{I}_{rp}$, $\widetilde{I}_{rn}$ を求め式(4-5)に代入して求める。

図4.1 より,

$$\widetilde{I}_{rp} = -\frac{j\omega_e L_m \widetilde{I}_{sp}}{\frac{r_r}{S} + j\omega_e (L_{lr} + L_m)} = \frac{-j\omega_e L_m \widetilde{I}_{sp}}{\frac{r_r}{S} + j\omega_e L_r} \qquad (4\text{-}83)$$

図4.2 より,

$$\widetilde{I}_{rn} = -\frac{j\omega_e L_m \widetilde{I}_{sn}}{\frac{r_r}{2-S} + j\omega_e (L_{lr} + L_m)} = \frac{j\omega_e L_m \widetilde{I}_{sp}}{\frac{r_r}{2-S} + j\omega_e L_r} \qquad (4\text{-}84)$$

問題 4.4 誘導機の単相運転時の電流, 電圧, トルク

$$\left|\widetilde{I}_{rp}\right| = \frac{\omega_e L_m}{\sqrt{\left(\frac{r_r}{S}\right)^2 + (\omega_{eL_r})^2}} \cdot \frac{\left|\widetilde{I}_b\right|}{\sqrt{3}} \tag{4-85}$$

$$\left|\widetilde{I}_{rn}\right| = \frac{\omega_e L_m}{\sqrt{\left(\frac{r_r}{2-S}\right)^2 + (\omega_{eL_r})^2}} \cdot \frac{\left|\widetilde{I}_b\right|}{\sqrt{3}} \tag{4-86}$$

平均トルク $T_{e0}$ は, 式(4-85), (4-86)を式(4-5)に代入して,

$$T_{e0} = 3\frac{P}{2}\frac{1}{\omega_e}\left[\frac{(\omega_e L_m)^2}{\left(\frac{r_r}{S}\right)^2 + (\omega_e L_r)^2} \cdot \frac{\left|\widetilde{I}_b\right|^2 r_r}{3S} - \frac{(\omega_e L_m)^2}{\left(\frac{r_r}{2-S}\right)^2 + (\omega_e L_r)^2}\left(\frac{\left|\widetilde{I}_b\right|^2 r_r}{3(2-S)}\right)\right]$$

$$= \frac{P}{2} \cdot \omega_e L_m^2 \left[\frac{\frac{r_r}{S}\left|\widetilde{I}_b\right|^2}{\left(\frac{r_r}{S}\right)^2 + (\omega_e L_r)^2} - \frac{\frac{r_r}{2-S}\left|\widetilde{I}_b\right|^2}{\left(\frac{r_r}{2-S}\right)^2 + (\omega_e L_r)^2}\right] \tag{4-87}$$

$2\omega_e$ での脈動トルクの振幅 $|T_{e2}|$ は, 式(4-85), (4-86)を式(4-6)に代入して,

$$|T_{e2}| = \frac{P}{2} \cdot \omega_e L_m^2 \left(\frac{r_r}{S} - \frac{r_r}{2-S}\right)\left[\frac{1}{\left(\frac{r_r}{S}\right)^2 + (\omega_e L_r)^2} \cdot \frac{1}{\left(\frac{r_r}{2-S}\right)^2 + (\omega_e L_r)^2}\left|\widetilde{I}_b\right|^2\right] \tag{4-88}$$

c) 対称座標法での等価回路

$\widetilde{I}_a = \widetilde{I}_{sp} + \widetilde{I}_{sn} + \widetilde{I}_0 = 0$, $\widetilde{I}_0 = 0$ より,

式(4-66)より　　$\widetilde{I}_{sp} = -\widetilde{I}_{sn}$

式(4-75)より　　$\widetilde{I}_{sn} = -\widetilde{I}_{sp} = j\frac{\widetilde{I}_b}{\sqrt{3}}$

式(4-69)より　　$\widetilde{v}_{sp} - \widetilde{v}_{sn} = +j\frac{\widetilde{v}_{bc}}{\sqrt{3}}$

$\widetilde{v}_{bc}$, $\widetilde{I}_{bc}$ を用いて等価回路を描くと, 図 4.3 のようになる.

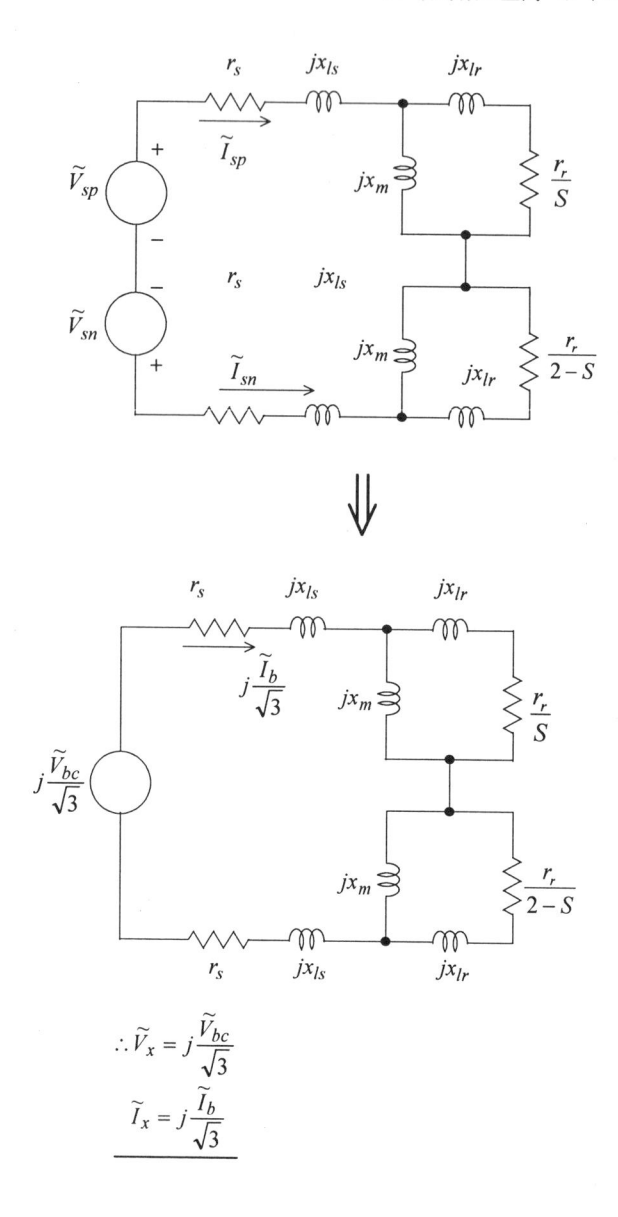

$$\therefore \tilde{V}_x = j\frac{\tilde{V}_{bc}}{\sqrt{3}}$$

$$\tilde{I}_x = j\frac{\tilde{I}_b}{\sqrt{3}}$$

図 4.3 単相運転時の等価回路

問題 4.5 誘導機の単相運転時のトルク脈動[訳本の問題 4-5]

100 馬力，460V，60Hz，4 極で，等価回路パラメータ(単位法)として

$r_s = 0.010$　　　$X_{ls} = 0.10$　　　$X_m = 3.0$
$r_r = 0.015$　　　$X_{lr} = 0.10$

の値を有する三相誘導機が定格電圧，定格周波数およびすべり $S = 0.0175$ のもとで，$a$ 相開放で $bc$ 相に定格電圧が印加された状態で単相運転をしている．以下を求めよ（ただし，慣性モーメントは回転子速度が一定に維持できるほど十分に大きいものとする）．

a) 時間ベクトル $\widetilde{I}_b$ ($\widetilde{V}_{bc}$ を基準量，すなわちその位相角は 0 とする)．
b) 正相分平均トルク，逆相分平均トルクおよび全平均トルク
c) 2 倍調波脈動トルクの最大値

**解答**

a) 問題 4.4 c)で求めた等価回路を用いて $\widetilde{I}_b$ を求める．

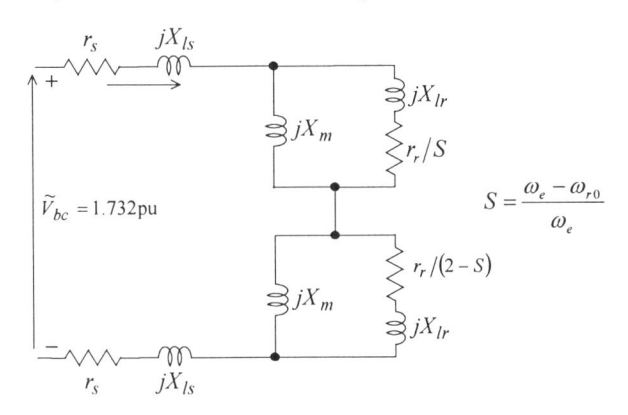

図 4.4　問題 4.5 の等価回路

正相分インピーダンスを $\widetilde{Z}_p$，逆相分インピーダンスを $\widetilde{Z}_n$ とおくと図 4.4 より，

$$\widetilde{I}_b = \frac{\widetilde{V}_{bc}}{\widetilde{Z}_p + \widetilde{Z}_n}$$

$$\widetilde{Z}_p = r_s + jX_{ls} + \frac{jX_m \cdot \left(\frac{r_r}{S} + jX_{lr}\right)}{\frac{r_r}{S} + j(X_{lr} + X_m)} = 0.01 + j0.1 + \frac{j3\left(\frac{0.01}{0.0175} + j0.1\right)}{\frac{0.015}{0.0175} + j(0.1+3)}$$

$$= 0.01 + j0.1 + 0.748 + j0.304 = 0.758 + j0.404$$

$$\widetilde{Z}_n = r_s + jX_{ls} + \frac{jX_m \cdot \left(\frac{r_r}{2-S} + jX_{lr}\right)}{\frac{r_r}{2-S} + j(X_{lr} + X_m)} = 0.01 + j0.1 + \frac{j3\left(\frac{0.01}{1.9825} + j0.1\right)}{\frac{0.015}{1.9825} + j3.1}$$

$$= 0.01 + j0.1 + 0.0051 + j0.097 = 0.0151 + j0.197$$

$$\widetilde{I}_b = \frac{1.732}{0.773 + j0.601} = 1.77\angle -37.7° \text{ pu}$$

b) 正相分，逆相分平均トルクおよび全平均トルク
(1) 正相分回転子電流 $\widetilde{I}_{rp}$

$$\widetilde{I}_{rp} = \frac{jX_m}{\frac{r_r}{S} + j(X_m + X_{lr})} \widetilde{I}_b = \frac{j3}{0.86 + j3.1} \cdot 1.77\angle -37.8°$$

$$= \frac{3\angle 90°}{3.22\angle 74.5°} \cdot 1.77\angle -37.8° = (0.932\angle 15.5°) \times (1.77\angle -37.8°)$$

$$= 1.65\angle -22.3° \text{ pu}$$

・正相分平均トルク

問題 4.4(c)の結果より，$\widetilde{I}_x = \frac{\widetilde{I}_b}{\sqrt{3}}$ になることから，

$$T_p = \left(\frac{|\widetilde{I}_{rp}|}{\sqrt{3}}\right)^2 \cdot \frac{r_r}{S} = \frac{1.65^2}{3} \cdot \frac{0.015}{0.0175} = 0.78\text{pu}$$

(2) 逆相分回転子電流 $\widetilde{I}_{rn}$

$$\widetilde{I}_{rn} = \frac{jX_m}{\frac{r_r}{2-S} + j(X_m + X_{lr})} \widetilde{I}_b = \frac{j3}{0.0076 + j3.1} \cdot 1.77\angle -37.8°$$

$$= \frac{3\angle 90°}{3.1\angle 89.9°} \cdot 1.77\angle -37.8° = (0.968\angle 0.1°) \times (1.77\angle -37.8°)$$

$$= 1.71\angle -37.9° \text{ pu}$$

問題 4.5 誘導機の単相運転時のトルク脈動

・逆相分平均トルク

$$T_n = \left(\frac{|\tilde{I}_{rn}|}{\sqrt{3}}\right)^2 \cdot \frac{r_r}{2-S} = \frac{1.71^2}{3} \cdot \frac{0.015}{2-0.0175} = 0.0074 \text{pu}$$

(3) 全平均トルク

$$T = T_p - T_n = 0.78 - 0.0074 = 0.7726 \text{pu}$$

c) 第二次高調波脈動トルクの最大値

$$T_{e2} = \left(\frac{r_r}{S} - \frac{r_r}{2-S}\right)\left(\frac{|\tilde{I}_{rp}|}{\sqrt{3}} \cdot \frac{|\tilde{I}_{rn}|}{\sqrt{3}}\right)$$

$$= \left(\frac{0.015}{0.0175} - \frac{0.015}{2-0.0175}\right) \cdot \frac{1}{3}(1.65 \times 1.71) = 0.802 \text{pu}$$

**問題 4.6 誘導機の一定速度運転での電源開放時の過渡電流[訳本の問題 4-6]**

問題 4.5 で用いた 100 馬力，460V，60Hz，4 極の三相誘導機を定格電圧 $V$，定格周波数 $f$ で全負荷 ($S = 0.0175$) 運転している．固定子には Y 結線された 10.0pu の抵抗器が並列接続されている．$t = 0$ で電動機および抵抗器へ供給している電源を切り離す．

a) この誘導機の $L_r$，$L_s$ および $L_m$ [H]と，$r_s$ および $r_r$ [Ω]の値を求めよ．

b) 電源を切り離した直後の過渡現象を特徴づける一定速度における固有値を固定子座標で求めよ．

c) 回転子磁束と固定子磁束を表す空間ベクトルの初期値を固定子座標で求めよ．

d) 速度が一定のままと仮定したときの，電源開放直後の固定子電圧 $\underline{v}^s_{qds}$ を固定子座標での時間関数で表せ．この電圧が，定格電圧の 10%に落ちるのにおおよそどれほどの時間を要するか．

**解答**

a) 単位法表現(pu 表現)を用いた場合のインピーダンスの基準値 $Z_B$ は，

$$Z_B = \frac{V_B}{I_B} = \frac{qV_R^2}{P_R} = \frac{3 \times \left(460/\sqrt{3}\right)^2}{746 \times 100} = 2.836$$

問題 4.5 の誘導機の pu 表現でのパラメータは，

$r_s = 0.010$, $X_{ls} = 0.10$, $X_m = 3.0$, $r_r = 0.015$, $X_{lr} = 0.10$

これらの値を抵抗はΩ，インダクタンスは H で表すと，

$r_s = 0.010 \times Z_B = 0.02836\,\Omega$ $\qquad r_r = 0.015 \times Z_B = 0.04254\,\Omega$

$L_s = \dfrac{Z_B}{\omega_B}(X_m + X_{ls}) = 0.02332\,\text{H}$ $\qquad L_m = \dfrac{Z_B}{\omega_B}X_m = 0.02257\,\text{H}$

$L_r = \dfrac{Z_B}{\omega_B}(X_m + X_{ls}) = 0.02332\,\text{H}$

b) 

$r_s$ を $r_s + R$ に置き換えて電源を開放した回路と等価な回路となる．

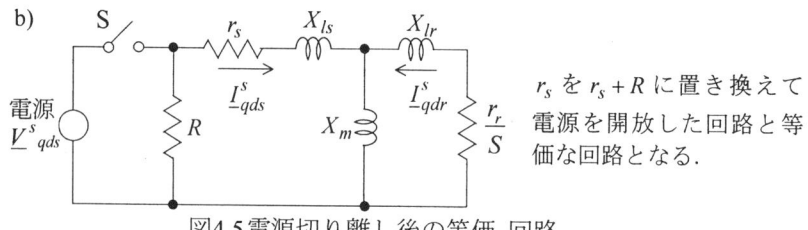

図4.5 電源切り離し後の等価回路

## 問題 4.6 誘導機の一定速度運転での電源解放時の過渡電流

電源切り離し後の等価回路は図 4.5 のようになり, 固定子抵抗 $r_s$ を $r_s + R$ に置き換えて電源を開放した場合と同じ式になる。よって固有値 $\underline{\lambda}_1$, $\underline{\lambda}_2$ は式 (4-123) より得られる。

式(4-123)で固有値を求めるために, $\sigma$ を式(4-122)より, $\tau_r, \tau_s, \alpha$ を式(4-124)より求める。

$$\tau_r = \frac{L_r}{r_r} = 0.548 \text{ s}$$

$$\tau_s = \frac{L_s}{r_r + R} = 8.21 \times 10^{-4} \text{ s}$$

$$\sigma = 1 - \frac{L_m^2}{L_s L_r} = 0.0635$$

$$\alpha = \frac{\tau_r}{\tau_s} = 667.225$$

$$\omega_r = (1-S)\omega_e = (1-0.0175) \times 2\pi \times 60 = 370.3938 \quad \text{rad/s}$$

これらを, 式(4-123)に代入して $\underline{\lambda}_1, \underline{\lambda}_2$ が得られる。

$$\underline{\lambda}_1, \underline{\lambda}_2 = (-9601.673 + j185.197) \pm (9599.842 + j184.6778)$$

$$\therefore \underline{\lambda}_1 = -19200 \pm j0.52 \quad \sec^{-1}$$

$$\underline{\lambda}_2 = -1.83 \pm j370 \quad \sec^{-1}$$

c) 固定子座標での固定子磁束と回転子磁束の初期値を $\underline{\lambda}^s_{qds}(0)$, $\underline{\lambda}^s_{qdr}(0)$ とすると, 訳本 p.202 の式(4.9-7), (4.9-8)より,

$$\underline{\lambda}^s_{qds}(0) = L_s \underline{i}^s_{qds}(0) + L_m \underline{i}^s_{qdr}(0)$$

$$\underline{\lambda}^s_{qdr}(0) = L_r \underline{i}^s_{qdr}(0) + L_m \underline{i}^s_{qds}(0)$$

電源切り離し前の電動機電流を $\underline{I}^s_{qds}$ とすると,

$$\underline{i}^s_{qds}(0) = \underline{I}^s_{qds} \quad , \quad \underline{i}^s_{qdr}(0) = \underline{I}^s_{qdr}$$

図 4.5 でスイッチ S がオンしているときの $\underline{I}^s_{qds}$, $\underline{I}^s_{qdr}$ を pu 値で求める。

$$Z_{in} = r_s + jX_{ls} + \frac{jX_m\left(\dfrac{r_r}{S} + jX_{lr}\right)}{\dfrac{r_r}{S} + j(X_m + X_{lr})} = 0.01 + j0.1 + \frac{j3.0\left(\dfrac{0.015}{0.0175} + j0.1\right)}{\dfrac{0.0425}{0.0175} + j(3.1)}$$

$$= 0.856 \angle 28.067° \quad \text{pu}$$

$$\underline{I}_{qds}^s = \frac{V_{qds}^s}{Z_{in}} = \frac{1.0\angle 0°}{0.856\angle 28.067} = 1.168\angle -28.067°$$

$$\underline{I}_{qdr}^s = -\underline{I}_{qds}^s \times \frac{jX_m}{\dfrac{r_r}{S} + j(X_m + X_{lr})} = (-1.168\angle -28.067°) \times \frac{j3.0}{\dfrac{0.015}{0.0175} + j3.1}$$

$$= 1.089\angle 167.389°$$

$$\underline{\lambda}_{qds}^s(0) = (X_m + X_{lr})\underline{I}_{qds}^s + X_m\underline{I}_{qdr}^s$$
$$= 3.1 \times 1.168\angle -28.067° + 3.0 \times 1.089\angle 167.389°$$
$$= 0.006 - j0.990$$

$$\underline{\lambda}_{qdr}^s(0) = (X_m + X_{lr})\underline{I}_{qdr}^s + X_m\underline{I}_{qds}^s$$
$$= 3.1 \times 1.089\angle -167.389° + 3.0 \times 1.168\angle 28.067°$$
$$= -0.204 - j0.910$$

答　$\underline{\lambda}_{qds}^s(0) = 0.006 - j0.990$ pu

　　$\underline{\lambda}_{qdr}^s(0) = -0.204 - j0.910$ pu

d)

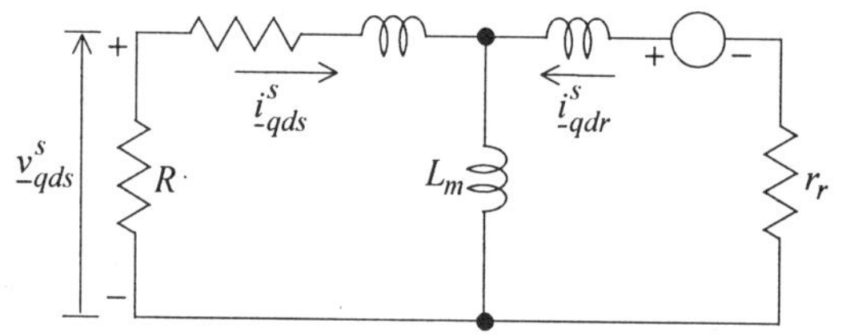

図4.6　図4.5で$r_s$を$r_s + R$に置き換え電源を開放した回路

電源切り離し後の等価回路は図4.6で表せる．図4.6の等価回路の電圧，電流方程式は次式となる．

$$0 = (R + r_s + L_s p)\underline{i}_{qds}^s + L_m p \underline{i}_{qdr}^s \tag{4-89}$$

$$0 = L_m(p - j\omega_r)\underline{i}_{qds}^s + [r_r + L_r(p - j\omega_r)]\underline{i}_{qdr}^s \tag{4-90}$$

$t=0$において$\underline{i}_{qds}^s(0) = \underline{I}_{qds}^s$，$\underline{i}_{qdr}^s(0) = \underline{I}_{qdr}^s$として$\underline{i}_{qds}^s$を求める．$\lambda_1$および$\lambda_2$を固有値，$C_1$および$C_2$を定数とすると$\underline{i}_{dqs}^s$は次式で表すことができる．

$$\underline{i}_{qds}^s = C_1 e^{\lambda_1 t} + C_2 e^{\lambda_2 t} \tag{4-91}$$

問題 4.6 誘導機の一定速度運転での電源解放時の過渡電流

(4-89), (4-90)および(4-91)から$C_1$および$C_2$を求めると次式となる.

$$C_1 = \frac{\underline{\lambda}_2 + \frac{1}{\sigma\tau_s} + j\frac{1-\sigma}{\sigma}\omega_r}{\underline{\lambda}_2 - \underline{\lambda}_1}\underline{I}^s_{qds} - \frac{\frac{L_m}{\sigma\tau_r L_s} - j\frac{L_m}{\sigma L_s}\omega_r}{\underline{\lambda}_2 - \underline{\lambda}_1}\underline{I}^s_{qdr} \quad (4\text{-}92)$$

$$C_2 = \frac{\underline{\lambda}_1 + \frac{1}{\sigma\tau_s} + j\frac{1-\sigma}{\sigma}\omega_r}{\underline{\lambda}_1 - \underline{\lambda}_2}\underline{I}^s_{qds} - \frac{\frac{L_m}{\sigma\tau_r L_s} - j\frac{L_m}{\sigma L_s}\omega_r}{\underline{\lambda}_1 - \underline{\lambda}_2}\underline{I}^s_{qdr} \quad (4\text{-}93)$$

これらの式の pu 値ではなく,実際の値を代入して $\underline{i}^s_{qds}$ を求める.
基準電流 $I_B$ は,

$$I_B = \sqrt{2}\frac{p_R}{\sqrt{3}V_{ll}} = \sqrt{2}\frac{746\times 100}{\sqrt{3}\times 460} = 132.39 \text{ A}$$

$\underline{I}^s_{qds}$=132.39×(1.168∠−28.07°)=154.579∠−28.07°

$\underline{I}^s_{qdr}$=132.39×(1.089∠167.339°)=144.186∠167.339°

$C_2$=11.727∠166.588°=−11.727∠−13.412°, $C_1$=165.981∠−27.043°

∴$\underline{i}^s_{qds}$=165.98$e^{-j27.043°}e^{(-19200+j0.52)t}$−11.727$e^{-j13.412°}e^{(-1.83+j370)t}$

$\underline{i}^s_{qds}$ を図 4.6 に示す方向を+としたので $\underline{v}^s_{qds}$ は $-R\underline{i}^s_{qds}$ となる.

$$\underline{v}^s_{qds} = -R\underline{i}^s_{qds} = -4707e^{-j27°}e^{(-19200+j0.52)t} + 333e^{-j13.4°}e^{(-1.83+j370)t}$$

この式より, $\underline{v}^s_{qds}$ が定格電圧の 10%に減衰するまで 1.2 秒を要する.

問題 4.7 逆相制動(プラッギング)開始までの過渡電流およびトルク※[訳本の問題 4-7]

問題 4.5 と 4.6 で用いた 100 馬力,460V,60Hz,4 極の三相誘導機を定格電圧,定格周波数で無負荷で運転している(慣性モーメントは一定回転子速度を維持できるほど十分に大きいと仮定する).
a) $bc$ 間の電圧が零の時にその 2 線を逆接続(プラッギング)したとする.回転子磁束鎖交数一定モデルを用いて逆接続直後の過渡現象を求めよ.
b) 上記の逆接続後に生じる瞬時過渡トルクの最大値を求めよ.
c)

※訳者注:ここでは,逆接続直後から逆相制動トルクが発生する直前までの過渡現象を取り扱っている.実際にはこの過渡象において,回転子磁束変化の時定数は数 10ms 程度であるが,ここではこの磁束が変化しないと仮定している.

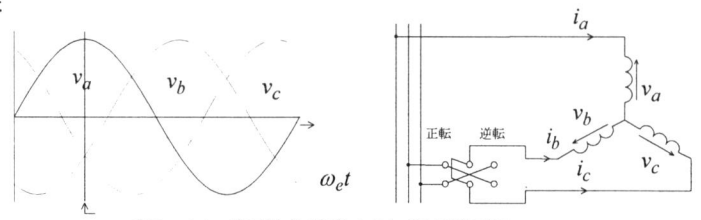

**解答**

図 4.7 プラッギング時の電源電圧および接続

a) 回転子磁束鎖交数および回転子速度を一定としているため,プラッギング直後には,プラッギング直前の誘導起電力 $E'_{qd}$ と,プラッギング直後の逆相電源による電流の和が固定子電流 $i^s_{qds}$ となる.

(1) $E'_{qd}$ の計算

図 4.7 より各相の電圧は,

$$v_a = \sqrt{\frac{2}{3}} V_s \cos(\omega_e t)$$

$$v_b = \sqrt{\frac{2}{3}} V_s \cos(\omega_e t - \frac{2}{3}\pi)$$

$$v_c = \sqrt{\frac{2}{3}} V_s \cos(\omega_e t - \frac{4}{3}\pi)$$

(4-94)

問題 4.7 逆相制動開始までの過渡電流およびトルク

ここで $V_s$ は線間電圧実効値である.

プラッギング直前の電圧ベクトルは式(2.1)より,

$$\underline{v}^s_{qds} = \frac{2}{3}(v_a + \underline{a}v_b + \underline{a}^2 v_c) = \sqrt{\frac{2}{3}} V_s e^{j\omega_e t} = \underline{V}^s_{qds} e^{j\omega_e t} \tag{4-95}$$

ここで,

$$\underline{V}^s_{qds} = \sqrt{\frac{2}{3}} V_s e^{j0} = 1.0 e^{j0} \quad [\text{pu}] \tag{4-96}$$

リアクタンス背後電圧 $\underline{E}'_{qd}$ は訳本 p.206 の式(4.9-19)より,

$$\underline{E}'_{qd} = (1-\sigma)\underline{V}^s_{qds} = (1-\sigma)e^{j0} \quad [\text{pu}] \tag{4-97}$$

(2) プラッギング直後の電圧ベクトル $\underline{V}'_{qds}$ の計算

式(4-94)で $v_b$ と $v_c$ を入れ換えるので,

$$\left. \begin{aligned} v_a &= \sqrt{\frac{2}{3}} V_s \cos\omega_e t \\ v_b &= \sqrt{\frac{2}{3}} V_s \cos(\omega_e t - \frac{4}{3}\pi) \\ v_c &= \sqrt{\frac{2}{3}} V_s \cos(\omega_e t - \frac{2}{3}\pi) \end{aligned} \right\} \tag{4-98}$$

式(2.1)より,

$$\underline{v}^s_{qds} = \frac{2}{3}(v_a + \underline{a}v_b + \underline{a}^2 v_c) = \sqrt{\frac{2}{3}} V_s e^{-j\omega_e t} = \underline{V}'_{qds} e^{-j\omega_e t} \tag{4-99}$$

ここで, $\underline{V}'_{qds} = \sqrt{\frac{2}{3}} V_s e^{j0} = 1.0 e^{j0} \quad [\text{pu}] \tag{4-100}$

$$\therefore \underline{V}'_{qds} = \underline{V}^s_{qds} \tag{4-101}$$

(3) プラッギング直後の $\underline{i}^s_{qds}$ の計算

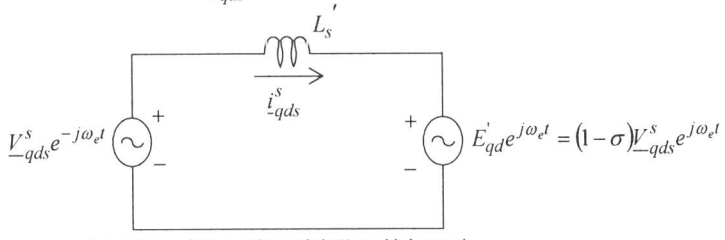

図 4.8 プラッギング直後の等価回路

図 4.8 より,

$$\underline{V}^s_{qds}e^{-j\omega_e t} - L'_s p\underline{i}^s_{qds} - (1-\sigma)\underline{V}^s_{qds}e^{j\omega_e t} = 0 \tag{4-102}$$

$$\therefore \underline{i}^s_{qds} = \frac{\underline{V}^s_{qds}}{j\omega_e L'_s}\left\{-(1-\sigma)e^{j\omega_e t} - e^{-j\omega_e t}\right\} + C \tag{4-103}$$

プラッギング直前の無負荷電流 $\underline{i}^s_{qds0}$ は次式となる.

$$\underline{i}^s_{qds0} = \frac{\underline{V}^s_{qds}}{j\omega_e L_s} = \frac{\sigma \underline{V}^s_{qds}}{j\omega_e L'_s} \tag{4-104}$$

よって(4-103), (4-104)より積分定数 $C$ を求めることができる.

$$C = \frac{\sigma \underline{V}^s_{qds}}{j\omega_e L'_s} + \frac{\underline{V}^s_{qds}}{j\omega_e L'_s}(1-\sigma) + \frac{\underline{V}^s_{qds}}{j\omega_e L'_s} = 2\frac{\underline{V}^s_{qds}}{j\omega_e L'_s} \tag{4-105}$$

$$\therefore \underline{i}^s_{qds} = \frac{\underline{V}^s_{qds}}{j\omega_e L'_s}\left\{-(1-\sigma)e^{j\omega_e t} - e^{-j\omega_e t} + 2\right\} \tag{4-106}$$

$L'_s = 0.1967$, $\sigma = 0.0635$, $\underline{V}^s_{qds} = 1.0$, $\omega_e = 1.0$ を代入すると,

$$\underline{i}^s_{qds}(t) = 5.08e^{-j(\omega_e t - 90°)} - 4.77e^{j(\omega_e t - 90°)} + 10.2e^{-j90°} \text{ pu} \tag{4-107}$$

b) トルクの計算
トルク $T_e$ は問題 2.7 の(f)より,

$$T_e = \frac{3}{2}\frac{P}{2}\frac{L_m}{L'_r}I_m(\underline{i}^s_{qds} \cdot \underline{\lambda}^{s\dagger}_{qdr}) \tag{4-108}$$

$\underline{i}^s_{qds}$, $\underline{\lambda}^s_{qdr}$ を pu から実際の量に換算する.

(1) 単位法表現(pu 表現)における電圧，電流およびインピーダンスの基準量をそれぞれ $V_B$, $I_B$ および $Z_B$ とすると,

$V_B = 460/\sqrt{3} = 265.6$ V, $I_B = 746 \times 100/(3 \times 265.6) = 93.63$ A(ピーク 132A)
$Z_B = V_B/I_B = 2.836\Omega$

(2) $L_m$, $L_r$ の値.

$$L_m = \frac{Z_B}{\omega_e}X_m = \frac{2.836}{2\pi \times 60} \times 3.0 = 0.02257\,\text{H}$$

$$L_r = \frac{Z_B}{\omega_e}(X_m + X_{lr}) = \frac{2.836}{2\pi \times 60} \times 3.1 = 0.02332\,\text{H}$$

問題 4.7　逆相制動開始までの過渡現象およびトルク　　　　　　　　　143

(3) $i^s_{qds}$, $\lambda^s_{qdr}$ の実際値への換算

$I_B$ は $d$, $q$ 表示に対して 132A であるので，式(4-107)は，

$$i^s_{qds} = 132 \times \left\{-447e^{j(\omega_e t - 90°)} + 5.08e^{-j(\omega_e t - 90°)} + 10.2e^{-j90°}\right\} \quad (4\text{-}109)$$

$\lambda^s_{qdr}$ はプラッギング前の値を維持するのであるから，$i^s_{qdr} = 0$(無負荷)であり，

$$\lambda^s_{qdr} = L_m i^s_{qds} = L_m \times \frac{V^s_{qds} e^{j\omega_e t}}{j\omega_e t L_s} = 0.02257 \times \frac{265.6\sqrt{2}}{j8.79} e^{j\omega_e t}$$

$$= 0.964 e^{j(\omega_e t - 90°)} \quad (4\text{-}110)$$

(4) トルクの計算　式(4-108)に数値を代入して，

$$T_e = \frac{3}{2}\frac{4}{2}\frac{0.02257}{0.02332} \times 132 \times 0.961$$
$$\times I_m \left\{-4.77 e^{j(\omega_e t - 90°)} + 5.08 e^{-j(\omega_e t - 90°)} + 10.2 e^{-j90°}\right\} \times e^{-j(\omega_e t - 90°)}$$
$$= 368 I_m \left\{4.77 + 5.08 e^{-j(2\omega_e t - 90°)} + 10.2 e^{-j\omega_e t}\right\}$$
$$= 368 \times 5.08 \sin 2\omega_e t - 368 \times 10.2 \sin \omega_e t \quad (4\text{-}111)$$

ここでトルク $T_e$ を pu 表示するために定格トルク $T$ を求める．定格トルク $T$ は，野中作太郎著：「電気機器II」，p.28，森北出版の式(5.66)より，

$$T = \frac{p_2}{\omega_1(1-S)} = \frac{746 \times 100}{2\pi \times 30 \times (1 - 0.0175)} = 402.8 \text{ N·m}$$

$$\therefore T_e = \frac{368 \times 5.08}{402.8} \sin 2\omega_e t - \frac{368 \times 10.2}{402.8} \sin \omega_e t$$
$$= 4.64 \sin 2\omega_e t - 9.32 \sin \omega_e t \text{ pu} \quad (4\text{-}111)$$

(5) 瞬時過渡トルクの最大値
式(4-111)を $(\omega_e t)$ で微分し，零とおいて瞬時トルクの最大値を求める．

$$\frac{dT_e}{d(\omega_e t)} = 2 \times 4.64 \cos 2\omega_e t - 9.32 \cos \omega_e t = 0 \text{ より}$$

$\omega_e t = 120°$ において $T_{\max} = 12.1 \text{ pu}$

144　　　　　　　　　　　　　　　　　　　　　4．誘導機の空間ベクトル解析

---

**問題 4.8 電圧形インバータ駆動誘導機の高調波解析[訳本の問題 4-8]**

単位法で表したパラメータ $r_s = 0.015$，$X_{ls} = 0.10$，$X_m = 2.0$，$r_r = 0.02$，$X_{lr} = 0.1$ を有する 100 馬力の誘導機が電圧形インバータ(180° スイッチング)で駆動されており，そのインバータの直流リンク部の電圧 $V_i$ は，誘導機に印加される電圧の基本波の大きさが 1.0pu になるように設定されている．$i_{qs}^s$ と $i_{ds}^s$ の基本波および第 5 次高調波成分，さらに $i_i$ の直流成分および第 6 次高調波成分を求めよ※．ただし，基本波周波数は 1.0pu，すべりを定格値 $(S_R = 0.0248)$ とし，また基本波空間ベクトルは $t = 0$ で $q$ 軸上にあるものとする．

---

※：訳者注：基本波電流は訳本の 5.10.1 項例題の $I_s$ に関する等価回路から得られた結果と同じになる．第 5 次高調波電流は $\tilde{V} = 1/5$，$\omega_e = -5\omega_e$ とし，同じ等価回路より求まる．同様の方法で $+7\omega_e$，$-11\omega_e$，$+13\omega_e$，$-17\omega_e \cdots$(式(3-1)，(3-2)参照)について計算を行うことにより $i_{qs}^s$，$i_{ds}^s$ をフーリエ級数で表し，次に $i_{qs}^s$，$i_{ds}^s$ より訳本の図 3.1(例えば $\pi/6 < \omega_e t < \pi/2$)から $i_i$ を求める．

**解答**

1. 基本波および第 5 次高調波電流

電圧形インバータの出力電圧は式(3-1)，(3-2)で与えられ，誘導機に印加される電圧の基本波の大きさが 1.0pu になることから，誘導機への印加電圧は次式となる．

$$v_{qds}^s = e^{j\omega_e t} + \frac{1}{5}e^{-j5\omega_e t} - \frac{1}{7}e^{j7\omega_e t} - \cdots \quad (4\text{-}112)$$

したがって，基本波および第 5 次高調波に対する電圧およびインピーダンスより，基本波および第 5 次高調波電流を求める．

(1.1) 基本波電圧に対する電流の計算

基本波に対するインピーダンスを $Z_1$ とすると，

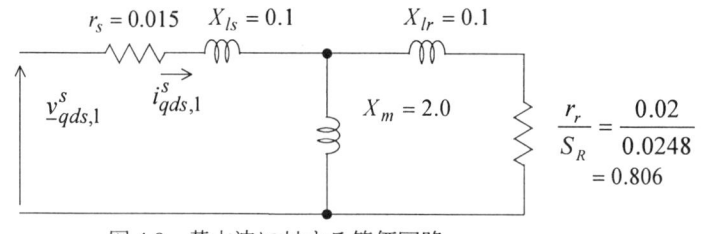

図 4.9　基本波に対する等価回路

問題 4.8　電圧形インバータ駆動誘導機の高調波解析　　　　　　　　　　　　　145

$$Z_1 = r_s + jX_{ls} + \frac{jX_m\left(\frac{r_r}{S_R} + jX_{lr}\right)}{\frac{r_r}{S_R} + jX_{lr} + jX_m} = 0.015 + j0.1 + \frac{j2.0(0.806 + j0.1)}{0.806 + j2.1}$$

$$= 0.789\angle 34°$$

よって，基本波電流 $\underline{i}^s_{qds,1}$ は次式となる．

$$\underline{i}^s_{qds,1} = \frac{\underline{v}^s_{qds,1}}{Z_1} = \frac{1.0}{0.789\angle 34°} = 1.27\angle -34° = 1.053 - j0.7105$$

$\underline{i}^s_{qds,1} = 1.27\angle -34°$ pu,　　$i^s_{qs,1} = 1.05$ pu,　　$i^s_{ds,1} = 0.711$ pu

(1.2)　第 5 次高調波に対する電流の計算

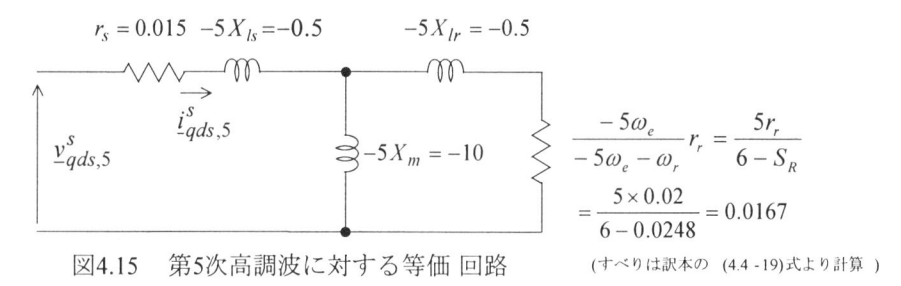

図4.15　第5次高調波に対する等価回路　　　(すべりは訳本の (4.4 -19)式より計算 )

第 5 次高調波に対するインピーダンスを $Z_5$ とすると，角周波数は $-5\omega$ であるから，

$$Z_5 = r_s - j5X_{ls} + \frac{-j5X_m\left(\frac{5r_r}{6-S_R} - j5X_{lr}\right)}{\frac{5r_r}{6-S_R} - j5X_{lr} - j5X_m} = 0.015 - j0.5 + \frac{-j10(0.0167 - j0.5)}{0.0167 - j10.5}$$

$$= -0.015 - j0.5 + \frac{-5 - j0.167}{0.0167\ \ j10.5} = 0.977\angle -88.2°$$

よって，第 5 次高調波電流 $\underline{i}^s_{qds,5}$ は，

$$\underline{i}^s_{qds,5} = \frac{\underline{v}^s_{qds,5}}{Z_5} = \frac{\frac{1}{5}}{0.977\angle -88.2°} = 0.205\angle 88° = 0.007 + j0.205$$

$\underline{i}^s_{qds,5} = 0.205\angle 88°$ pu,　　$\underline{i}^s_{qs,5} = 0.007$ pu,　　$\underline{i}^s_{ds,5} = 0.205$ pu

(Figure 4.15 circuit labels: $r_s = 0.015$　$-5X_{ls} = -0.5$　$-5X_{lr} = -0.5$　$-5X_m = -10$　$\frac{-5\omega_e}{-5\omega_e - \omega_r}r_r = \frac{5r_r}{6-S_R} = \frac{5\times 0.02}{6-0.0248} = 0.0167$)

2. $i_i$ の直流成分 $i_{i,dc}$, および第 6 次高調波成分 $i_{i,6}$ の計算

式(4-112)を 23 次高調波まで拡張し，図 4.15 から各高調波電流を求めると次式となる．

$$i_{qs}^s = 1.27\cos(\omega_e t - 34°) + 0.205\cos(5\omega_e t - 88°) + 0.105\cos(7\omega_e t + 91.5°)$$
$$+ 0.0423\cos(11\omega_e t + 90.84°) + 0.0303\cos(13\omega_e t - 89.22°)$$
$$+ 0.0177\cos(17\omega_e t - 89.44°) + 0.0142\cos(19\omega_e t + 90.53°)$$
$$+ 0.0097\cos(23\omega_e t + 90.41°) \tag{4-113}$$

$$i_{ds}^s = -1.27\sin(\omega_e t - 34°) + 0.205\sin(5\omega_e t - 88°) - 0.105\sin(7\omega_e t + 91.5°)$$
$$+ 0.0423\sin(11\omega_e t + 90.84°) - 0.0303\sin(13\omega_e t - 89.22°)$$
$$+ 0.0177\sin(17\omega_e t - 89.44°) - 0.0142\sin(19\omega_e t + 90.53°)$$
$$+ 0.0097\sin(23\omega_e t + 90.41°) \tag{4-114}$$

(2.1) $i_{i,dc}$, $i_{i,6}$ の計算

訳本の図 3.1 より $\dfrac{\pi}{6} < \omega_e t < \dfrac{\pi}{2}$ における $i_i$ は次式で得られる．

$$i_i = \frac{1}{2}i_{qs}^s - \frac{\sqrt{3}}{2}i_{ds}^s \tag{4-115}$$

式(4-115)に式(4-113)，(4-114)を代入し，$\dfrac{\pi}{6} \sim \dfrac{\pi}{2}$ 区間の平均値を求めることにより $i_{i,dc}$ が得られる．

$$i_{i,dc} = \frac{3}{\pi}\int_{\frac{\pi}{6}}^{\frac{\pi}{2}} i_i \, d(\omega_e t) = \frac{3}{\pi}\int_{\frac{\pi}{6}}^{\frac{\pi}{2}}\left(\frac{1}{2}i_{qs}^s - \frac{\sqrt{3}}{2}i_{ds}^s\right)d(\omega_e t)$$
$$= \underline{1.005 \text{ pu}} \tag{4-116}$$

また式(4-115)の第 6 次高調波成分 $i_{i,6}$ は次式により得られる．

$$i_{i,6} = \frac{6}{\pi}\int_{\frac{\pi}{6}}^{\frac{\pi}{2}} i_i \cdot \sin 6\omega_e t \, d(\omega_e t)$$
$$= \frac{6}{\pi}\int_{\frac{\pi}{6}}^{\frac{\pi}{2}}\left(\frac{1}{2}i_{qs}^s - \frac{\sqrt{3}}{2}i_{ds}^s\right)\sin 6\omega_e t \, d(\omega_e t)$$
$$= \underline{0.343 \text{ pu}} \tag{4-117}$$

問題 4.9 回転子速度に対する固有値の軌跡(静止座標)

5馬力(3.73kW), 4極誘導電動機のパラメータの値は,

固定子抵抗 $r_s= 0.44\,\Omega$, 　固定子自己インダクタンス $L_s$=69mH
回転子抵抗 $r_r= 0.708\,\Omega$, 　回転子自己インダクタンス $L_r$=69mH
励磁インダクタンス $L_m$=66.8mH

である．この誘導電動機の一定速度における固有値 $\underline{\lambda}_1, \underline{\lambda}_2$ を，静止座標において回転子速度を 0～1800rpm まで変化させた場合について計算し，グラフに描きなさい．

## 解答

角速度 $\omega$ の任意の回転座標における空間ベクトルを用いたかご形誘導電動機の式は次式となる．

$$\underline{v}_{qds} = [r_s + L_s(p+j\omega)]\underline{i}_{qds} + L_m(p+j\omega)\underline{i}_{qdr} \tag{4-118}$$

$$0 = L_m(p+j(\omega-\omega_r))\underline{i}_{qds} + [r_r + L_r(p+j(\omega-\omega_r))]\underline{i}_{qdr} \tag{4-119}$$

式(4-118), (4-119)において固有値を求めるのであるから $\underline{v}_{qds}=0$, $p=\underline{\lambda}$ とおき，さらに $\underline{i}_{qds} \neq 0$, $\underline{i}_{qdr} \neq 0$ の関係より次式を得る．

$$[r_s+L_s(\underline{\lambda}+j\omega)][r_r+L_r(\underline{\lambda}+j(\omega-\omega_r))] - L_m(\underline{\lambda}+j\omega)L_m(\underline{\lambda}+j(\omega-\omega_r))=0 \tag{4-120}$$

式(4-120)から複素数の係数を持つ $\underline{\lambda}$ に関する二次方程式(4.92)が得られる．

$$\sigma L_s L_r \underline{\lambda}^2 + [r_s L_r + r_r L_s + j\sigma L_s L_r(2\omega-\omega_r)]\underline{\lambda} \\ + r_s r_r - \sigma L_s L_r \omega(\omega-\omega_r) + j[r_s L_r(\omega-\omega_r) + r_r L_s \omega] = 0 \tag{4-121}$$

ここで漏れ係数 $\sigma$ は，

$$\sigma = 1 - \frac{L_m^2}{L_s L_r} = 1 - \frac{(0.0668)^2}{(0.069)^2} = 0.0627 \tag{4-122}$$

である．この二次方程式の二つの複素根 $\underline{\lambda}_1$, $\underline{\lambda}_2$ を根の公式より求めると，

$$\underline{\lambda}_1, \underline{\lambda}_2 = -\frac{1}{2\sigma\tau_r}(1+\alpha) + j\left(\frac{\omega_r}{2} - \omega\right) \\ \pm \frac{1}{2\sigma\tau_r}\sqrt{(1+\alpha)^2 - 4\sigma\alpha - (\omega_r \alpha \tau_r)^2 + j2(\alpha-1)\omega_r \alpha \tau_r} \tag{4-123}$$

が得られる. ここで,

$$\tau_r = \frac{L_r}{r_r} = \frac{0.069}{0.708} = 0.0975 \text{ s} \quad , \quad \tau_s = \frac{L_s}{r_s} = \frac{0.069}{0.44} = 0.157 \text{ s},$$

$$\alpha = \frac{\tau_r}{\tau_s} = \frac{r_s L_r}{r_r L_s} = \frac{0.44 \times 0.069}{0.708 \times 0.069} = 0.621 \tag{4-124}$$

式(4-123)の $\sqrt{\phantom{A}}$ 内を $A + jB$ で表すと,

$$\sqrt{A + jB} = \left\{ \left(A^2 + B^2\right)^{\frac{1}{2}} e^{j\theta} \right\}^{\frac{1}{2}} = \left(A^2 + B^2\right)^{\frac{1}{4}} e^{j\frac{\theta}{2}} \tag{4-125}$$

ここで, 
$$\left.\begin{array}{l} A = (1+\alpha)^2 - 4\sigma\alpha - (\omega_r \sigma \tau_r)^2 \\ B = 2(\alpha - 1)\omega_r \sigma \tau_r \\ \theta = \tan^{-1} \dfrac{B}{A} \end{array}\right\} \tag{4-126}$$

よって, 式(4-123), (4-124)より $\lambda_1$, $\lambda_2$ は次式で得られる.

$$\lambda_1 = -\frac{1}{2\sigma\tau_r}(1+\alpha) + j\left(\frac{\omega_r}{2} - \omega\right) + \frac{1}{2\sigma\tau_r}\left\{\left(A^2 + B^2\right)^{\frac{1}{4}}\cos\frac{\theta}{2} + j\left(A^2 + B^2\right)^{\frac{1}{4}}\sin\frac{\theta}{2}\right\} \tag{4-127}$$

$$\lambda_2 = -\frac{1}{2\sigma\tau_r}(1+\alpha) + j\left(\frac{\omega_r}{2} - \omega\right) - \frac{1}{2\sigma\tau_r}\left\{\left(A^2 + B^2\right)^{\frac{1}{4}}\cos\frac{\theta}{2} + j\left(A^2 + B^2\right)^{\frac{1}{4}}\sin\frac{\theta}{2}\right\} \tag{4-128}$$

回転子速度が $n_r$ [rpm]のときの $\omega_r$ は次式で得られる.

$$\omega_r = 2\pi \times \frac{n_r}{60} \times \frac{P}{2} \tag{4-129}$$

次に各座標での計算を行う.

　静止座標の場合 $\omega = 0$ とし, 回転子速度 $n_r$ に対して式(4-125)～(4-129)を計算すると表4.1が得られ, グラフは図4.11となる.

問題 4.9　回転子速度に対する固有値の軌跡(静止座標)　　　　　　　　　　　　149

表 4.1　回転子速度に対する固有値(静止座標)

| 回転子速度 $n_r$[rpm] | 回転子角速度 $\omega_r$[rad/s] | 固定子に依存する極 $\underline{\lambda}_1$ | | 回転子に依存する極 $\underline{\lambda}_2$ | |
|---|---|---|---|---|---|
| | | Re($\underline{\lambda}_1$)[s$^{-1}$] | Im($\underline{\lambda}_1$)[rad/s] | Re($\underline{\lambda}_2$)[s$^{-1}$] | Im($\underline{\lambda}_2$)[rad/s] |
| 1800 | 376.991 | -91.970 | 44.804 | -173.166 | 332.187 |
| 1620 | 339.292 | -88.495 | 50.521 | -176.641 | 288.771 |
| 1440 | 301.593 | -82.600 | 57.475 | -182.576 | 244.118 |
| 1260 | 263.894 | -72.005 | 64.521 | -193.131 | 199.373 |
| 1080 | 226.195 | -56.156 | 67.291 | -208.980 | 158.904 |
| 900 | 188.496 | -39.647 | 62.858 | -225.489 | 125.638 |
| 720 | 150.796 | -26.138 | 53.474 | -238.998 | 97.323 |
| 540 | 113.097 | -16.122 | 41.520 | -249.014 | 71.578 |
| 360 | 75.398 | -9.280 | 28.236 | -255.856 | 47.162 |
| 180 | 37.699 | -5.300 | 14.266 | -259.836 | 23.433 |
| 0 | 0 | -3.993 | 0 | -261.143 | 0 |

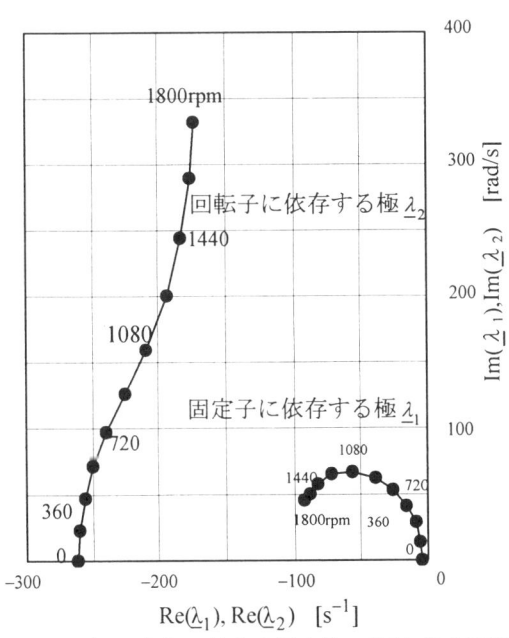

図 4.11　回転子速度に対する固有値の軌跡(静止座標)

**問題 4.10 回転子速度に対する固有値の軌跡(同期座標)**

5馬力(3.73kW), 4極誘導電動機のパラメータの値は,

固定子抵抗 $r_s$= 0.44Ω, 固定子自己インダクタンス $L_s$= 69mH
回転子抵抗 $r_r$= 0.708Ω, 回転子自己インダクタンス $L_r$=69mH
励磁インダクタンス $L_m$=66.8mH

である.この誘導電動機の一定速度における固有値 $\underline{\lambda}_1, \underline{\lambda}_2$ を,同期座標において回転子速度を 0〜1800rpm まで変化させた場合について計算し,グラフに描きなさい.

**解答**

静止座標の場合 $\omega = \omega_e = 2\pi \times 60$ [rad/s]とし,回転子速度 $n_r$ に対して式(4-125)〜(4-129)を計算することにより表4.2が得られ,グラフは図4.12となる.

表 4.2 回転子速度に対する固有値(同期座標)

| 回転子速度 $n_r$[rpm] | 回転子角速度 $\omega_r$[rad/s] | 固定子に依存する極 $\underline{\lambda}_1$ | | 回転子に依存する極 $\underline{\lambda}_2$ | |
|---|---|---|---|---|---|
| | | Re($\underline{\lambda}_1$)[s$^{-1}$] | Im($\underline{\lambda}_1$)[rad/s] | Re($\underline{\lambda}_2$)[s$^{-1}$] | Im($\underline{\lambda}_2$)[rad/s] |
| 1800 | 376.991 | -91.970 | -332.187 | -173.166 | -44.804 |
| 1620 | 339.292 | -88.495 | -326.472 | -176.641 | -88.221 |
| 1440 | 301.593 | -82.600 | -319.516 | -182.576 | -132.873 |
| 1260 | 263.894 | -72.005 | -312.47 | -193.131 | -177.618 |
| 1080 | 226.195 | -56.156 | -309.7 | -208.980 | -218.088 |
| 900 | 188.496 | -39.647 | -314.133 | -225.489 | -251.353 |
| 720 | 150.796 | -26.138 | -323.517 | -238.998 | -279.668 |
| 540 | 113.097 | -16.122 | -335.471 | -249.014 | -305.413 |
| 360 | 75.398 | -9.280 | -348.755 | -255.856 | -329.829 |
| 180 | 37.699 | -5.300 | -362.725 | -259.836 | -353.558 |
| 0 | 0 | -3.993 | -376.991 | -261.143 | -376.991 |

問題 4.10　回転子速度に対する固有値の軌跡(同期座標)

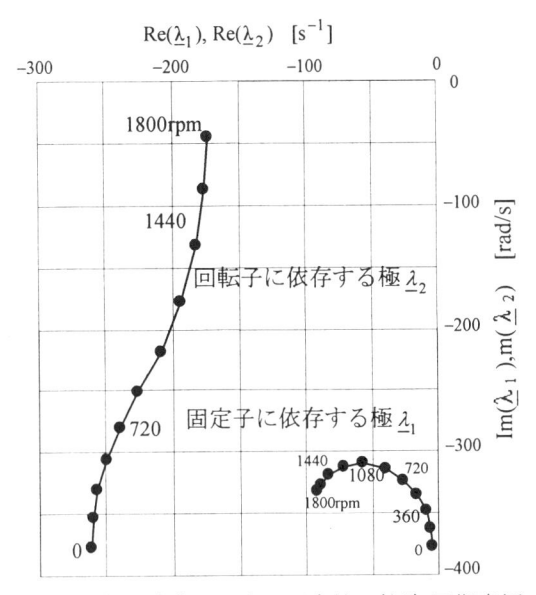

図 4.12　回転子速度に対する固有値の軌跡(同期座標)

問題 4.11 回転子速度に対する固有値の軌跡(回転子座標)

5馬力(3.73kW)，4極誘導電動機のパラメータの値は，

固定子抵抗 $r_s = 0.44\,\Omega$，　固定子自己インダクタンス $L_s = 69$mH
回転子抵抗 $r_r = 0.708\,\Omega$，　回転子自己インダクタンス $L_r = 69$mH
励磁インダクタンス $L_m = 66.8$mH

である．この誘導電動機の一定速度における固有値 $\underline{\lambda}_1, \underline{\lambda}_2$ を，回転子座標において回転子速度を0〜1800rpm まで変化させた場合について計算し，グラフに描きなさい．

**解答**

回転子座標の場合 $\omega = \omega_r$ とし，回転子速度 $n_r$ に対して式(4-125)〜(4-129)を計算することにより表 4.3 が得られ，グラフは図 4.13 となる．

表 4.3　回転子速度に対する固有値(回転子座標)

| 回転子速度 $n_r$[rpm] | 回転子角速度 $\omega_r$[rad/s] | 固定子に依存する極 $\underline{\lambda}_1$ | | 回転子に依存する極 $\underline{\lambda}_2$ | |
|---|---|---|---|---|---|
| | | Re($\underline{\lambda}_1$)[s$^{-1}$] | Im($\underline{\lambda}_1$)[rad/s] | Re($\underline{\lambda}_2$)[s$^{-1}$] | Im($\underline{\lambda}_2$)[rad/s] |
| 1800 | 376.991 | -91.970 | -332.187 | -173.166 | -44.804 |
| 1620 | 339.292 | -88.495 | -288.771 | -176.641 | -50.521 |
| 1440 | 301.593 | -82.560 | -244.118 | -182.576 | -57.475 |
| 1260 | 263.894 | -72.005 | -199.373 | -193.131 | -64.521 |
| 1080 | 226.195 | -56.156 | -158.904 | -208.980 | -67.291 |
| 900 | 188.496 | -39.647 | -125.638 | -225.489 | -62.858 |
| 720 | 150.796 | -26.138 | -97.323 | -238.998 | -53.474 |
| 540 | 113.097 | -16.122 | -71.578 | -249.014 | -41.520 |
| 360 | 75.398 | -9.280 | -47.162 | -255.856 | -28.236 |
| 180 | 37.699 | -5.300 | -23.433 | -259.836 | -14.266 |
| 0 | 0 | -3.993 | 0 | -261.143 | 0 |

問題 4.11　回転子速度に対する固有値の軌跡(回転子座標)

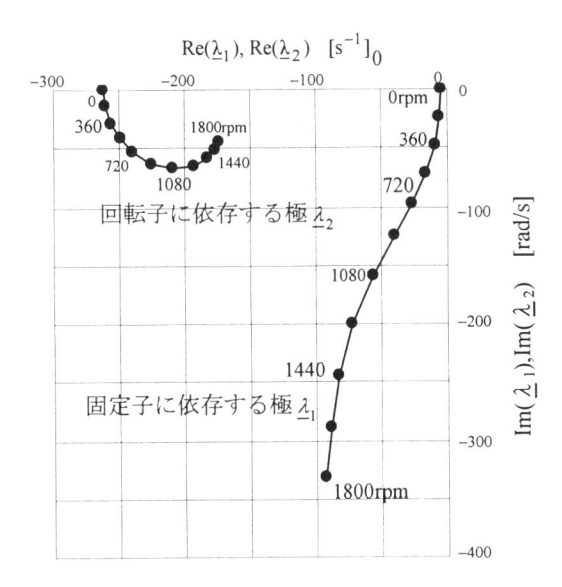

図 4.13　回転子速度に対する固有値の軌跡(回転子座標)

## 問題 4.12 回転子速度に対する $\underline{\lambda}_1$, $\underline{\lambda}_2$ の実部とそれらの和

5馬力(3.73kW),4極誘導電動機のパラメータの値は,

固定子抵抗 $r_s = 0.44\,\Omega$,　固定子自己インダクタンス $L_s = 69\text{mH}$
回転子抵抗 $r_r = 0.708\,\Omega$,　回転子自己インダクタンス $L_r = 69\text{mH}$
励磁インダクタンス $L_m = 66.8\text{mH}$

である.この誘導電動機の回転子座標において,回転子速度を0〜1800rpmまで変化させた場合の $\text{Re}(\underline{\lambda}_1)$, $\text{Re}(\underline{\lambda}_2)$ および $\text{Re}(\underline{\lambda}_1)+\text{Re}(\underline{\lambda}_2)$ のグラフを描け.

### 解答

回転子座標において,回転子速度 $n_r$ に対する $\text{Re}(\underline{\lambda}_1)$, $\text{Re}(\underline{\lambda}_2)$ および $\text{Re}(\underline{\lambda}_1)+\text{Re}(\underline{\lambda}_2)$ の値は表4.4となり,グラフは図4.14となる.

表 4.4　回転子速度に対する $\text{Re}(\underline{\lambda}_1)$, $\text{Re}(\underline{\lambda}_2)$, $\text{Re}(\underline{\lambda}_1)+\text{Re}(\underline{\lambda}_2)$

| 回転子速度 $n_r\,[\text{rpm}]$ | 回転子角速度 $\omega_r\,[\text{rad/s}]$ | $\text{Re}(\underline{\lambda}_1)[\text{s}^{-1}]$ | $\text{Re}(\underline{\lambda}_2)[\text{s}^{-1}]$ | $\text{Re}(\underline{\lambda}_1)+\text{Re}(\underline{\lambda}_2)[\text{s}^{-1}]$ |
|---|---|---|---|---|
| 1800 | 376.991 | -91.970 | -173.166 | -265.136 |
| 1620 | 339.292 | -88.495 | -176.641 | -265.136 |
| 1440 | 301.593 | -82.560 | -182.576 | -265.136 |
| 1260 | 263.894 | -72.005 | -193.131 | -265.136 |
| 1080 | 226.195 | -56.156 | -208.980 | -265.136 |
| 900 | 188.496 | -39.647 | -225.489 | -265.136 |
| 720 | 150.796 | -26.138 | -238.998 | -265.136 |
| 540 | 113.097 | -16.122 | -249.014 | -265.136 |
| 360 | 75.398 | -9.280 | -255.856 | -265.136 |
| 180 | 37.699 | -5.300 | -259.836 | -265.136 |
| 0 | 0 | -3.993 | -261.143 | -265.136 |

問題 4.12　回転子速度に対する $\lambda_1$, $\lambda_2$ の実部とそれらの和

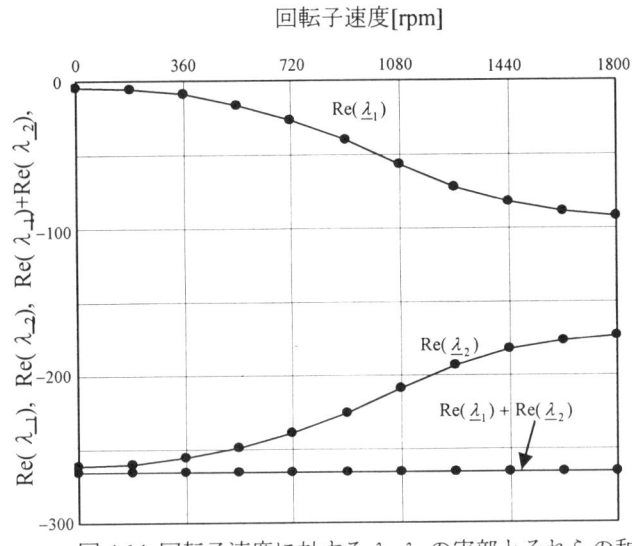

図 4.14　回転子速度に対する $\underline{\lambda}_1$, $\underline{\lambda}_2$ の実部とそれらの和

> **問題 4.13 回転子に対する $\lambda_1$, $\lambda_2$ の虚部とそれらの和**
>
> 5馬力(3.73kW), 4極誘導電動機のパラメータの値は,
>
> > 固定子抵抗 $r_s$= 0.44Ω, 固定子自己インダクタンス $L_s$= 69mH
> > 回転子抵抗 $r_r$= 0.708Ω, 回転子自己インダクタンス $L_r$=69mH
> > 励磁インダクタンス $L_m$=66.8mH
>
> である.この誘導電動機の回転子座標において,回転子速度を0〜1800rpmまで変化させた場合の $\text{Im}(\underline{\lambda}_1)$, $\text{Im}(\underline{\lambda}_2)$ および $\text{Im}(\underline{\lambda}_1)+\text{Im}(\underline{\lambda}_2)$ のグラフを描け.

**解答**

回転子座標において, 回転子速度 $n_r$ に対する $\text{Im}(\underline{\lambda}_1)$, $\text{Im}(\underline{\lambda}_2)$ および $\text{Im}(\underline{\lambda}_1)+\text{Im}(\underline{\lambda}_2)$ の値は表4.5となり, グラフは図4.14となる.

表4.5 回転子速度に対する $\text{Im}(\underline{\lambda}_1)$, $\text{Im}(\underline{\lambda}_2)$ $\text{Im}(\underline{\lambda}_1)+\text{Im}(\underline{\lambda}_2)$

| 回転子速度 $n_r$[rpm] | 回転子角速度 $\omega_r$[rad/s] | $\text{Im}(\underline{\lambda}_1)$[rad/s] | $\text{Im}(\underline{\lambda}_2)$[rad/s] | $\text{Im}(\underline{\lambda}_1)+\text{Im}(\underline{\lambda}_2)$[rad/s] |
|---|---|---|---|---|
| 1800 | 376.991 | -332.187 | -44.804 | -376.991 |
| 1620 | 339.292 | -288.771 | -50.521 | -339.292 |
| 1440 | 301.593 | -244.118 | -57.475 | -301.593 |
| 1260 | 263.894 | -199.373 | -64.521 | -263.894 |
| 1080 | 226.195 | -158.904 | -67.291 | -226.195 |
| 900 | 188.496 | -125.638 | -62.858 | -188.496 |
| 720 | 150.796 | -97.323 | -53.474 | -150.797 |
| 540 | 113.097 | -71.578 | -41.520 | -113.098 |
| 360 | 75.398 | -47.162 | -28.236 | -75.398 |
| 180 | 37.699 | -23.433 | -14.266 | -37.699 |
| 0 | 0 | 0 | 0 | 0 |

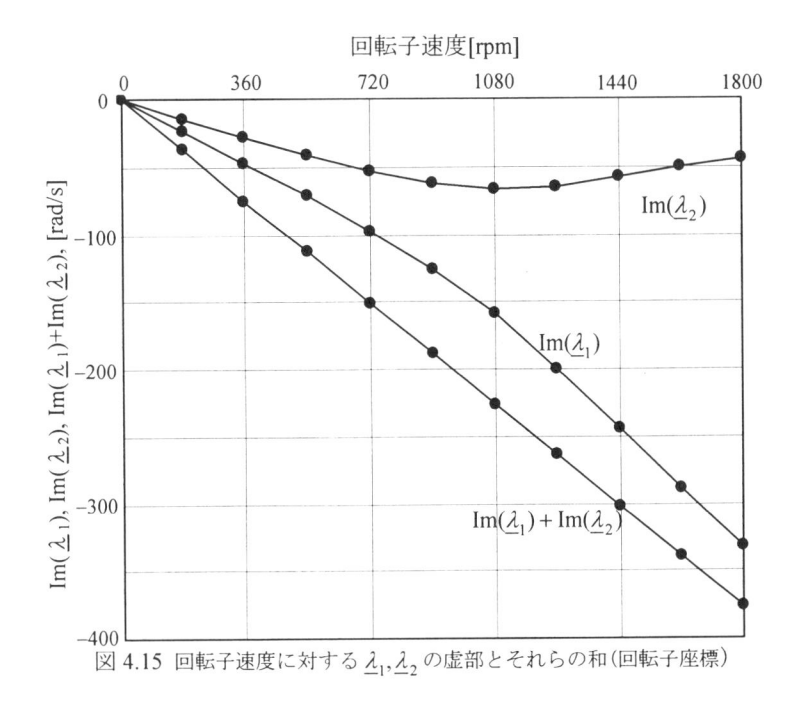

問題 4.13 回転子速度に対する $\underline{\lambda}_1$, $\underline{\lambda}_2$ の虚部とそれらの和

図 4.15 回転子速度に対する $\underline{\lambda}_1$, $\underline{\lambda}_2$ の虚部とそれらの和（回転子座標）

## 5. ベクトル制御とフィールドオリエンテーションの原理

誘導機ではベクトル制御とフィールドオリエンテーションは同じ意味で用いる．同期機では電機子起磁力と界磁起磁力の間の角度が 90°のときのベクトル制御にフィールドオリエンテーションの語を，90°以外のベクトル制御に角度制御の語を，それぞれ用いる．

誘導機の間接形ベクトル制御の例を図 5.1 に，また同期機のベクトル制御の例を図 5.2 に示す．

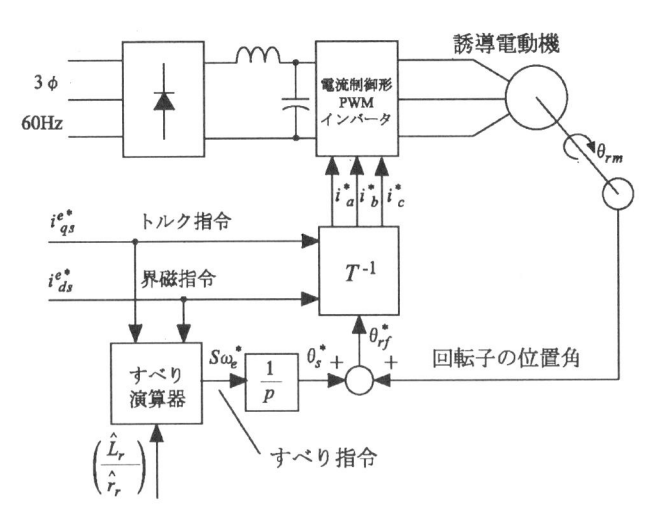

図 5.1 電流制御形 PWM インバータを用いた間接形フィールドオリエンテーション

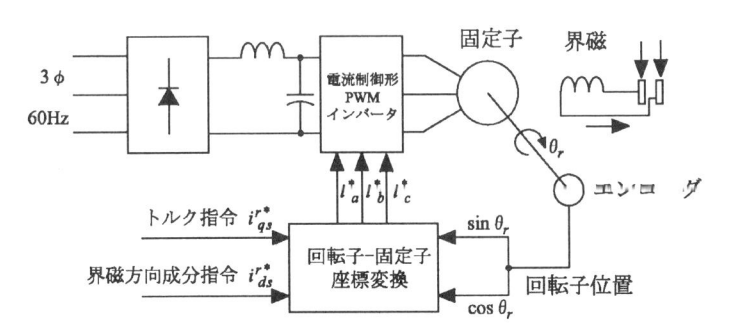

図 5.2 電流制御形 PWM インバータを用いたトルク制御（フィールドオリエンテーションでは $i_{ds}^{r*} = 0$ （$r^* = 0$））

## 問題 5.1 誘導機の定出力運転 [訳本の問題 5-1]

単位法で下記のパラメータ
$r_s = 0.02$　　$X_{ls} = 0.08$　　$X_m = 2.2$
$r_r = 0.02$　　$X_{lr} = 0.14$

を有する 60Hz 誘導電動機に関して，
a) 周波数，電圧およびトルクが基準値(1.0pu)の場合の入力電流を計算せよ．
b) $V_s$ が 1.0pu，$I_s$ が a)で計算した値であるときの $\omega_e = 1.5$pu と $\omega_e = 2.0$pu におけるトルクを求めよ．
c) この電動機の定出力領域における上限周波数の近似値を求めよ．

### 解答
a) 入力電流
　時間ベクトルでの等価回路を図 5.3 に示す．

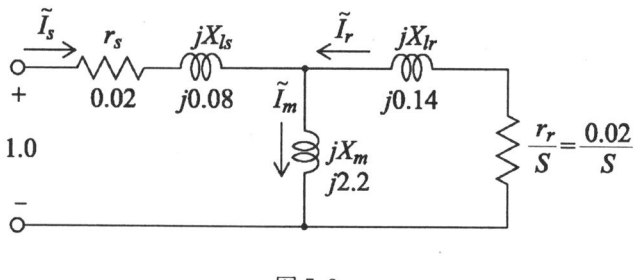

図 5.3

一次電流 $\tilde{I}_s$ は $X_m$ と二次側を等価な直列回路におくことにより，次式で計算される．

$$I_s = \frac{V}{\sqrt{(r_s + r_{re})^2 + (X_{ls} + X_{re})^2}}, \quad P_2 = r_{re} I_s^2$$

ただし，

$$r_{re} = \frac{X_m^2 \left(\dfrac{r_r}{S}\right)}{\left(\dfrac{r_r}{S}\right)^2 + (X_{lr} + X_m)^2}, \quad X_{re} = \frac{X_m \left\{\left(\dfrac{r_r}{S}\right)^2 + X_{lr}(X_{lr} + X_m)\right\}}{\left(\dfrac{r_r}{S}\right)^2 + (X_{lr} + X_m)^2}$$

問題 5.1 誘導機の定出力運転

$$r_{re} = \frac{2.2^2\left(\dfrac{0.02}{S}\right)}{\left(\dfrac{0.02}{S}\right)^2+(0.14+2.2)^2} = \frac{\dfrac{0.0968}{S}}{\dfrac{0.0004}{S^2}+5.476}$$

$$X_{re} = \frac{2.2\left\{\left(\dfrac{0.02}{S}\right)^2+0.14(0.14+2.2)\right\}}{\left(\dfrac{0.02}{S}\right)^2+(0.14+2.2)^2} = \frac{\dfrac{0.00088}{S^2}+0.721}{\dfrac{0.0004}{S^2}+5.476}$$

二次入力 $P_2$ は,

$$P_2 = I_s^2 r_{re}$$

$$= \frac{\dfrac{0.0968}{S}}{\dfrac{0.0004}{S^2}+5.476}$$

$$\times \frac{1}{\left(0.02+\dfrac{\dfrac{0.0968}{S}}{\dfrac{0.0004}{S^2}+5.476}\right)^2+\left(0.08+\dfrac{\dfrac{0.00088}{S^2}+0.721}{\dfrac{0.0004}{S^2}+5.476}\right)^2} \quad (5-1)$$

$P_2=1$ となる $S$ を求めれば下の ╎⁀⁀⁀╎ の中の式より $T[\text{pu}]=1$ が成立する.

╎⁀⁀⁀⁀⁀⁀⁀⁀⁀⁀⁀⁀⁀⁀⁀⁀⁀⁀⁀⁀⁀⁀⁀⁀⁀⁀⁀⁀⁀╎
╎ 定格トルクの p.u.表示
╎ $T = \dfrac{P_0}{\omega_2} = \dfrac{(1-S)P_2}{(1-S)\omega_1} = \dfrac{P_2}{\omega_1}[\text{N}\cdot\text{m}]$
╎ $T[pu] = \dfrac{(1-S)P_2}{(1-S)\omega_1} = 1$
╎⁀⁀⁀⁀⁀⁀⁀⁀⁀⁀⁀⁀⁀⁀⁀⁀⁀⁀⁀⁀⁀⁀⁀⁀⁀⁀⁀⁀⁀╎

式(5-1)で $P_2=1$ とおくと $S$ に関する四次方程式となる. これを解くと $S=0.0239$ となる. $\dfrac{r_r}{S} = \dfrac{0.02}{0.0239} = 0.837$

$$\tilde{I}_s = \frac{1.0}{0.02+j0.08+\dfrac{j2.2(0.837+j0.14)}{j2.2+0.837+j0.14}}$$

$$= 1.031 - j0.68$$

$\therefore I_s = \underline{1.235}[\text{pu}]$

また，機械的出力は次式となる．

$$\omega_r T_e = \omega_r \frac{P_2}{\omega_e} = (1 - 0.0239)\frac{1}{1} = 0.9761[pu]$$

＜参考＞機械的出力が1.0puの場合の入力電流

$(1-S)P_2 = 1$ の場合は式(5-1)より $S = 0.0246$ となる． $\therefore \dfrac{r_r}{S} = \dfrac{0.02}{0.0246} = 0.813$

$$\tilde{I}_s = \frac{1.0}{0.02 + j0.08 + \dfrac{j2.2(0.813 + j0.14)}{j2.2 + 0.813 + j0.14}}$$

$$= 1.056 - j0.694$$

$$\therefore I_s = 1.264[pu]$$

b-1)　$\omega_e = 1.5$ でのトルク

　　$\omega_e = 1.5$ での等価回路を図5.4に示す．

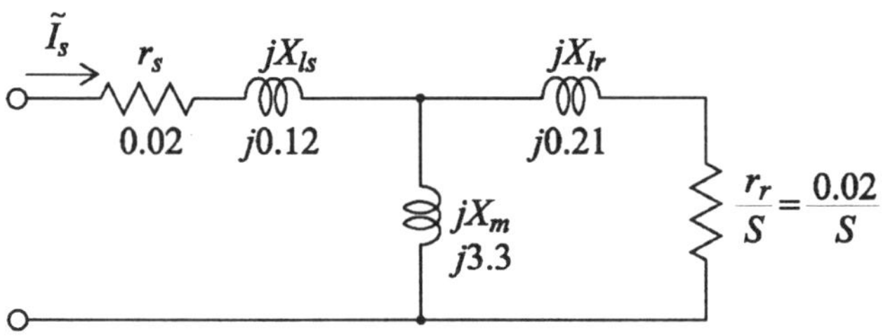

図5.4

$$\tilde{I}_s = \frac{1.0 + j0.0}{0.02 + j0.12 + \dfrac{j3.3\left(\dfrac{0.02}{S} + j0.21\right)}{j3.3 + \left(\dfrac{0.02}{S} + j0.21\right)}}$$

$$= \frac{\dfrac{0.02}{S} + j3.51}{-1.114 + \dfrac{0.0004}{S} + j\left(0.0702 + \dfrac{0.0684}{S}\right)} \qquad (5-2)$$

式(5-2)を $|\tilde{I}_S| = 1.235$ の条件で解くと $S = 0.0261$ を得る．

$$r_{re} = \frac{3.3^2 \dfrac{0.02}{0.0261}}{\left(\dfrac{0.02}{0.0261}\right)^2 + (0.21 + 3.3)^2} = 0.647$$

問題 5.1 誘導機の定出力運転

$$T_e = \frac{I_s^2 r_{re}}{1.5} = \frac{1.237^2 \times 0.647}{1.5} = 0.659 [\text{pu}]$$

また機械的出力は次式となる．
$$\omega_r T_e = \omega_e(1-S)T_e = 1.5(1-0.027) \times 0.657 = 0.962$$

b-2) $\omega_e = 2$ でのトルク

$\omega_e = 2$ での等価回路を図 5.5 に示す．

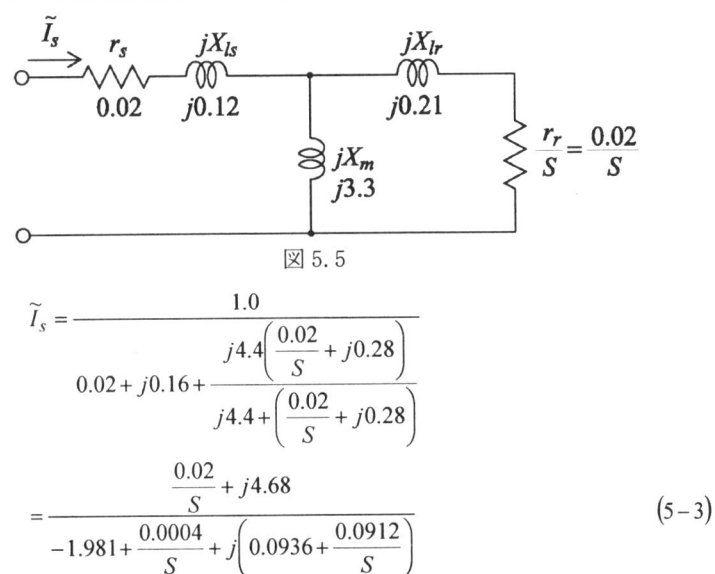

図 5.5

$$\tilde{I}_s = \cfrac{1.0}{0.02 + j0.16 + \cfrac{j4.4\left(\cfrac{0.02}{S} + j0.28\right)}{j4.4 + \left(\cfrac{0.02}{S} + j0.28\right)}}$$

$$= \cfrac{\cfrac{0.02}{S} + j4.68}{-1.981 + \cfrac{0.0004}{S} + j\left(0.0936 + \cfrac{0.0912}{S}\right)} \quad (5-3)$$

式(5-3)を $|\tilde{I}_S| = 1.235$ の条件で解くと $S = 0.0286$ を得る．

$$r_{re} = \frac{4.4^2 \cdot \frac{0.02}{0.0286}}{\left(\frac{0.02}{0.0286}\right)^2 + (0.28 + 4.4)^2} = \underline{0.605}$$

$$T_e = \frac{I_s^2 r_{re}}{2.0} = \frac{1.237^2 \times 0.605}{2} = 0.463 [\text{pu}]$$

また，機械的出力は次式となる．
$$2(1-S)T_e = 2 \times (1 - 0.0286) \times 0.463 = 0.900$$

c) 定出力領域における上限周波数

印加電圧 $V = 1$ の条件（電流 $I_S$ は任意）のもとで二次入力 $P_2$ が 1.0 を保たれる最大電流角周波数 $\omega$ を求める．

$$P_2 = I_S^2 r_{re} \quad (5-4) \qquad T_e = \frac{P_2}{\omega_e} = \frac{1}{\omega_e} I_S^2 r_{re} \quad (5-5) \qquad \omega_e T_e = 1 \quad (5-6)$$

二次入力は $V = 1$ とすると次式となる．

$$I_S^2 r_{re} = \left( \frac{1}{\sqrt{(r_s + r_{re})^2 + \omega_e^2 (X_{ls} + X_{re})^2}} \right)^2 r_{re} \tag{5-7}$$

式(5-7)で $r_s \ll r_{re}$ であるので，

$$I_S^2 r_{re} = \frac{1}{(r_{re})^2 + \omega_e (X_{ls} + X_{re})^2} r_{re} \tag{5-8}$$

式(5-8)が 1 であればよいので

$$r_{re} = (r_{re})^2 + \omega_e (X_{ls} + X_{re})^2 \tag{5-9}$$

式(5-9)を満足する $\omega$，$S$ の組み合わせの中から $\omega$ の最大値を求める．

$$r_{re} = \frac{\omega X_m^2 \left( \dfrac{r_r}{S} \right)}{\left( \dfrac{r_r}{S} \right)^2 + \omega^2 (X_{lr} + X_m)^2} = \frac{2.2^2 \omega^2 \dfrac{0.02}{S}}{\left( \dfrac{0.02}{S} \right)^2 + \omega^2 (0.14 + 2.2)^2}$$

$$= \frac{0.0964 \dfrac{\omega^2}{S}}{\dfrac{0.0004}{S^2} + 5.48\omega^2} \approx \frac{0.0964 \dfrac{\omega^2}{S}}{5.48\omega^2} = \frac{0.0176}{S}$$

$$X_{ls} + X_{re} = \omega X_{ls} + \frac{\omega X_m \left\{ \left( \dfrac{r_r}{S} \right)^2 + \omega^2 X_{lr} (X_{lr} + X_m) \right\}}{\left( \dfrac{r_r}{S} \right)^2 + \omega^2 (X_{lr} + X_m)^2}$$

$$= 0.08\omega + \frac{2.2\omega \left\{ \left( \dfrac{0.02}{S} \right)^2 + 0.14\omega^2 (0.14 + 2.2) \right\}}{\left( \dfrac{0.02}{S} \right)^2 + \omega^2 (0.14 + 2.2)^2}$$

$$= \frac{0.000032 \times 0.0964 \dfrac{\omega}{S^2} + 0.4384\omega^3 + 0.00088 \dfrac{\omega}{S^2} + 0.719\omega^3}{\dfrac{0.0004}{S^2} + 5.48\omega^2}$$

$$\approx \frac{0.000912 \dfrac{\omega}{S^2} + 1.157\omega^3}{5.48\omega^2} = 0.000157 \frac{1}{\omega S^2} + 0.211\omega$$

問題 5.1 誘導機の定出力運転

式(5-9)より,

$$\frac{0.0176}{S} = \left(\frac{0.0176}{S}\right)^2 + \left(0.000157\frac{1}{\omega S^2} + 0.211\omega\right)^2$$

$$= \frac{0.00031}{S^2} + 0.000000024\frac{1}{\omega^2 S^4} + 0.0000663\frac{1}{S^2} + 0.0445\omega^2$$

右辺の2項目（微小部分の2乗）を省略すると

$$\approx \frac{0.00038}{S^2} + 0.0445\omega^2$$

よって,

$$\frac{0.0176}{S} = \frac{0.00038}{S^2} + 0.0445\omega^2$$

整理すると,

$$\omega^2 = 0.395\frac{1}{S} - 0.00853\frac{1}{S^2} \tag{5-10}$$

$\omega$ の最大値を求める問題は右辺の最大値を求める問題となる．右辺が最大となる $S$ の値を求めると,

$$S = 0.0431$$

このときの $\omega^2$ は,

$$\omega^2 = \frac{0.395}{0.0431} - \frac{0.00853}{0.0431^2} = 4.66$$

$$\therefore \omega = \underline{2.16}[\text{pu}]$$

このときの電流 $I_S$ の近似値は,

$$I_S = \frac{1}{\sqrt{(r_s + r_{re})^2 + \omega^2(X_{ls} + X_{re})^2}} \approx \frac{1}{\sqrt{r_{re}}} = \frac{1}{\sqrt{\frac{0.0176}{S}}} = \sqrt{\frac{0.0431}{0.0176}} = 1.56$$

## 問題 5.2 トルク-すべり角周波数特性 [訳本の問題 5-2]

問題 5.1 の誘導電動機に関して
a) 以下の $S\omega_e$ の範囲において，定格電流で運転した場合のトルクーすべり角周波数曲線を調べ，プロットせよ．
$$0 < S\omega_e < 10\pi$$
b) 定格電圧，定格周波数運転に関して，トルク-すべり角周波数曲線を調べ，同じ曲線の上にプロットせよ．
c) $V/f$ を定格値に保ったままで，5Hz における b) を行え．

**解答**
a) 任意の $S\omega_e$ に対するトルク-すべり角周波数曲線
問題 5.1a) の等価回路を図 5.6 に示す．

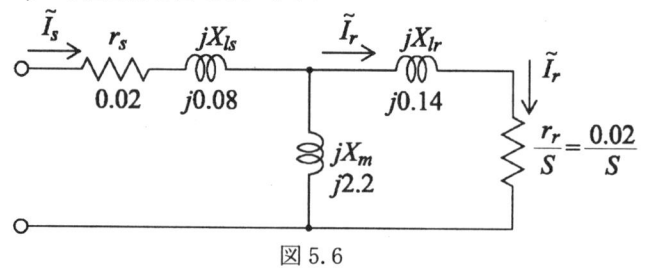

図 5.6

$S$, $\omega_e$ を任意の値とした場合，次式が成立する．定格電流 $I_S$ は問題 5.1a) で機械的出力が 1.0pu の場合の値 1.264 を使用する．

$$I_r = \frac{\omega_e X_m}{\sqrt{\left(\frac{r_r}{S}\right)^2 + (\omega_e X_m + \omega_e X_{lr})^2}} \times I_s = \frac{\omega_e X_m}{\sqrt{\left(\frac{r_r}{S}\right)^2 + (\omega_e X_m + \omega_e X_{lr})^2}} \times 1.264$$

$$T = \frac{I_r^2 \frac{r_r}{S}}{\omega_e} = \frac{r_r}{S\omega_e} \frac{(\omega_e X_m)^2}{\left(\frac{r_r}{S}\right)^2 + (\omega_e X_m + \omega_e X_{lr})^2} \times 1.264^2$$

$$= \frac{(S\omega_e) \times r_r X_m^2}{r_r^2 + (S\omega_e)^2 (X_m + X_{lr})^2} \times 1.598 = \frac{0.0968(S\omega_e)}{0.0004 + 5.47(S\omega_e)^2} \times 1.598 \quad (5-11)$$

$0 < S\omega_e < 10\pi$ は単位法では $0 < S\omega_e < \frac{1}{12}$ に相当するのでこの $S\omega_e$ に対する式 (5-11) の計算結果を図 5.9 の曲線 (a) に示す．

問題 5.2　トルクーすべり角周波数特性　　　　　　　　　　　　　　　　167

b) 定格電圧，定格周波数運転に関してのトルクーすべり角周波数曲線
定格電圧，定格周波数運転での等価回路を図 5.7 に示す．

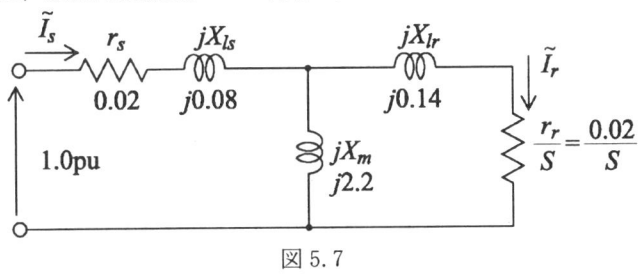

図 5.7

$$I_s = \frac{V_1}{\sqrt{(r_s + r_{re})^2 + (X_{ls} + X_{re})^2}}, \quad P_2 = r_{re}I_s^2, \quad T = \frac{P_2}{\omega_e}$$

ただし，

$$r_{re} = \frac{X_m^2 \frac{r_r}{S}}{\left(\frac{r_r}{S}\right)^2 + (X_{lr} + X_m)^2}, \quad X_{re} = \frac{X_m\left\{\left(\frac{r_r}{S}\right)^2 + X_{lr}(X_{lr} + X_m)\right\}}{\left(\frac{r_r}{S}\right)^2 + (X_{lr} + X_m)^2}$$

$$r_{re} = \frac{2.2^2\left(\frac{0.02}{S}\right)}{\left(\frac{0.02}{S}\right)^2 + (0.14 + 2.2)^2} = \frac{\frac{0.0968}{S}}{\frac{0.0004}{S^2} + 5.476}$$

$$X_{re} = \frac{2.2\left\{\left(\frac{0.02}{S}\right)^2 + 0.14(0.14 + 2.2)\right\}}{\left(\frac{0.02}{S}\right)^2 + (0.14 + 2.2)^2} = \frac{\frac{0.00088}{S^2} + 0.721}{\frac{0.0004}{S^2} + 5.476}$$

$$T_e = \frac{P_2}{\omega_e} = \frac{r_{re}I_s^2}{\omega_e}$$

$$= \frac{\frac{0.0968}{S}}{\frac{0.0004}{S^2} + 5.476} \times \frac{1}{\left(0.02 + \frac{\frac{0.0968}{S}}{\frac{0.0004}{S^2} + 5.476}\right)^2 + \left(0.08 + \frac{\frac{0.00088}{S^2} + 0.721}{\frac{0.0004}{S^2} + 5.476}\right)^2} \quad (5-12)$$

式(5-12)で $0 < S\omega_e < 0.09$ に対応する $T_e[pu]$ の値を図5.9の曲線(b)に示す.

c) $V/f$ を定格値に保ったままで,5Hz におけるトルク-すべり角周波数曲線
5Hz での等価回路を図5.8に示す.

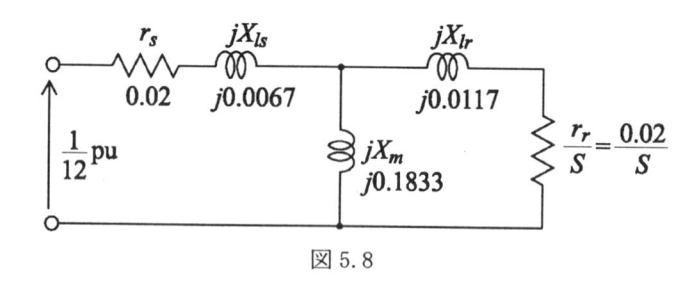

```
        rs      jXls            jXlr
    ──/\/\──────mmm──────┬──────mmm──────┐
        0.02   j0.0067   │      j0.0117  │
  ↑                      │               │
 1/12 pu               jXm           rr/S = 0.02/S
                       j0.1833            
    ────────────────────┴───────────────┘
```

図 5.8

b)の計算式において,$\omega_e = V = \dfrac{1}{12}$ 代入し,定数は図5.8を使用する.

$$r_{re} = \dfrac{0.1833^2\left(\dfrac{0.02}{S}\right)}{\left(\dfrac{0.02}{S}\right)^2 + (0.0177+0.1833)^2} = \dfrac{\dfrac{0.000672}{S}}{\dfrac{0.0004}{S} + 0.03803}$$

$$X_{re} = \dfrac{0.1833\left\{\left(\dfrac{0.02}{S}\right)^2 + 0.0117(0.0117+0.1833)\right\}}{\left(\dfrac{0.02}{S}\right)^2 + (0.0117+0.1833)^2} = \dfrac{\dfrac{0.0000733}{S^2} + 0.000418}{\dfrac{0.0004}{S^2} + 0.038025}$$

$$T = \dfrac{P_2}{\omega_e} = \dfrac{r_{re} I_s^2}{\omega_e}$$

$$= \dfrac{\dfrac{0.000672}{S}}{\left(\dfrac{0.0004}{S^2} + 0.03803\right)} \times \dfrac{\left(\dfrac{1}{12}\right)^2}{\left(0.02 + \dfrac{\dfrac{0.000672}{S}}{\dfrac{0.0004}{S^2} + 0.03803}\right)^2 + \left(0.00667 + \dfrac{\dfrac{0.0000733}{S^2} + 0.0004182}{\dfrac{0.0004}{S^2} + 0.03803}\right)^2}$$

$$\times \dfrac{1}{\dfrac{1}{12}} \tag{5-13}$$

(5-13)式で $0 < S\omega_e < 0.09$ に対応する $T_e[pu]$ の値を図5.9の曲線(c)に示す.

問題 5.2 トルク-すべり角周波数特性

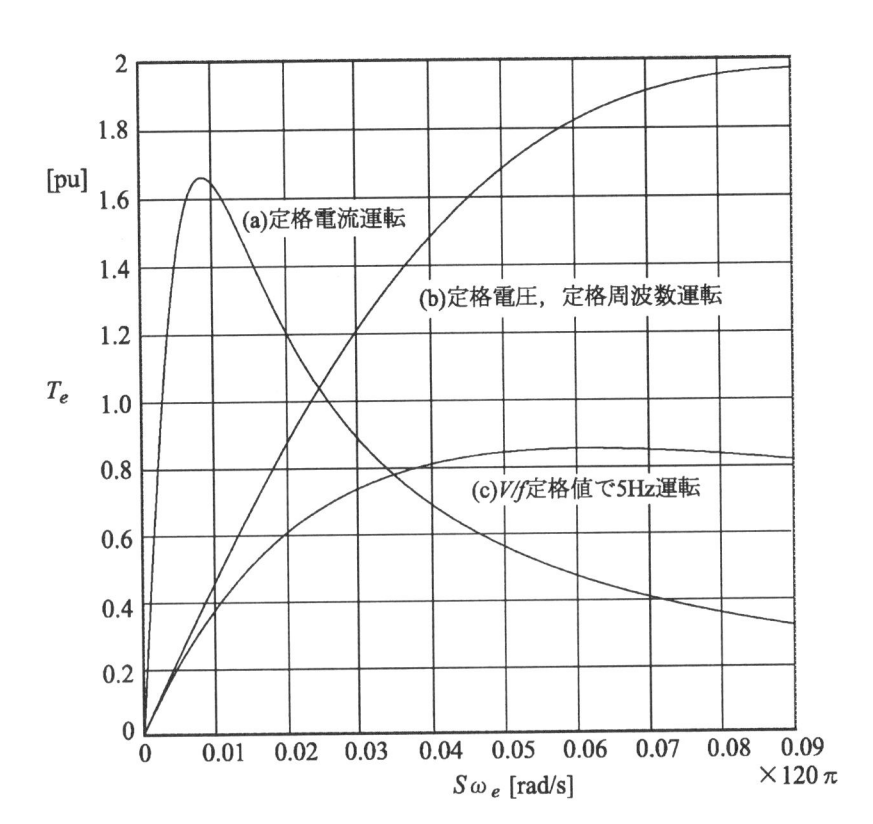

[pu]

$T_e$

(a)定格電流運転

(b)定格電圧, 定格周波数運転

(c)$V/f$ 定格値で5Hz運転

$S\omega_e$ [rad/s] ×120π

## 問題 5.3 同期機のフィールドオリエンテーション時の定常特性
[訳本の問題 5-3]

定格角周波数（$\omega_e = 1.0$pu）において以下のパラメータを有する小容量の永久磁石同期機がある.

$E = 0.8$pu　　　$X_s = 0.4$pu　　　$r_s = 0.05$pu

この同期機は，内部力率角 $\gamma$ が常に零に保たれるような回転子位置フィードバックを有する制御電流源により運転されている.

a) 固定子角周波数が $\omega_e = 1.0$ のとき，出力トルク 1.0, 0.5 および 0.0 を与える固定子電流と端子電圧を求めよ.
b) $\omega_e = 0.5$ に対して a) を計算せよ.
c) $\omega_e = 0.0$ に対して a) を計算せよ.

**解答**

同期機の等価回路とその時間ベクトル図 5.10 に示す.

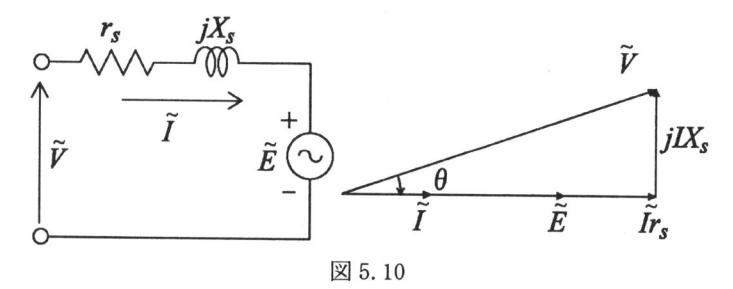

図 5.10

a) $\omega_e = 1.0$ で，トルク 1.0, 0.5 および 0.0 を与える電流と電圧

任意の $\omega_e$ でのトルクは次式で与えられる.

$$T_e = \frac{(E\omega_e)I\cos\gamma}{\omega_e}$$

$$\therefore I = \frac{T_e}{E\cos\gamma} \tag{5-14}$$

$T_e = 1$ のとき

$$I = \frac{1}{0.8 \times 1} = \underline{1.25} \text{ [pu]}$$

$T_e = 0.5$ のとき

$$I = \frac{0.5}{0.8 \times 1} = \underline{0.625} \text{ [pu]}$$

## 問題5.3 同期機のフィールドオリエンテーション時の定常特性

$T_e = 0$ のとき

$$I = \frac{0}{0.8 \times 1} = 0 \text{ [pu]}$$

また，端子電圧 $V$ に関しては，図5.10 より次式が成立する．

$$V = \{r_s + j(X_s \cdot \omega_e)\}I + E\omega_e = (0.05 + j0.4\omega_e)I + 0.8\omega_e$$
$$= 0.05I + 0.8\omega_e + j0.4\omega_e I$$

よって，

$$|V| = \sqrt{(0.05I + 0.8\omega_e)^2 + (0.4\omega_e I)^2} \qquad (5-15)$$

したがって，式(5-15)より，

$T_e = 1$ のとき

$$|V| = \sqrt{(0.05 \times 1.25 + 0.8)^2 + (0.4 \times 1.25)^2} = \underline{0.997} \text{[pu]}$$

$T_e = 0.5$ のとき

$$|V| = \sqrt{(0.05 \times 0.625 + 0.8)^2 + (0.4 \times 0.625)^2} = \underline{0.868} \text{ [pu]}$$

$T_e = 0.0$ のとき

$$|V| = \underline{0.8} \text{ [pu]}$$

b) $\omega_e = 0.5$ で，トルク 1.0, 0.5 および 0.0 を与える電流と電圧

$T_e = 1$ のとき

$$I = \frac{T_e}{E \cos \gamma}$$

$$I = 1.25 \text{[pu]}$$

$$|V| = \sqrt{(0.05I + 0.8 \times 0.5)^2 + (0.4 \times 0.5 \times I)^2} = \sqrt{(0.05I + 0.4)^2 + (0.2I)^2}$$
$$= \sqrt{(0.05 \times 1.25 + 0.4)^2 + (0.2 \times 1.25)^2} = \underline{0.526} \text{[pu]}$$

$T_e = 0.5$ のとき

$$I = 0.625 \text{ [pu]}$$

$$|V| = \sqrt{(0.05 \times 0.625 + 0.4)^2 + (0.2 \times 0.625)^2} = \underline{0.449} \text{[pu]}$$

$T_e = 0.0$ のとき

$$I = 0 \text{ [pu]}$$

$$|V| = \underline{0.4} \text{ [pu]}$$

c) $\omega_e = 0$ で，トルク 1.0, 0.5 および 0.0 を与える電流と電圧

$T_e = 1$ のとき

$$I = \underline{1.25}[\text{pu}]$$
$$|V| = 0.05I = 0.05 \times 1.25 = \underline{0.0625}[\text{pu}]$$

$T_e = 0.5$ のとき

$$I = \underline{0.625}[\text{pu}]$$
$$|V| = \underline{0.0313}[\text{pu}]$$

$T_e = 0$ のとき

$$I = \underline{0}\ [\text{pu}]$$
$$|V| = \underline{0}\ [\text{pu}]$$

問題5.4 誘導機のフィールドオリエンテーション時の定常特性

## 問題5.4　誘導機のフィールドオリエンテーション時の定常特性
[訳本の問題5-4]

定格周波数で下記のパラメータを持つ100馬力, 400V, 60Hz, 4極の誘導機が, フィールドオリエンテーション制御により運転されている.

$r_s = 0.015$ pu　　$X_{ls} = 0.10$ pu　　$X_m = 2.0$ pu
$r_r = 0.020$ pu　　$X_{lr} = 0.10$ pu

a) 端子電圧と周波数が定格値のとき, 定格トルクおよび定格速度（0.9752pu）となる $I_{sT}$, $I_{s\phi}$ および $S\omega_e$ を求めよ.

下記の各場合に関して, 各電流成分, すべり角周波数, 固定子角周波数および端子電圧を求めよ.
b) 50%定格トルク, 定格速度, 定格回転子磁束
c) 50%定格トルク, 定格速度, 50%定格回転子磁束
d) 零トルク, 定格速度, 定格回転子磁束
e) 定格トルク, 50%定格速度, 定格回転子磁束
f) 定格トルク, 零速度, 定格回転子磁束
g) 零トルク, 零速度, 定格回転子磁束

**解答**

a) 固定子電流 $\tilde{I}_s$ は図5.11より次式で求められる.

$$\tilde{I}_s = \frac{V}{(r_s + jX_{ls}) + \dfrac{jX_m\left(jX_{lr} + \dfrac{r_r}{S}\right)}{jX_m + \left(jX_{lr} + \dfrac{r_r}{S}\right)}}$$

$$= \frac{1.0}{(0.015 + j0.1) + \dfrac{j2.0(j0.1 + 0.806)}{j2.0 + (j0.1 + 0.806)}} = 1.053 - j0.7105$$

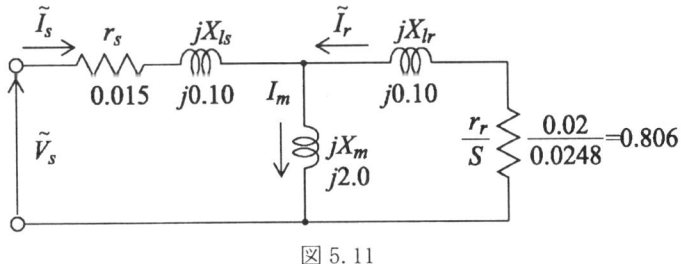

図5.11

またすべり角周波数 $S\omega_e$ は図 5.12 のトルク成分電流 $I_{sT}$，回転子磁束成分電流 $I_{s\phi}$ との間に次の関係がある．

$$S\omega_e = \frac{r_r}{L_r}\frac{I_{sT}}{I_{s\phi}} = \frac{r_r}{\frac{1}{\omega}(X_{lr}+X_m)}\cdot\frac{I_{sT}}{I_{s\phi}} = \frac{r_r}{X_{lr}+X_m}\cdot\frac{I_{sT}}{I_{s\phi}}$$

$$= \frac{0.02}{0.1+2}\frac{I_{sT}}{I_{s\phi}} = 0.00952\frac{I_{sT}}{I_{s\phi}} \qquad (5-16)$$

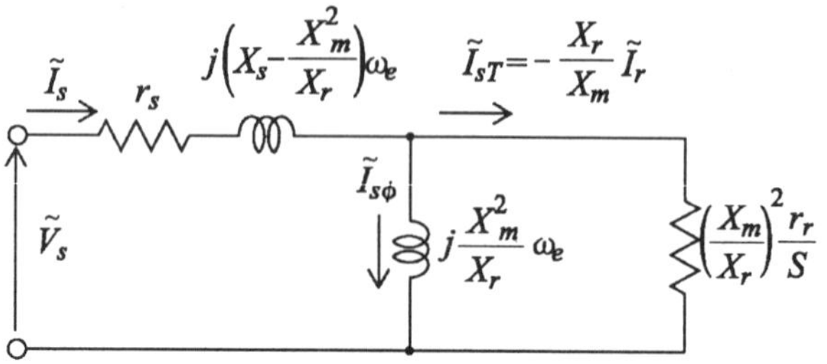

図 5.12

$\therefore I_s = 1.27\text{pu}$

$$I_s^2 = I_{sT}^2 + I_{s\phi}^2 = I_{sT}^2 + \left(0.00952\frac{I_{sT}}{S\omega_e}\right)^2 = I_{sT}^2\left\{1+\left(\frac{0.00952}{0.0248}\right)^2\right\}$$

$1.27^2 = 1.1474 I_{sT}^2$

$\therefore I_{sT} = \underline{1.186}$

$I_{s\phi} = \underline{0.455}$

b) 50%定格トルク，定格速度，定格回転子磁束
50%定格トルクであるので $I_{sT}$ の値が a)の半分となり，

$$I_{sT} = 0.5\times 1.186 = \underline{0.593}$$

定格回転子磁束であるので，

$$I_{s\phi} = \underline{0.455}$$

すべり角速度 $S\omega_e$ は，

$$S\omega_e = 0.00952\times\frac{I_{sT}}{I_{s\phi}} = 0.00952\frac{0.593}{0.455} = \underline{0.0124}$$

電源角周波数は $\omega_e$ は，

$$\omega_e = S\omega_e + \omega_r = 0.0124 + 0.9752 = \underline{0.988}$$

端子電圧 $V$ は図 5.12 の等価回路より，

問題 5.4 誘導機のフィールドオリエンテーション時の定常特性     175

$$\widetilde{V}_s = \widetilde{I}_s \left[ r_s + j\left(X_s - \frac{X_m^2}{X_r}\right)\omega_e \right] + \widetilde{I}_{s\phi}\left(j\frac{X_m^2}{X_r}\right)\omega_e$$

$$= (0.593 - j0.455)\left[0.015 + j\left(2.1 - \frac{2^2}{2.1}\right)\times 0.988\right] + (-j0.455)\left(j\frac{2^2}{2.1}\right)\times 0.988$$

$$= 0.9506 + j0.1232$$

$$\therefore V_s = \underline{0.959}$$

c) 50%定格トルク, 定格速度, 50%定格回転子磁束

$I_{sT} = \underline{1.186}$, $I_{s\phi} = \underline{0.2275}$

$$S\omega_e = 0.00952\frac{I_{sT}}{I_{s\phi}} = 0.00952\frac{1.186}{0.2275} = \underline{0.0496}$$

$$\omega_e = S\omega_e + \omega_r = 0.0496 + 0.9752 = \underline{1.025}$$

$$\widetilde{V}_s = \widetilde{I}_s\left\{r_s + j\left(X_s - \frac{X_m^2}{X_r}\right)\omega_e\right\} + \widetilde{I}_{s\phi}\left(j\frac{X_m^2}{X_r}\right)\omega_e$$

$$= (1.186 - j0.2275)\left\{0.015 + j\left(2.1 - \frac{2^2}{2.1}\right)1.025\right\} + (-j0.2275)\left(j\frac{2^2}{2.1}\right)\times 1.025$$

$$= 0.5075 + j0.2339$$

$$\therefore V_s = \underline{0.559}$$

d) 零トルク, 定格速度, 定格回転子磁束

$I_{sT} = \underline{0}$, $I_{s\phi} = \underline{0.455}$

$S\omega_e = \underline{0}$

$\omega_e = \underline{0.975}$

$$\widetilde{V}_s = -j0.455\left\{0.015 + j\left(2.1 - \frac{2.0^2}{2.1}\right)0.9752\right\} + (-j0.455)\left(j\frac{2^2}{2.1}\right)\times 0.9752$$

$$= 0.9318 - j0.006825$$

$$\therefore V_s = \underline{0.932}$$

e) 定格トルク, 50%定格速度, 定格回転子磁束

$I_{sT} = \underline{1.186}$, $I_{s\phi} = \underline{0.455}$

$$S\omega_e = 0.00952\frac{I_{sT}}{I_{s\phi}} = 0.00952\frac{1.186}{0.455} = \underline{0.0248}$$

$\omega_e = S\omega_e + \omega_r = 0.0248 + 0.4876 = \underline{0.512}$

$\widetilde{V}_s = \widetilde{I}_s \left\{ r_s + j\left(X_s - \frac{X_m^2}{X_r}\right)\omega_e \right\} + \widetilde{I}_s \left(j\frac{X_m^2}{X_r}\right)\omega_e$

$= (1.186 - j0.455)\left\{ 0.015 + j\left(2.1 - \frac{2^2}{2.1}\right) \times 0.5124 \right\} + (-j0.455)\left(j\frac{2^2}{2.1}\right) \times 0.5124$

$= 0.507 + j0.112$

$\therefore V_s = \underline{0.520}$

f) 定格トルク,零速度,定格回転子磁束

$I_{sT} = \underline{1.186}$, $I_{s\phi} = \underline{0.455}$

$S\omega_e = 0.00952 \frac{I_{sT}}{I_{s\phi}} = 0.00952 \frac{1.186}{0.455} = \underline{0.0248}$

$\omega_e = \underline{0.0248}$

$\widetilde{V}_s = (1.186 - j0.455)\left\{ 0.015 + j\left(2.1 - \frac{2^2}{2.1}\right) 0.0248 \right\} + (-j0.455)\left(j\frac{2^2}{2.1}\right) \times 0.0248$

$= 0.04148 - j0.00108$

$\therefore V_s = \underline{0.0415}$

g) 零トルク,零速度,定格回転子磁束

$I_{sT} = \underline{0}$, $I_{s\phi} = \underline{0.455}$

$S\omega_e = \underline{0}$

$\omega_e = \underline{0}$

$\widetilde{V}_s = (-j0.455)\left\{ 0.015 + j\left(2.1 - \frac{2^2}{2.1}\right) \times 0 \right\} + 0$

$= -j0.006825$

$\therefore V_s = \underline{0.0068}$

問題 5.5 電圧・電流制限を考慮した永久磁石同期電動機　　　　177

---

**問題 5.5　電圧・電流制限を考慮した永久磁石同期電動機のフィールドオリエンテーション運転 [訳本の問題 5-5]**

問題 5.3 の永久磁石同期電動機が電圧, 電流の制限
$$V \leqq 1.0\text{pu} \qquad I \leqq 1.25\text{pu}$$
のもとで定格速度を超えて運転されているとする. 次の値を求めよ.
a) フィールドオリエンテーションが保たれているときの最大速度
b) フィールドオリエンテーションが保たれているときの $\omega_e = 1.2\text{pu}$ における電流とトルク
c) 電流の位相進みを利用し, 無負荷速度が最大になるように $\gamma$ を選んだとき, 到達できる最大速度とそのときの $\gamma$ の値
d) 電流の位相進みを利用し, $\omega_e = 1.2\text{pu}$ の点でトルクを最大にするように $\gamma$ を選んだとき, 得られるトルクの最大値とそのときの $\gamma$ の値

---

**解答**

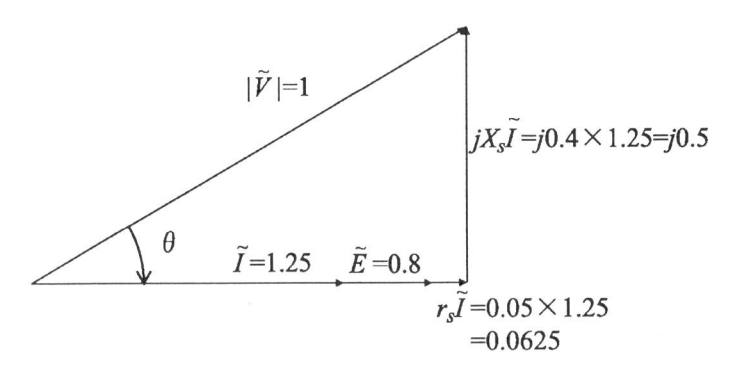

$V = 1.0\text{pu}$, $E = 0.8\text{pu}$, $X_s = 0.4\text{pu}$, $r_s = 0.05\text{pu}$, $I = 1.25\text{pu}$ でのベクトル図を図 5.13 に示す.

$|\tilde{V}| = 1$

$jX_s\tilde{I} = j0.4 \times 1.25 = j0.5$

$\theta$　　$\tilde{I} = 1.25$　　$\tilde{E} = 0.8$

$r_s\tilde{I} = 0.05 \times 1.25 = 0.0625$

図 5.13　$\omega_e = 1$, $V = 1$, $I = 1.25$ でのベクトル図

a) 図 5.13 の定格状態では $E = 0.8$ であるが, $\tilde{I} = 0$ では, $V = E = 1$ になる. $E$ は速度に比例するので, 最大速度は 1.25 となる. このときのベクトル図を図 5.14 に示す.

$\tilde{V} = \tilde{E} = 1$

図 5.14　$\omega_e = 1.25$, $V = 1$, $I = 0$ でのベクトル図

b) フィールドオリエンテーションが保たれているので，電流 $\tilde{I}$ と誘起電圧 $\tilde{E}$ は同相となる．この場合のベクトル図を図 5.15 に示す．

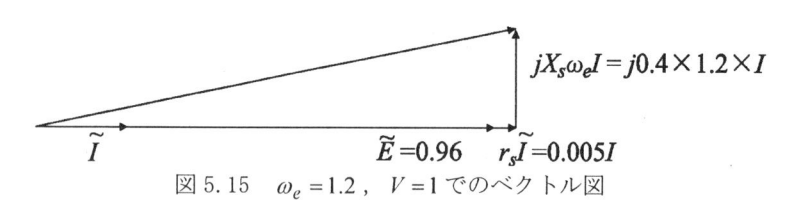

図 5.15　$\omega_e = 1.2$，$V = 1$ でのベクトル図

上記のベクトル図より次式が得られる．
$$(0.96 + 0.05I)^2 + (0.4 \times 1.2 \times I)^2 = 1$$
$$I = \underline{0.410}[\text{pu}]$$
よって，
$$T = \frac{EI\cos\gamma}{\omega_e} = \frac{0.96 \times 0.41 \times 1}{1.2} = \underline{0.328}[\text{pu}]$$

c) 電流が誘起電圧より進んでいるときのベクトル図を図 5.16 に示す．

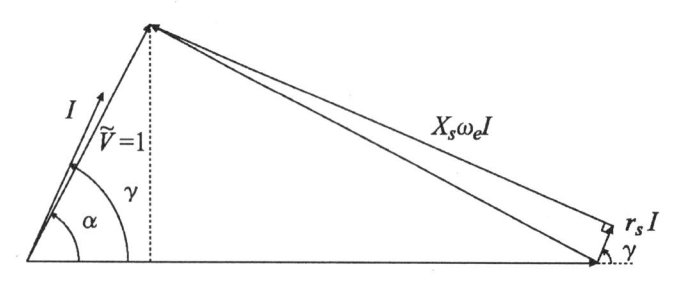

図 5.16　電流が誘起電圧より進んでいる場合のベクトル図

図 5.16 より，
$$r_s I \sin\gamma + \omega_e X_s I \cos\gamma = \sin\alpha \tag{5-17}$$
$$-r_s I \cos\gamma + \omega_e X_s I \sin\gamma + \cos\alpha = 0.8\omega_e \tag{5-18}$$
式(5-17)，(5-18)で $\sin^2\alpha + \cos^2\alpha = 1$ を利用して式を整理すると
$$\{(X_s I)^2 + 0.64 - 1.6 x_s I \sin\gamma\}^2 + 1.6 r_s I \omega_e \cos\gamma + (r_s I)^2 - 1 = 0$$
$I = 1.25$，$X_s = 0.4$，$r_s = 0.05$ 代入すると
$$(0.89 - 0.8\sin\gamma)\omega_e^2 + 0.1\omega_e \cos\gamma - 0.996 = 0 \tag{5-19}$$
式(5-19)を満足する $\omega_e$ の最大値を求めればよい．式(5-19)を
$$F(\gamma, \omega_e) = 0 \tag{5-20}$$

## 問題 5.5 電圧・電流制限を考慮した永久磁石同期電動機

とおき，$F$ の $\gamma$ に関する偏微分を求めると，

$$\frac{\partial F}{\partial \gamma} = -0.8\omega_e^2 \cos\gamma - 0.1\omega_e \sin\gamma \tag{5-21}$$

$\dfrac{\partial F}{\partial \gamma} = 0$ とおくと，

$$-0.8\omega_e \cos\gamma - 0.1\sin\gamma = 0 \tag{5-22}$$

式(5-19)と式(5-22)を $\gamma$，$\omega_e$ に関する連立方程式として解くと，

$\gamma = \underline{92}$[°]

$\omega_e = \underline{3.34}$[pu]

また，$\alpha$ は式(5-17)にこれらの値を代入すると，

$\alpha = -0.26°$

が得られる．このときのベクトル図を図 5.17 に示す．

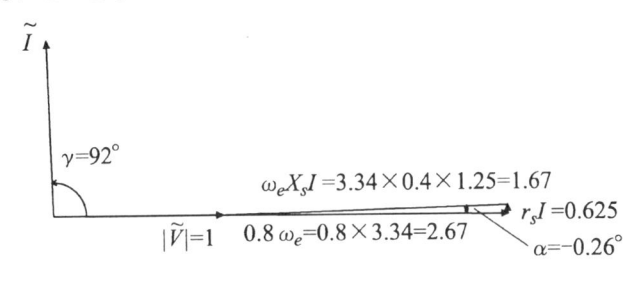

図 5.17

＜参考＞電流の進み角 $\gamma$ を 90° に設定した場合の計算は以下のように簡単になる．

式(5-17)で，$\sin\gamma = 1$，$\cos\gamma = 0$ であるので次式が得られる．

$\sin\alpha = r_s I \sin\gamma = 0.05 \times 1.25 \times 1 = 0.0625$

式(5-18)に，この値を代入すると $\omega_e$ が求まる．

$$\omega_e = \frac{\cos\alpha}{0.8 \ X_s I \sin\gamma} = \frac{\sqrt{1-0.0625^2}}{0.8 \ 0.4 \times 1.25 \times 1}$$

$= 3.33$[pu]

d) 電圧 $V$，電流 $I$ の制御下でトルク最大を検討する．

$$T = \frac{EI\cos\gamma}{\omega_e} = \frac{0.8 \times 1.2 I \cos\gamma}{1.2} = 0.8 I \cos\gamma \tag{5-23}$$

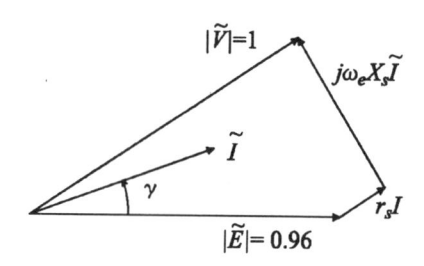

図 5.18

式(5-23)で $I\cos\gamma$ の最大値を求める問題である．図 5.18 で $V=$ 一定 より次式が得られる．

$$(E + r_s I\omega_e \cos\gamma - X_s I \sin\gamma)^2 + (X_s I \cos\gamma + r_s I \sin\gamma)^2 = V^2$$

$$(0.96 + 0.05I\cos\gamma - 0.4\times 1.2I\sin\gamma)^2 + (0.4\times 1.2I\cos\gamma + 0.05I\sin\gamma)^2 = 1$$

$$\therefore 0.2329I^2 + (0.096\cos\gamma - 0.9216\sin\gamma)I - 0.0784 = 0 \quad (5-24)$$

$$I = \frac{0.9216\sin\gamma - 0.096\cos\gamma}{2\times 0.2329}$$

$$+ \frac{\sqrt{(0.9216\sin\gamma - 0.096\cos\gamma)^2 + 4\times 0.2329\times 0.0784}}{2\times 0.2329} \quad (5-25)$$

$\gamma$ の変化に対して式(5-25)を満足する $I$ の値とそのときのトルクの値を表 5.1 と図 5.19 に示す．これより $\gamma = \underline{20.2}$[pu]，$I = 1.25$[pu]，$T_e = \underline{0.938}$[pu] が得られる．

表 5.1

| $\gamma$ | A<br>$0.9216\sin\gamma$ | B<br>$0.096\cos\gamma$ | C<br>$A-B$ | D<br>$(A-B)^2$ | E<br>$\sqrt{D+0.07303}$ | I<br>$\dfrac{C+E}{0.4658}$ | $T_e$<br>$0.8I\cos\gamma$ |
|---|---|---|---|---|---|---|---|
| 0 | 0.0000 | 0.0960 | -0.096 | 0.0092 | 0.2868 | 0.410 | 0.328 |
| 5 | 0.080 | 0.0956 | -0.015 | 0.0002 | 0.2707 | 0.548 | 0.437 |
| 10 | 0.1600 | 0.0945 | 0.065 | 0.0043 | 0.2781 | 0.738 | 0.581 |
| 15 | 0.2385 | 0.0927 | 0.146 | 0.0213 | 0.3071 | 0.972 | 0.751 |
| 20 | 0.3152 | 0.0902 | 0.225 | 0.0506 | 0.3516 | 1.238 | 0.931 |
| 20.2 | 0.3182 | 0.0901 | 0.228 | 0.0520 | 0.3537 | 1.249 | 0.938 |
| 20.3 | 0.3197 | 0.0900 | 0.230 | 0.0528 | 0.3547 | 1.255 | 0.941 |

問題 5.5 電圧・電流制限を考慮した永久磁石同期電動機　　　　　　　　　　181

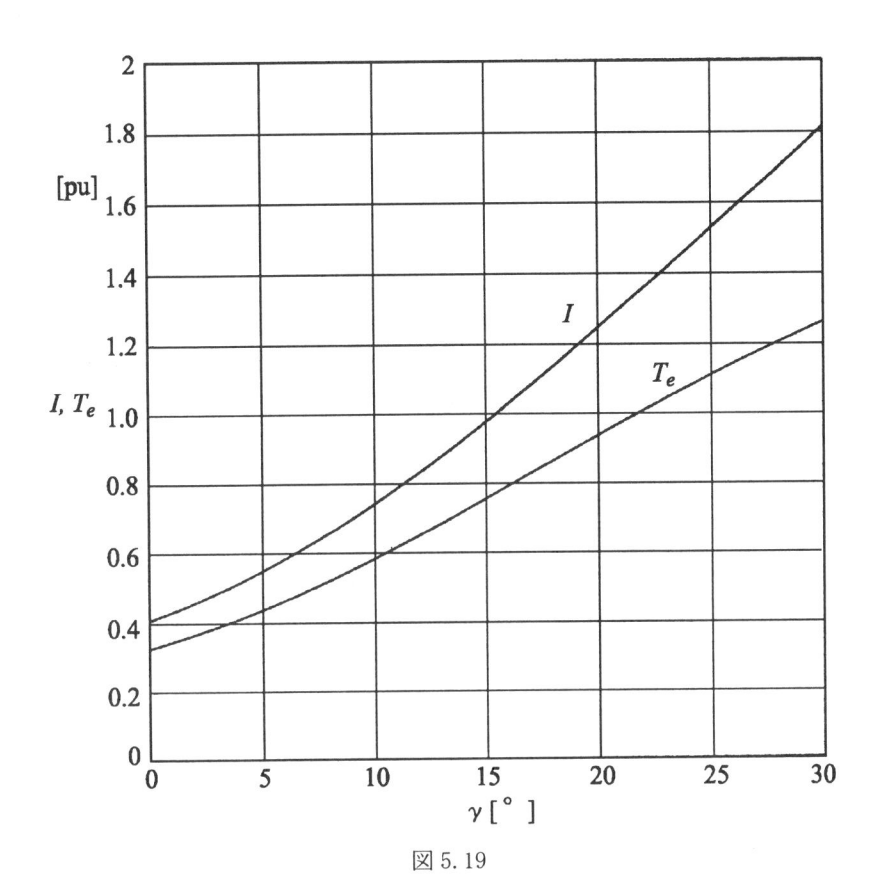

図 5.19

## 問題 5.6 誘導電動機のフィールドオリエンテーション時の運転特性
[訳本の問題 5-6]

フィールドオリエンテーション誘導機に関する試験データは次のとおりである．

|  | 速度<br>[rad/s] | 周波数<br>[Hz] | 固定子電流<br>[A] | 固定子電圧<br>[V] |
|---|---|---|---|---|
| 1) 定格磁束で零トルク | 188.5 | 60 | 21 | 200 |
| 2) 定格磁束で定格トルク | 188.5 | 62.5 | 40 | 218 |

a) これらのデータより定格磁束，定格トルク時の $I_{s\phi}$ および $I_{sT}$ を求めよ．次に，$I_{s\phi}$，$I_{sT}$ を用いて回転子時定数を求めよ．
b) 定格磁束の 50%，定格トルクの 50%時に速度 377rad/s で運転するよう調整されたときの固定子電流と周波数を求めよ．
c) b)における固定子電圧を概算し※，その計算法について説明せよ．
d) 回転子の抵抗が温度上昇で 25%増加したとすると周波数，トルク，固定子電流，固定子電圧に関する最初の試験データはどのような影響（増加，減少，変化せず）を受けるか．ただし，速度，$I_{s\phi}$ と $I_{sT}$ の指令値およびすべり演算器における回転子時定数は一定とする．

※ 注：$r_s$ を無視して考える．

**解答**

時間ベクトルでの等価回路を図 5.20 に示す．

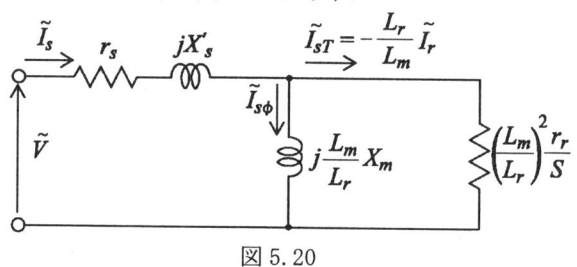

図 5.20

a) 1)で $\tilde{I}_{sT}=0$ であり，$\tilde{I}_s = \tilde{I}_{s\phi}$ であるので，

$$I_s = \sqrt{I_{s\phi}^2 + I_{sT}^2} = I_{s\phi}$$

$I_s = 21$[A] であるので $I_{s\phi} = \underline{21}$[A]

2)で $I_s = 40$[A] であるので，

$$40 = \sqrt{21^2 + I_{sT}^2}$$

## 問題 5.6 誘導電動機のフィールドオリエンテーション時の運転特性

よって，
$$I_{sT} = \underline{34.0}[A]$$
また次式が成立する．
$$S\omega_e = \frac{r_r}{L_r}\frac{I_{sT}}{I_{s\phi}}$$
上式より，
$$T = \frac{L_r}{r_r} = \frac{1}{S\omega_e}\frac{I_{sT}}{I_{s\phi}} = \frac{1}{\omega_e - \frac{P}{2}\omega_r}\frac{I_{sT}}{I_{s\phi}} = \frac{1}{2\pi 62.5 - \frac{4}{2}188.5} \times \frac{34}{21}$$
$$= \underline{0.103}[sec]$$

b) 題意より，定格速度を 2 倍にするので，$I_{s\phi}$ は半分となるので，
$$I_{s\phi} = 21 \times 0.5 = 10.5[A]$$
トルクは定格トルクの 50%であり，磁束を半分にしているのでトルク分電流 $I_{sT}$ は a)の場合と同じ値の 34[A]となる．よって，
$$I = \sqrt{I_{sT}^2 + I_{s\phi}^2} = \sqrt{34^2 + 10.5^2} = \underline{35.6}[A]$$
また $S\omega_e$ の値は，
$$S\omega_e = \frac{r_r}{L_r}\frac{I_{sT}}{I_{s\phi}} = \frac{1}{0.103} \times \frac{34}{10.5} = 31.44[rad/s]$$
$$Sf = \frac{S\omega_e}{2\pi} = 5[Hz]$$
$$\omega_e = S\omega_e + \frac{P}{2}\omega_r$$
$$\therefore f = \frac{S\omega_e}{2\pi} + \frac{P}{2}\frac{\omega_r}{2\pi} = 5 + \frac{4}{2}\frac{377}{2\pi} = \underline{125}[Hz]$$

c) $r_s = 0$ の等価回路は図 5.21 となる．

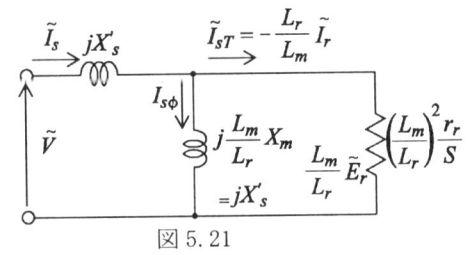

図 5.21

1)の定格磁束で零トルクのデータより図 5.22 のベクトル図が得られる．

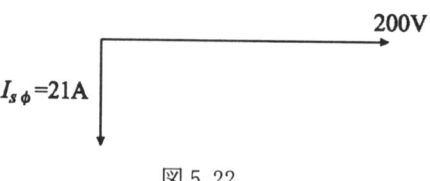

5. ベクトル制御とフィールドオリエンテーションの原理

```
              200V
          →
 I_{sφ}=21A
      ↓
```

図 5.22

$21(X'_m + X'_s) = 200\ [\text{V}]$
$\therefore X'_m + X'_s = 9.52\ [\Omega]$

2)の定格磁束で定格トルクのデータより図5.23のベクトル図が得られる.

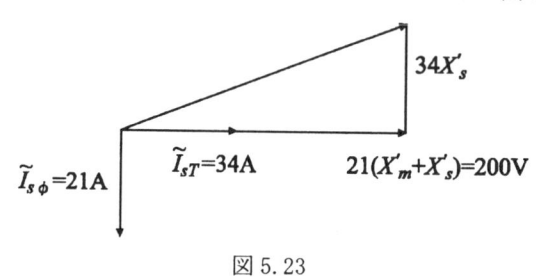

```
                        34X'_s
                          ↑
 Ĩ_{sφ}=21A   Ĩ_{sT}=34A   21(X'_m+X'_s)=200V
      ↓
```

図 5.23

$200^2 + (34X'_s)^2 = 218^2$
$\therefore X'_s = 2.55\ [\Omega]$

よって固定子電圧は図5.24のベクトル図より求まる.

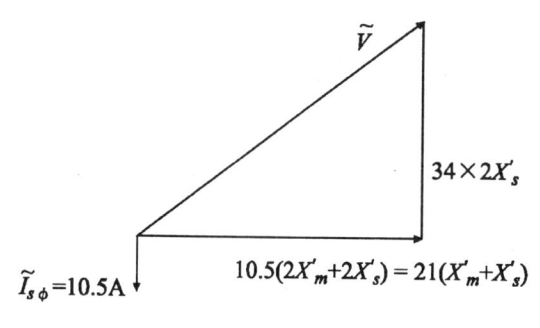

```
                             Ṽ
                           ↗
                         34×2X'_s
                           ↑
 Ĩ_{sφ}=10.5A  10.5(2X'_m+2X'_s) = 21(X'_m+X'_s)
      ↓
```

図 5.24

$V = \sqrt{21^2(X'_m + X'_s)^2 + (68X'_s)^2} = \sqrt{40000 + (68 \times 2.55)^2} = 264.7 \fallingdotseq \underline{265}[\text{V}]$

問題 5.6 誘導電動機のフィールドオリエンテーション時の運転特性

d) 周波数 $f_e^* = \dfrac{1}{2\pi}\left\{\omega_r + (S\omega_e)^*\right\} = \dfrac{1}{2\pi}\left\{\omega_r + \dfrac{r_r^*}{L_r^*}\dfrac{I_{sT}^*}{I_{s\phi}^*}\right\}$

上式の第 1 項，第 2 項とも一定であるので $f_e^*$ は一定

固定子電流 $I_s$：

　$I_{s\phi}^*$，$I_{sT}^*$ の指令値が一定であるので $I_s$ も一定

固定子電圧 $V_s$：

　無負荷時‥‥$S = 0$ であるので，　$V_s$ は変化しない

　負荷時‥‥‥$I_{s\phi}$，$I_{sT}$ は一定で二次抵抗 $r_r$ のみが増加するので固定子
　　　　　　　電圧は 増加する．

トルク：

　無負荷時‥‥変化しない

　負荷時‥‥‥$I_{s\phi}$，$I_{sT}$ は一定で $r_r$ のみが増加するので負荷時のトルク
　　　　　　　は 増加する．

## 問題 5.7 フィールドオリエンテーション駆動特性の比較 [訳本の問題 5-7]

フィールドオリエンテーション制御が誘導機と永久磁石同期機 ($\gamma = 0$) に適用された場合の定常特性を比較する．両電動機の駆動系が $\omega_r = \omega_{rB}$ で定格状態（定格回転子磁束）になるように調整されていると仮定し[※]，以下の場合について両駆動系を比較する空間ベクトル図を同期座標で表せ．これらの空間ベクトル図には $\underline{\lambda}_{qdr}$, $\underline{I}_{qdr}$, $\underline{\lambda}_{qds}$, $\underline{I}_{qds}$, $\underline{V}_{qds}$（ここで $\underline{I}_{qdr}$ は永久磁石同期電動機に対しては等価的な界磁電流である）を明記せよ．
 a) $\omega_r = \omega_{rB}$ で $T_e = T_R$ および $T_e = 0.0$ の場合
 b) $\omega_r = 0$ で $T_e = T_R$ および $T_e = 0.0$ の場合
 c) $\omega_r = 2\omega_{rB}$ で $T_e = 0.5 T_R$（50％磁束）および $T_e = 0.0$（50％磁束）の場合
ここで誘導機パラメータは
 $r_s = 0.03$　　　$X_{ls} = 0.10$　　　$X_m = 2.0$
 $r_r = 0.03$　　　$X_{lr} = 0.10$
であり，永久磁石同期機パラメータは
 $X_s = 0.3$　　　$R_s = 0.03$　　　$X_{ls} = 0.10$
とし[※※]，定格点で誘導機と同じ力率になるように誘起電圧（永久磁石の強さ）の大きさが調整されているとする．定常状態動作での両者の類似点および相違点に関して議論せよ．

 ※　注：誘導機では電源周波数が同期機よりわずかに高い．
 ※※　注：ここで $X_{ls}$ は固定子の漏れリアクタンスである．

### 解答

空間ベクトル量の d, q 変数はピーク値で，時間ベクトル変数は実効値で表現されるので，$I_{qs}$, $I_{ds}$ の大きさは $I_{sT}$, $I_{s\phi}$ の $\sqrt{2}$ 倍となる．しかし，ここでは単位法で計算するので両者の値は等しい．

誘導機

a)　$\omega_r = \omega_{rB}$

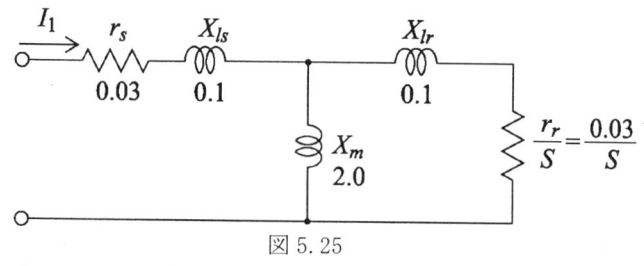

図 5.25

## 問題 5.7 フィールドオリエンテーション駆動特性の比較

問題 5.2 と同様にして計算する.

$$I_1 = \frac{V_1}{\sqrt{(r_s + r_{re})^2 + (X_{ls} + X_{re})^2}} \quad (5-26), \qquad P_2 = I_1^2 r_{re} \quad (5-27)$$

ただし,

$$r_{re} = \frac{X_m^2 \left(\frac{r_r}{S}\right)}{\left(\frac{r_r}{S}\right)^2 + (X_{lr} + X_m)^2} = \frac{2.0^2 \left(\frac{0.03}{S}\right)}{\left(\frac{0.03}{S}\right)^2 + (0.1 + 2.0)^2} = \frac{\frac{0.12}{S}}{\frac{0.0009}{S^2} + 4.41} \quad (5-28)$$

$$X_{re} = \frac{X_m \left\{\left(\frac{r_r}{S}\right)^2 + X_{lr}(X_{lr} + x_m)\right\}}{\left(\frac{r_r}{S}\right)^2 + (X_{lr} + X_m)^2}$$

$$= \frac{2.0\left\{\left(\frac{0.03}{S}\right)^2 + 0.1(0.1 + 2.0)\right\}}{\left(\frac{0.03}{S}\right)^2 + (0.1 + 2.0)^2} = \frac{\frac{0.0018}{S^2} + 0.42}{\frac{0.0009}{S^2} + 4.41} \quad (5-29)$$

$V_1 = 1$ とする. 二次入力 $P_2$ は次式となる.

$$P_2 = I_1^2 r_{re} = \frac{\frac{0.12}{S}}{\frac{0.0009}{S^2} + 4.41} \times \frac{1}{\left(0.03 + \frac{\frac{0.12}{S}}{\frac{0.0009}{S^2} + 4.41}\right)^2 + \left(0.1 + \frac{\frac{0.0018}{S^2} + 0.42}{\frac{0.0009}{S^2} + 4.41}\right)^2} \quad (5-30)$$

機械的出力 $P_m$ は次式となる.

$$P_m = (1-S)P_2 \quad (5-31)$$

a-1) $\quad T_e = T_R$

式(5-30), (5-31)で $S$ に対する $P_2$, $(1-S)P_2$ の値を表 5.2 に示す. この表より $(1-S)P_2 = 1$ のときの $S$ の値は $S = 0.0391$ となる.

表 5.2

| $S$ | 0.037 | 0.0373 | 0.0374 | 0.0385 | 0.039 | 0.0391 | 0.04 |
|---|---|---|---|---|---|---|---|
| $P_2$ | 0.993 | 0.999 | 1.006 | 1.032 | 1.0376 | 1.0394 | 1.0585 |
| $(1-S)P_2$ | 0.9564 | 0.9622 | 0.9682 | 0.9922 | 0.9971 | 0.9988 | 1.0162 |

$$S\omega_e = \frac{r_r}{L_r} \cdot \frac{I_{qs}}{I_{ds}} = \frac{0.03}{2.1} \times \frac{1.222}{0.4465} = 0.0391$$

$$I_{s\phi} = \frac{0.696}{\sqrt{1.905^2 + 0.696^2}} \times 1.301 = \frac{0.696}{2.028} \times 1.301 = 0.4465$$

$$I_{sT} = \frac{1.905}{\sqrt{1.905^2 + 0.696^2}} \times 1.301 = \frac{1.905}{2.028} \times 1.301 = 1.222$$

$$\tilde{I}_s = \sqrt{1.222^2 + 0.696^2}\ \tan^{-1}\frac{-0.4465}{1.222} = \underline{1.30\angle 21.0°}$$

$$\tilde{I}_r = -\frac{L_m}{L_r}\tilde{I}_{sT} = -\frac{2.0}{2.1}1.222 = -1.16 = \underline{1.16\angle 180°}$$

$$\tilde{\lambda}_r = L_m \tilde{i}_{s\phi} = 2.0(-j0.4465) = -j0.893 = \underline{0.893\angle -90°}$$

$$\tilde{\lambda}_s = \tilde{\lambda}_r + L'_s\tilde{I}_s = -j0.893 + 0.195(1.222 - j0.4465) = 0.238 - j0.980$$
$$= \underline{1.01\angle -76.4°}$$

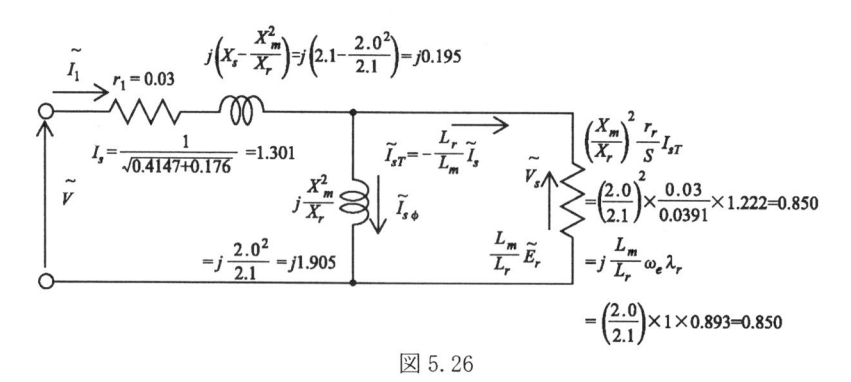

図 5.26

$$\tilde{V}_s = \tilde{I}_s(r_s + jX'_s) + \frac{L_m}{L_r}\tilde{E}_r = \tilde{I}_s(r_s + jX'_s) + \frac{L_m}{L_r}\omega\tilde{\lambda}_r$$
$$= 1.222(0.1237 + j0.2249) + \frac{2.0}{2.1}0.893$$
$$= 0.974 + j0.2249 = \underline{1.00\angle 13.0°}$$

力率角　$13.0 - (-20.96) = 33.96°$

問題 5.7 フィールドオリエンテーション駆動特性の比較

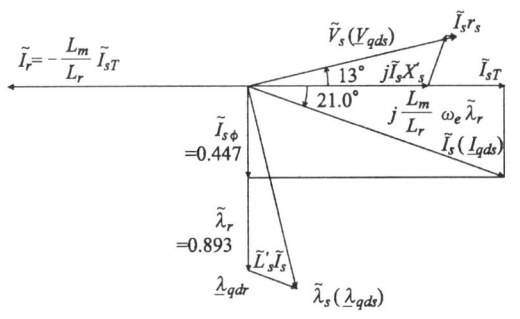

図 5.27　IM　$\omega_r = \omega_{rB}$,　$T_e = T_R$

a-2)　$T_e = 0.0$

a-1)の等価回路で $\tilde{I}_{sT} = 0$ となるので，$\tilde{I}_s = I_{s\phi} = j0.4465 = \underline{j0.447}$

$$\tilde{I}_r = -\frac{L_m}{L_r}\tilde{I}_{sT} = -\frac{2.0}{2.1}\cdot 0 = \underline{0}$$

$$\tilde{\lambda}_r = L_m \tilde{I}_{s\phi} = 2.0(-j0.4465) = -j0.893 = \underline{0.893\angle -90°}$$

$$\tilde{\lambda}_s = \tilde{\lambda}_r + L'_s \tilde{I}_s = -j0.893 - 0.195(-j0.4465) = -j0.980 = \underline{0.980\angle -90°}$$

$$\tilde{V}_s = \tilde{I}_s(r_s + jX'_s) + \omega\tilde{\lambda}_r \frac{L_m}{L_r} = -j0.4465(0.03 + j0.195) + 0.850$$

$$= 0.0871 - j0.0134 + 0.850 = 0.937 - j0.0134 = \underline{0.937\angle -0.82°}$$

図 5.28　IM　$\omega_r = \omega_{rB}$,　$T_e = 0$

b) $\omega_r = 0$
b-1) $T_e = T_R$

トルクは a)と同じであるので $\tilde{I}_{sT}$, $\tilde{I}_{s\phi}$ の値は a)と同じになる.

$$\tilde{I}_s = \underline{1.30\angle -21.0°}$$

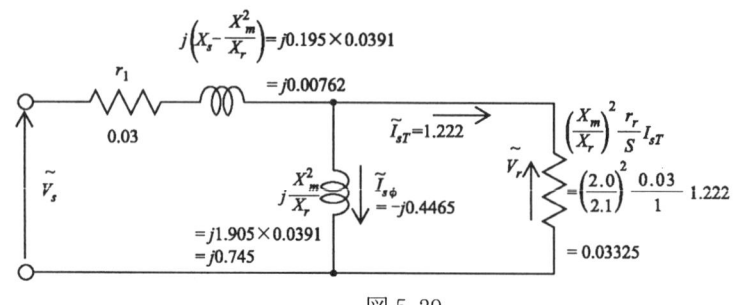

図 5.29

$$S\omega_e = \frac{r_r}{L_r} \cdot \frac{I_{qs}}{I_{ds}} = \frac{0.03}{2.1} \times \frac{1.222}{0.4465} = 0.0391$$

$$\omega_e = \omega_r + S\omega_e = 0 + 0.0391 = 0.0391$$

$$\tilde{I}_r = -\frac{L_m}{L_r}\tilde{I}_{sT} = \underline{1.16\angle 180°}$$

$$\tilde{\lambda}_r = L_m \tilde{i}_{s\phi} = \underline{0.893\angle -90°}$$

$$\tilde{\lambda}_s = \tilde{\lambda}_r + L'_s \tilde{i}_s = \underline{1.01\angle -76.4°}$$

$$\tilde{V}_s = \tilde{I}_s(r_s + jX'_s) + \tilde{V}_r = (1.222 - j0.4465)(0.03 + j0.00762) + 0.325$$
$$= 0.0401 - j0.00408 + 0.03325 = \underline{0.0735\angle -3.18°}$$

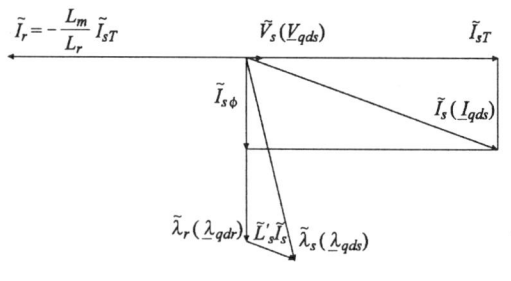

図 5.30  IM  $\omega_r = 0$,  $T_e = T_R$

問題 5.7 フィールドオリエンテーション駆動特性の比較

b-2)  $T_e = 0.0$

b-1)の等価回路で $\widetilde{I}_{sT} = 0$ となるので，$\widetilde{I}_s = I_{s\phi} = j0.4465 = \underline{j0.447}$

$S\omega_e = 0$

$\widetilde{I}_r = -\dfrac{L_m}{L_r}\widetilde{I}_{sT} = \underline{0}$

$\widetilde{\lambda}_r = L_m \widetilde{i}_{s\phi} = \underline{0.893\angle -90°}$

$\widetilde{\lambda}_s = \widetilde{\lambda}_r + L'_s \widetilde{I}_s = -j0.893 + 0.195(-j0.4465) = -j0.98 = \underline{0.98\angle -90°}$

$\widetilde{V}_s = \widetilde{I}_s(r_s + jX'_s) + \widetilde{V}_r = (-j0.4465)(0.03 + j0.195 \times 0) + 0$

$= -j0.01335 = \underline{0.013\angle -90°}$

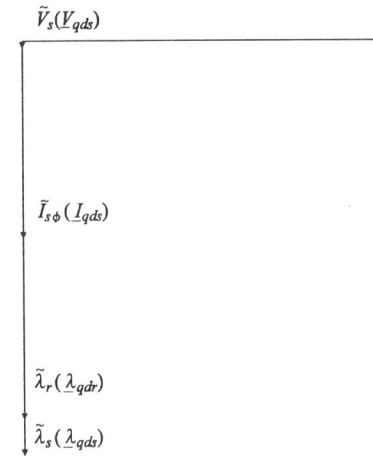

図 5.31　IM　$\omega_r = 0$，$T_e = 0$

c)　$\omega_r = 2\omega_{rB}$　（50%磁束）

c-1)　$T_e = 0.5T_R$

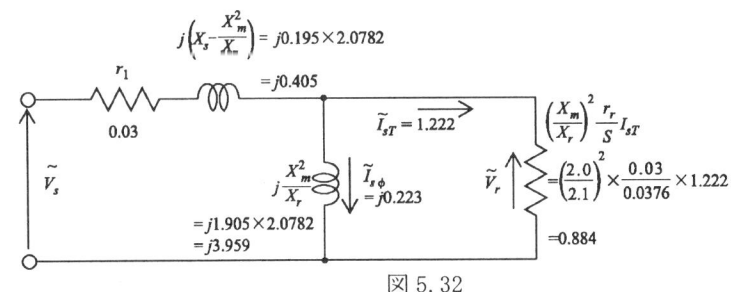

図 5.32

50%磁束なので $\tilde{I}_{s\phi}$ は 50%になる.

$$S\omega_e = \frac{r_r}{L_r} \cdot \frac{I_{qs}}{I_{ds}} = \frac{0.03}{2.1} \cdot \frac{1.222}{0.4465 \times 0.5} = 0.0782$$

$$\omega_e = \omega_r + S\omega_e = 2 + 0.0782 = 2.0782$$

$$S = \frac{S\omega_e}{\omega_e} = \frac{0.0782}{2.0782} = 0.0376$$

$$\tilde{I}_s = 1.222 - j0.2233 = \underline{1.24\angle -10.4°}$$

$$\tilde{I}_r = -\frac{L_m}{L_r}\tilde{I}_{sT} = -\frac{2.0}{2.1} \times 1.222 = \underline{1.16\angle 180°}$$

$$\tilde{\lambda}_r = L_m \tilde{i}_{s\phi} = 2.0(-j0.2233) = -j0.4465 = \underline{0.447\angle -90°}$$

$$\tilde{\lambda}_s = \tilde{\lambda}_r + L'_s \tilde{i}_s = -j0.447 + 0.195(1.222 - j0.2233)$$

$$= 0.2383 - j0.4901 = \underline{0.545\angle -64.1°}$$

$$\tilde{V}_s = \tilde{I}_s(r_s + jX'_s) + \tilde{V}_r = (1.222 - j0.2233)(0.03 + j0.405) + 0.884$$

$$= 0.127 + j0.488 + 0.884 = 1.011 + j0.488 = \underline{1.12\angle 25.8°}$$

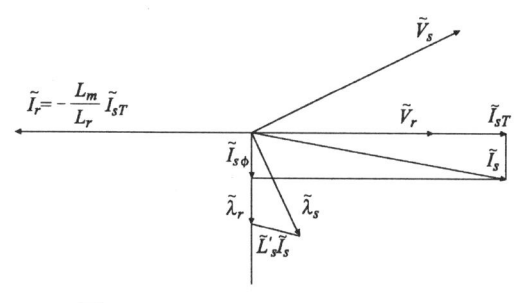

図 5.33　IM　$\omega_r = 2\omega_{rB}$, $T_e = 0.5T_R$

c-2)　$T_e = 0.0$

$$S\omega_e = 0$$

$$\omega_e = \omega_r + S\omega_e = 2.0$$

$$\tilde{I}_s = -j0.2225 = \underline{0.223\angle -90°}$$

$$\tilde{I}_r = -\frac{L_m}{L_r}\tilde{I}_{sT} = \underline{0}$$

$$\tilde{\lambda}_r = L_m \tilde{i}_{s\phi} = 2.0(-j0.2225) = -j0.445 = \underline{0.445\angle -90°}$$

$$\tilde{\lambda}_s = \tilde{\lambda}_r + L'_s \tilde{i}_s = -j0.445 + 0.195(-j0.2225) = \underline{0.488\angle -90°}$$

問題 5.7　フィールドオリエンテーション駆動特性の比較　　　　　　　　　193

$$\tilde{V}_s = \tilde{I}_s(r_s + jX'_s) + \tilde{V}_r = -j0.2225(0.03 + j0.405) + 0.884$$
$$= 0.890 - j0.00668 = \underline{0.891\angle -0.43°}$$

図 5.34　IM の c) $\omega_r = 2\omega_{rB}$, $T_e = 0$

永久磁石同期機　　　$X_s = 0.3$, $R_s = 0.03$, $X_{ls} = 0.10$

端子電圧 $\tilde{V}$, 力率 $\cos\phi$, 出力 $P$ を定格で誘導機と同じにした場合の電流 $\tilde{I}$ と誘起電圧 $\tilde{E}$ を求める.

図 5.25 より, 出力 $P$ に対して, 次式が成立する.

$$P = EI_s \cos\gamma \qquad (5-32)$$

ここで, $P = 1$ であるので, $EI_s \cos\gamma = 1$ となる. $\tilde{I}'_s$ は $\tilde{V}$, $\cos\phi$, を一定に保ったまま $\tilde{I}_s$ を大きくした場合のベクトル図である.

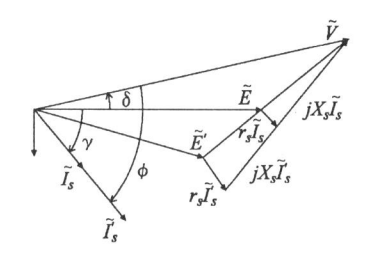

図 5.35

図 5.35 で $\tilde{I}_s$ を実軸にとった場合のベクトル図を図 5.36 に示す.

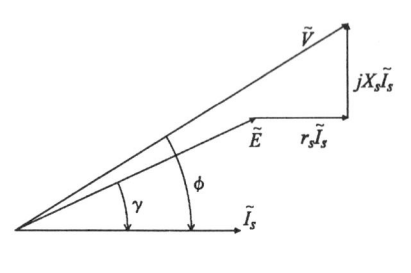

図 5.36

図 5.36 より,
$$E = \sqrt{(V\cos\phi - r_s I_s)^2 + (V\sin\phi - X_s I_s)^2} \tag{5-33}$$
$$\tan\gamma = \frac{V\sin\phi - X_s I_s}{V\cos\phi - r_s I_s} \tag{5-34}$$

a) $\omega_r = \omega_{rB}$
  a-1) $T_e = T_R$
  式(5-32)で $P = 1$ より
$$1 = E I_s \cos\gamma \tag{5-35}$$
式(5-33), (5-34)で $V = 1$, $\phi = 33.96°$
$$E^2 = (\cos 33.96° - 0.03 I_s)^2 + (\sin 33.96° - 0.3 I_s)^2 \tag{5-36}$$
$$\tan\gamma = \frac{\sin 33.96° - 0.3 I_s}{\cos 33.96° - 0.03 I_s} \tag{5-37}$$
式(5-35)〜(5-37)より $E$, $I_s$, $\gamma$ を求める.

式(5-35)より $E = \dfrac{1}{I_s \cos\gamma}$

式(5-36)より $\dfrac{1}{I_s^2 \cos^2\gamma} = (\cos 33.96° - 0.03 I_s)^2 + (\sin 33.96° - 0.3 I_s)^2$

$$\therefore \sec^2\gamma = I_s^2 \left\{ (\cos 33.96° - 0.03 I_s)^2 + (\sin 33.96° - 0.3 I_s)^2 \right\} \tag{5-38}$$

$\sec^2\gamma = 1 + \tan^2\gamma$ の関係があるので, 式(5-37)と(5-38)より

$$1 + \frac{(\sin 33.96° - 0.3 I_s)^2}{(\cos 33.96° - 0.03 I_s)^2} = I_s^2 \left\{ (\cos 33.96° - 0.03 I_s)^2 + (\sin 33.96° - 0.3 I_s)^2 \right\} \tag{5-39}$$

問題 5.7 フィールドオリエンテーション駆動特性の比較

$$\therefore I_s^2 \left(\cos 33.96° - 0.03I_s\right)^4 + I_s^2 \left(\cos 33.96° - 0.03I_s\right)^2 \left(\sin 33.96° - 0.3I_s\right)^2$$
$$- \left(\cos 33.96° - 0.03I_s\right)^2 - \left(\sin 33.96° - 0.3I_s\right)^2 = 0 \qquad (5-40)$$

式(5-40)より $I_s$ を求める。

表 5.3

| $I_s$ | $A$ | $B$ | $C$ | $\alpha$ | $\beta$ | $\alpha + \beta$ |
|---|---|---|---|---|---|---|
| | $\cos 33.96°$ $-0.03I_s$ | $A^2$ | $\sin 33.96°$ $-0.3I_s$ | $I_s^2 BC^2$ | $I_s^2 B^2$ | $-B - C^2$ |
| 1.25 | 0.792 | 0.627 | 0.1836 | 0.0330 | 0.6145 | -0.013 |
| 1.26 | 0.7926 | 0.628 | 0.1806 | 0.0326 | 0.6264 | -0.001 |

表 5.3 より $I = 1.26$ を得る。

$$\gamma = \tan^{-1} \frac{\sin 33.96° - 0.3I_s}{\cos 33.96° - 0.03I_s} = 12.83$$

$$\underline{I}_s = 1.26\angle -12.8°$$

$$\delta = a - \gamma = 33.96 - 12.83 = 21.13 = 21.2°$$

$$\underline{V}_{qds} = 1.0\angle 21.2°$$

$$E = \frac{1}{I_s \cdot \cos\gamma} = \frac{1}{1.25\cos 12.83°} = 0.814$$

ダンパー電流 $i_{kd}$, $i_{kq}$ が零の場合は磁束鎖交数は次式となる.

$$\lambda_{qs} = L_s I_s \cos\gamma = 0.3 \times 1.26 \times \cos 12.83° = 0.369$$

196   5. ベクトル制御とフィールドオリエンテーションの原理

$$\lambda_{ds} = L_s I_s \sin\gamma + \Lambda_{mf} = 0.3 \times 1.26 \sin 12.83° + 0.814 = 0.898$$

$$\underline{\lambda}_{qds} = \sqrt{0.3686^2 + 0.898^2} \ \tan^{-1} \frac{0.898}{0.3686} = \underline{0.971\angle -67.7°}$$

$$\underline{\lambda}_{qdr} = -j\lambda_{dr} = -j\Lambda_{mf} = -jL_{md}i_{fd} = -j0.814 = \underline{0.814\angle -90°}$$

$$\underline{I}_{qdr} = i_{fd} = \frac{-j\lambda_{dr}}{L_{md}} = \frac{j0.818}{0.2} = j4.09 = \underline{4.09\angle -90°}$$

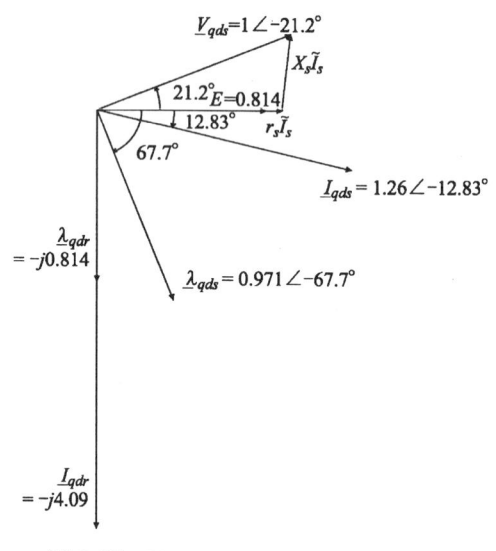

図 5.37　PM　$\omega_r = \omega_{rB}$, $T_e = T_R$

a-2)　$T_e = 0.0$

永久磁石であるので $\widetilde{E}$ が上記より決まる．トルク零より

$$\underline{I}_s = \underline{0}$$

$$\underline{V}_{qds} = E = \underline{0.814}$$

$$\underline{\lambda}_{qds} = \lambda_{qdr} = \underline{0.814\angle -90°}$$

$$\underline{\lambda}_{qdr} = \underline{0.814\angle -90°}$$

$$\underline{I}_{qdr} = \underline{4.09\angle -90°}$$

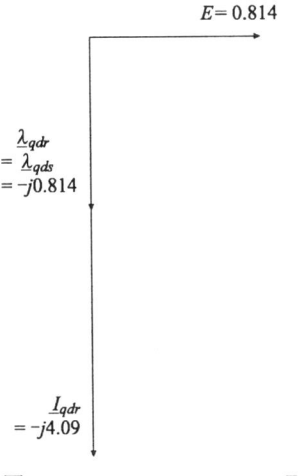

問題 5.7 フィールドオリエンテーション駆動特性の比較        197

$E = 0.814$

$\underline{\lambda}_{qdr} = \underline{\lambda}_{qds} = -j0.814$

$\underline{I}_{qdr} = -j4.09$

図 5.38  PM  $\omega_r = \omega_{rB}$ ,  $T_e = 0$

b)  $\omega_r = 0$

b-1)  $T_e = T_R$

$I_s \cos\gamma$ が a) $T_e = T_R$ と同じになればよいので $I_s$ と $\gamma$ は,これだけでは決まらない. $\omega_r = \omega_{rB}$ のときと $I_s$,$\gamma$ が同じ値であると仮定して解く.

a) の $T_e = T_R$ より,

$$\underline{I}_s = \underline{1.26 \angle -12.8°}$$

$$\underline{\lambda}_{qds} = \underline{0.971 \angle -67.7°}$$

$$\underline{\lambda}_{qdr} = \underline{0.814 \angle -90°}$$

$$\underline{I}_{qdr} = \underline{4.09 \angle -90°}$$

$$\underline{V}_{qds} = r_s I_s = 0.03 \times 1.26 \angle -12.83° = \underline{0.0378 \angle -12.8°}$$

198    5. ベクトル制御とフィールドオリエンテーションの原理

$\underline{V}_{qds}$

$\underline{I}_{qds} = 1.26\angle -12.83°$

$\underline{\lambda}_{qdr} = -j0.814$

$\underline{\lambda}_{qds} = 0.971 \angle -67.7°$

$\underline{I}_{qdr} = -j4.09$

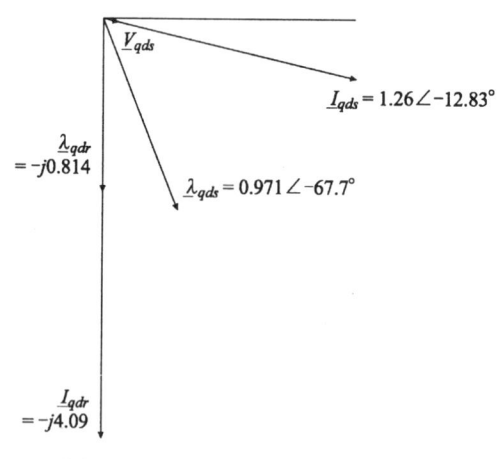

図 5.39   PM   $\omega_r = 0$, $T_e = T_R$

b-2)  $T_e = 0.0$

$\underline{I}_s = \underline{0}$

$\underline{\lambda}_{qds} = \lambda_{qdr} = \underline{0.814\angle -90°}$

$\underline{\lambda}_{qdr} = \underline{0.814\angle -90°}$

$\underline{I}_{qdr} = \underline{4.09\angle -90°}$

$\underline{V}_{qds} = \underline{0}$

問題 5.7 フィールドオリエンテーション駆動特性の比較

$$\lambda_{qdr} = \lambda_{qds} = -j0.814$$

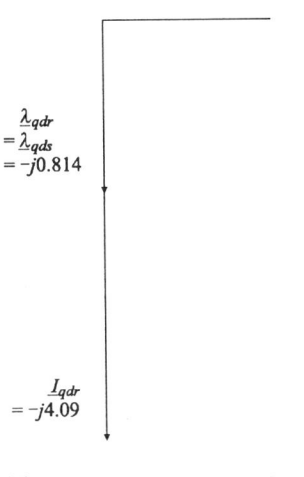

$$I_{qdr} = -j4.09$$

図 5.40　PM　$\omega_r = 0$, $T_e = 0$

c)　$\omega_r = 2\omega_{rB}$
　c-1)　$T_e = T_R$
　永久磁石による誘起電圧が電源電圧を超えるので運転は不可能
　c-2)　$T_e = 0.0$
　永久磁石による誘起電圧が電源電圧を超えるので運転は不可能

定常動作での両者の類似点と相違点

　類似点：両者とも $\omega_r = 0$ でトルクの発生が可能．$T_e = T_R$ では両者ともほぼ同一の入力電流である．

　相違点：$\omega_r = 2\omega_{rB}$ で，誘導機は運転可能だが，永久磁石同期機は運転できない．$T_R = 0.0$ で永久磁石機の方が電流が小さい．

## 6. ベクトル制御とフィールドオリエンテーションの動力学

誘導機と同期機のベクトル制御時のブロック線図をそれぞれ図 6.1 と図 6.2 に示す.

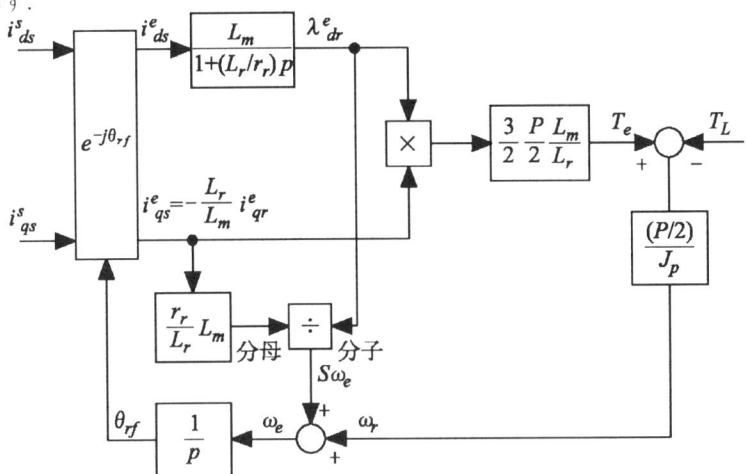

図 6.1 回転子磁束の向きに座標軸をとった場合の電流源駆動誘導機のブロック線図

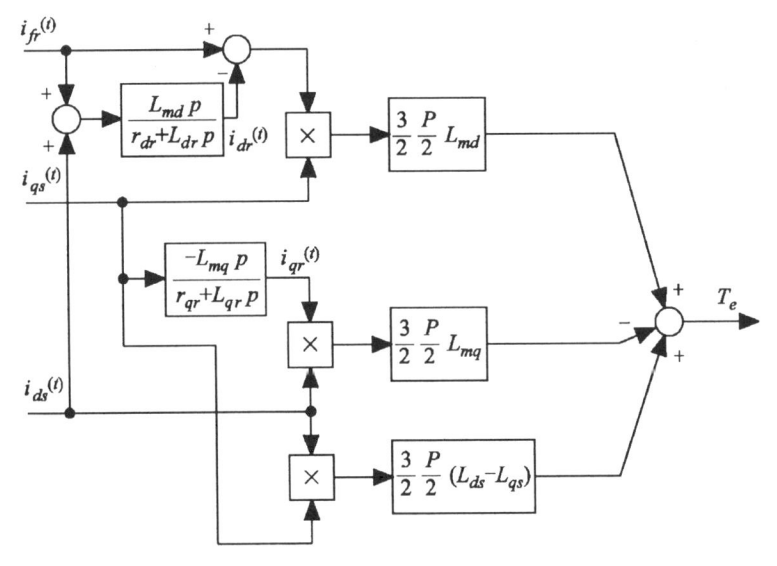

図 6.2 一般の場合での $\gamma \neq 0$ におけるトルクの発生

## 問題 6.1 誘導機のフィールドオリエンテーション時の過渡特性
[訳本の問題 6-1]

100 馬力，460V，4 極の誘導機がフィールドオリエンテーション制御を用いて理想制御電流源により駆動されている．誘導機のパラメータは単位法で次の通りである．

$r_s = 0.015\text{pu}$   $X_{ls} = 0.10\text{pu}$   $X_m = 2.0\text{pu}$
$r_r = 0.020\text{pu}$   $X_{lr} = 0.10\text{pu}$

定格すべり周波数を 0.0248 として以下の問題に答えよ．すべての答えは実際の単位で示せ．

a) 端子電圧と周波数が定格値に保たれているとき，定格トルクと定格速度で動作するための $i_{qs}$，$i_{ds}$ および，$S\omega_e$ を求めよ．

b) $i_{qs}$ が a) の値で一定とし，$i_{ds}$ が a) の 1/2 に減少したあとの定常状態でのトルクとすべり周波数を求めよ．次に $i_{qs}$ と $i_{ds}$ の値を同じに保って，速度を a) の 2 倍にしたときの端子電圧と固定子周波数を求めよ．

c) 電流制御器が $i_{ds}$ を瞬時に変えることが可能として，b) のトルクの過渡応答を求めよ．

### 解答

定数は問題 5.4 と同じである．

a) すべり角周波数と $d$ 軸，$q$ 軸電流との間には次の関係式

$$S\omega_e = \frac{r_r}{L_r}\frac{I_{qs}}{I_{ds}}$$

が得られる．これを書き直すと，

$$I_{qs} = \frac{S\omega_e L_r I_{ds}}{r_r}$$

となり，また定義より，

$$\underline{I}_{qs} = \sqrt{\left|\underline{I}_s\right|^2 - I_{ds}^2}$$

$$\underline{I}_{qs}^2 = \left|\underline{I}_s\right|^2 - I_{ds}^2$$

となる．上式を組み合わせると次式となる．

$$\left(\frac{S\omega_e L_r I_{ds}}{r_r}\right)^2 = \left|\underline{I}_s\right|^2 - I_{ds}^2$$

ここで $\left|\underline{I}_s\right|$ を求めるため，図 6.3 の定常状態の等価回路を使用する．

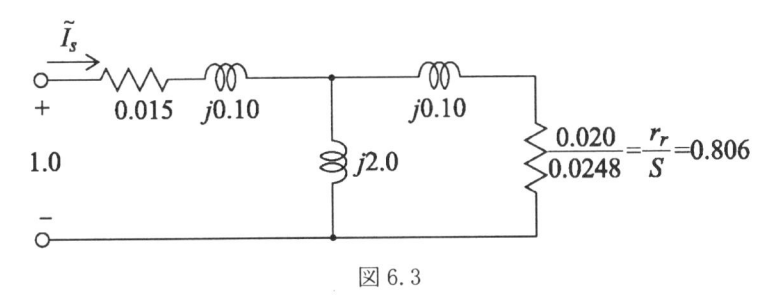

問題6.1 誘導機のフィールドオリエンテーション時の過渡特性

図6.3

$$\tilde{I}_s = \frac{1+j0}{(0.015+j0.10)+[j2.0\|(0.806+j0.10)]} = 1.053 - j0.7105$$

上式で記号‖はこの両側の二つのインピーダンスの並列接続を意味している。

$$|\tilde{I}_s| = 1.27 [\text{pu}]$$

となり，これより

$$\left(\frac{S\omega_e L_r I_{ds}}{r_r}\right)^2 = |\underline{I}_s|^2 - I_{ds}^2$$

$$\left(\frac{(0.0248)(1.0)(2.0+0.1)I_{ds}}{0.020}\right)^2 = 1.27^2 - I_{ds}^2$$

$$6.78 I_{ds}^2 = 1.61 - I_{ds}^2$$

$$I_{ds} = \underline{0.456} [\text{pu}]$$

が得られる。基準電流 $I_B$ は，

$$I_B = \frac{100 \times 746}{\sqrt{3} \times 460} = 93.6 [\text{Arms}] (132 [\text{Apeak}])$$

であるので，

$$I_{qs} = \sqrt{|\underline{I}_s|^2 - I_{ds}^2}$$
$$= \sqrt{1.27^2 - 0.456^2}$$
$$= 1.19 [\text{pu}]$$
$$= 1.19 \times 132 = 157 [\text{Apeak}]$$
$$S\omega_e = 0.0248 \times 377 = 9.35 [\text{rad/s}]$$

となる。

$$I_{qs} = \underline{157} [\text{Apeak}]$$
$$I_{ds} = \underline{60.3} [\text{Apeak}]$$
$$S\omega_e = \underline{9.35} [\text{rad/s}]$$

b) $I_{ds} = \dfrac{60.3}{2} = 30.15$ [Apeak]

$S\omega_e$ は次式となる.

$$S\omega_e = \frac{r_r}{L_r}\frac{|I_{qs}|}{|I_{ds}|} = 9.35 \times 2 = \underline{18.7} \text{ [rad/s]}$$

($\because I_{ds}$ が a) の半分であるので)

トルク $T_e$ は次式となる.

$$T_e = \frac{3}{2}\frac{P}{2}\frac{L_m^2}{L_r}I_{qs}I_{ds} = \frac{3}{2}\frac{4}{2}\frac{4}{2.1}\frac{(Z_B/\omega_B)^2}{(Z_B/\omega_B)} \times 157 \times 30.15$$

$$= 5.714\frac{2.84}{377}157 \times 30.15 = 203.7 \fallingdotseq \underline{204} \text{ [N–m]}$$

速度が a) の 2 倍のときの等価回路を図 6.4 に示す.

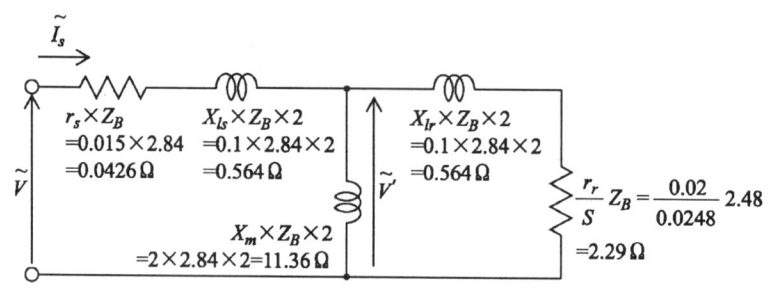

図 6.4

$\omega_r = 2(\omega_e - S\omega_e) = 2(377 - 9.35) = 735.3$ [rad/s]

$\omega_e = \omega_r + 2S\omega_e = 735.3 + 2 \times 9.35 = \underline{754}$ [rad/s]

$$\tilde{V}' = \frac{j11.36(2.29 + j0.568)}{j11.36 + 2.29 + j0.568}\tilde{I}_s = \frac{-6.452 + j26.01}{2.29 + j11.93}\tilde{I}_s$$

$= (2.003 + j0.925)(157 + j30.1) = 286.6 + j205.5$

$\tilde{V} = \tilde{I}_s(0.0426 + j0.568) + \tilde{V}' = (157 + j30.1)(0.0426 + j0.568) + \tilde{V}'$

$= (-10.41 + j90.46) + (286.6 + j205.5)$

$= 276.2 + j296.0$

$|\tilde{V}| = 404.84$

$$V_{line\,to\,line}(\text{rms}) = 404.8\frac{\sqrt{3}}{\sqrt{2}} = 495.8 \fallingdotseq \underline{496}[V]$$

問題 6.1 誘導機のフィールドオリエンテーション時の過渡特性

<$\widetilde{V}$ の別解>
図 6.5 の空間ベクトル等価回路からも計算できる.

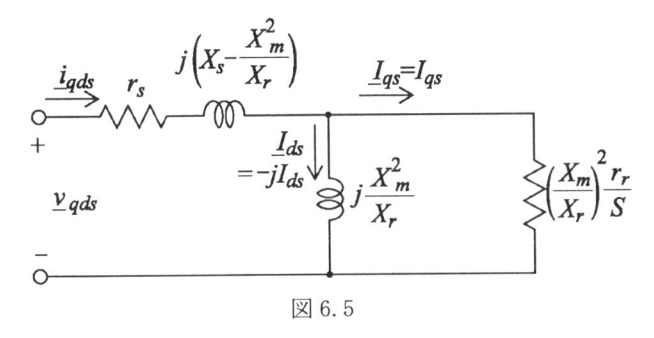

図 6.5

$$\underline{V}_{qds} = \underline{I}_{qds}\left[r_s + j\left(X_s - \frac{X_m^2}{X_r}\right)\right] + \underline{I}_{ds}\left(j\frac{X_m^2}{X_r}\right)$$

$$= (1.19 - j0.228)\left\{0.015 + j\frac{754}{377}\left(2.1 - \frac{2.2^2}{2.1}\right)\right\} + \left\{-j0.288\left(j\frac{2^2}{2.1}\right) \times \frac{754}{377}\right\}$$

$$= (1.19 - 0.228)(0.015 + j0.39) + 0.868 = 0.01068 + j0.4671 + 0.868$$

$$= 0.9748 + j0.4607 = 1.078\angle 25.3°$$

$$\left|\underline{V}_{qds}\right| = 1.078 \times 460 = 495.6 \fallingdotseq \underline{496}[V]$$

c) 図 6.6 より,

$$T_e = \frac{3}{2}\frac{P}{2}\frac{L_m}{L_r}\left(\lambda_{dr}^e i_{qs}^e\right) \tag{6-1}$$

$$(r_r + L_r p)\lambda_{dr}^e = r_r L_m i_{ds}^e \tag{6-2}$$

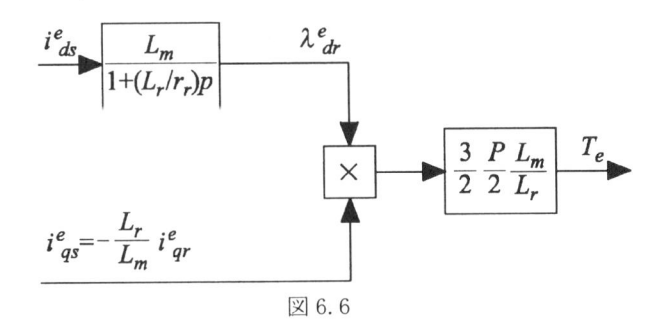

図 6.6

式(6-2)を解くと，

$$\lambda_{dr}^e = \frac{L_m}{1+\frac{L_r}{r_r}p} i_{ds}^e$$

$$\therefore \lambda_{dr}^e(t) = L_m \lambda_{ds}^e \left(1-e^{-\frac{r_r}{L_r}t}\right)$$

上式を式(6-1)に代入すると，

$$T_e = \frac{3}{2}\frac{P}{2}\frac{L_m^2}{L_r}i_{ds}^e i_{qs}^e\left(1-e^{-\frac{r_r}{L_r}t}\right) = \frac{3}{2}\frac{4}{2}\frac{2.0^2\left(\frac{Z_B}{\omega_B}\right)^2}{2.1\left(\frac{Z_B}{\omega_B}\right)}30.15\times 157\times\left(1-e^{-\frac{0.02Z_B}{2.1(Z_B/\omega_B)}t}\right)$$

$$= 204\left(1-e^{-3.6t}\right)$$

## 問題 6.2 同期機のフィールドオリエンテーション時の過渡特性
[訳本の問題 6-2]

単位法で下記のパラメータを持つ 200 馬力，460V，三相，60Hz，4 極の同期電動機が電流制御可変周波数電源により駆動されている．

$X_{ls} = 0.1$　　$X_{lf} = 0.2$　　$r_s = 0.03$
$X_{md} = 1.3$　　$X_{ldr} = 0.1$　　$r_{dr} = 0.03$
$X_{mq} = 0.4$　　$X_{lqr} = 0.15$　　$r_{qr} = 0.06$
　　　　　　　　　　　　　　　　$r_{fr} = 0.02$

この問題に関して理想電流制御器を仮定して以下の問題に答えよ．

a) 定格端子電圧 $V = 1.0\mathrm{pu}$，$I = i_{qs}^* = 1.0\mathrm{pu}$，定格周波数 $f = 1.0\mathrm{pu}$ でフィールドオリエンテーション（$\gamma = 0$）の場合のトルク，内部起電力 $E$ および端子での力率を求めよ．

b) a)と同じトルクで，60Hz，$V = 1.0\mathrm{pu}$，力率 1 での運転における $E$，$I$，$i_{qs}^*$，$i_{ds}^*$ および $\gamma$ を求めよ．

c) a), b)に関して $i_{qs}^*$ のステップ入力（零から定格トルクに相当する電流）に対する $T(t)$ を求め作図せよ．トルクは単位法で，時間は秒で示せ．ただし，$i_{ds}^*$ は両方の場合でそれぞれ一定に保たれているとする．

## 解答
a) ベクトル図を図 6.7 に示す．

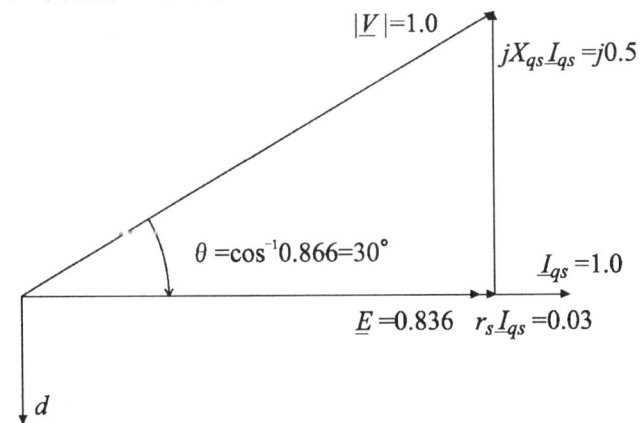

図 6.7

$$|V|^2 = \left(X_{qs}|I_{qs}|\right) + \left(|E| + r_s|I_{qs}|\right)^2 \tag{6-3}$$

また，トルクは，
$$T_e = L_{md} \cdot I_f \cdot I_{qs}$$
$\omega = 1.0\text{pu}$ であるので，
$$|E| = L_{md} I_f$$
となり，
$$T_e = |E| \cdot |I_{qs}| \tag{6-4}$$
式(6-4)を式(6-3)に代入することにより，
$$|V|^2 = \left(X_{qs}|I_{qs}|\right)^2 + \left(\frac{T_e}{|I_{qs}|} + r_s|I_{qs}|\right)^2$$

$V = 1.0$，$X_{qs} = X_{mq} + X_{ls} = 0.5$，$I_{qs} = 1.0$，$r_s = 0.03$ を代入すると，
$$1^2 = 0.5^2 + (T_e + 0.03)^2$$
よって，
$$T_e = \underline{0.836}[\text{pu}]$$
$T_e = E$ より，
$$E = \underline{0.836}[\text{pu}]$$
$$\cos\theta = \frac{E + r_s I_{qs}}{V} = \frac{0.836 + 0.03}{1.0} = \underline{0.866}[\text{pu}]$$

b) 図 6.8 は力率 1 の場合のベクトル図である．ここで $\underline{I}_{ds}$ の正の向きはこれまでと逆方向にとっている．

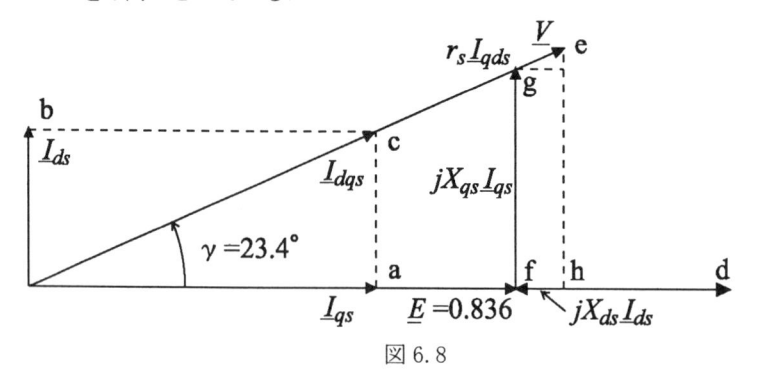

図 6.8

問題 6.2 同期機のフィールドオリエンテーション時の過渡特性

力率 1 の条件より，$I$ と $V$ は同相であり，△oac と △ofg は相似であるので次式が成立する．

$$\frac{I_{qs}}{I_{ds}} = \frac{E - X_{ds}I_{ds}}{X_{qs}I_{qs}} = \frac{E - 1.4I_{ds}}{0.5I_{qs}} \tag{6-5}$$

また △ofg と端子電圧 $V$ との関係より次式が成立する．

$$(E - X_d I_{ds})^2 + (X_q I_{qs})^2 = (V - r_s I)^2 = \left(V - r_s \sqrt{I_{qs}^2 + I_{ds}^2}\right)^2$$

$$\therefore (E - 1.4I_{ds})^2 + (0.5I_{qs})^2 = \left(1 - 0.03\sqrt{I_{qs}^2 + I_{ds}^2}\right)^2 \tag{6-6}$$

トルクに関しては $I_{ds}$ の正の向きを逆方向にとっているので，$I_{ds}$ の代わりに $-I_{ds}$ を代入する．

$$T_e = L_{md}I_f I_{qs} + (L_{ds} - L_{qs})(-I_{ds})I_{qs}$$

$\omega_e = 1$ であるので，

$$T_e = (E - X_{ds}I_{ds})I_{qs} + X_{qs}I_{qs}I_{ds}$$
$$\therefore 0.836 = (E - 1.4I_{ds})I_{qs} + 0.5I_{qs}I_{ds} \tag{6-7}$$

式(6-5)～式(6-7)は未知数 $E$，$I_{qs}$，$I_{ds}$ に関する連立 3 元方程式である．式(6-5)より，

$$E - 1.4I_{ds} = \frac{1}{2}\frac{I_{qs}^2}{I_{ds}} \tag{6-8}$$

式(6-8)を式(6-6)に代入して整理すると，

$$\left(\frac{I_{qs}^2}{I_{ds}}\right)\left(I_{qs}^2 + I_{ds}^2\right) = 4\left(1 - 0.03\sqrt{I_{qs}^2 + I_{ds}^2}\right)^2 \tag{6-9}$$

同様に，式(6-8)を式(6-9)に代入して，整理すると，

$$1.672 = \frac{I_{qs}}{I_{ds}}\left(I_{qs}^2 + I_{ds}^2\right) \tag{6-10}$$

式(6-9)，(6-10)で $I_{qs}^2 + I_{ds}^2$ の項を消去し，$I_{qs}/I_{ds}$ だけの式にする．式(6-10)より，

$$I_{qs}^2 + I_{ds}^2 = 1.672\frac{I_{ds}}{I_{qs}} \tag{6-11}$$

式(6-11)を式(6-9)に代入して整理すると，$\sqrt{I_{qs}/I_{ds}}$ に関する下記の四次方程式が得られる．

$$0.418\left(\frac{I_{qs}}{I_{ds}}\right)^2 - \left(\frac{I_{qs}}{I_{ds}}\right) + 0.07758\sqrt{\frac{I_{qs}}{I_{ds}}} - 0.0015 \qquad (6-12)$$

式(6-12)の四次方程式の解は 1.507, 0.0411, 0.0366, -1.584 となるが，この場合は 1.507 をとる．よって，

$$I_{qs}/I_{ds} = 1.507^2 = 2.271$$

$$I = \underline{0.858}, \quad I_{ds} = \underline{0.346}, \quad I_{qs} = \underline{0.785}, \quad E = \underline{1.38}, \quad \gamma = \tan^{-1}\frac{-I_{ds}}{I_{qs}} = \underline{-23.8}^\circ$$

c) a)の場合は $\gamma = 0$ であり，トルクはステップ応答となり，その値は次式となる．

$$T_e = L_{md} \cdot i_f \cdot i_{qs} = E \cdot I_{qs} = 0.836 \times 1 = 0.836$$

b)の場合は $\gamma \neq 0$ となる．また題意より $i_{ds}^*$ は一定であるので $i_{dr} = 0$ となり，$i_{qs}^*$ のステップ入力に対するトルク応答は次式となる．

$$T_e = L_{md} \cdot i_f \cdot i_{qs}^* \cos\gamma + \frac{L_{mq}}{L_{qr}} i_{qs}^{*2} \sin\gamma \cdot \cos\gamma \cdot e^{-\frac{R_{qr}}{L_{qr}}t} + (L_{md} - L_{mq}) i_{qs}^{*2} \sin\gamma \cdot \cos\gamma$$

$$= 1.38 \times 0.856 \times 0.915 + \frac{0.4^2}{0.55} 0.856^2 \times (-0.403) \times 0.915 e^{-\frac{R_{qr}}{L_{qr}}t} + (1.3 - 0.4) 0.856^2$$

$$\times (-0.403) \times 0.915 = 1.0809 - 0.0786 e^{-\frac{R_{qr}}{L_{qr}}t} - 0.2432$$

$$\therefore T_e(0) = \underline{0.795} \qquad T_e(\infty) = \underline{0.838}$$

また，上式で時定数 ($L_{qr}/R_{qr}$) の値は次式となる．

$$\text{時定数} = \frac{L_{qr}[\text{pu}]}{\omega_{base} \cdot r_{qr}[\text{pu}]} = \frac{0.4 + 0.15}{377 \times 0.06} = \underline{0.0243}[\text{sec}]$$

## 問題 6.3 間接形フィールドオリエンテーションでの誘導機始動時の過渡現象
[訳本の図 6.12, 図 6.13]

100馬力, 460V, 60Hz, 4極誘導電動機のパラメータの値は単位法で,
- 固定子抵抗 $r_s = 0.01$
- 固定子漏れリアクタンス $x_{ls} = 0.10$
- 回転子抵抗 $r_r = 0.015$
- 回転子漏れリアクタンス $x_{lr} = 0.10$
- 励磁リアクタンス $x_m = 3.0$
- 慣性モーメント $J = 0.5$ 秒

である. 間接形フィールドオリエンテーションでの $\lambda_{dr}^e$, $i_{ds}^e$, $\Delta\theta_{rf}$, $S\omega_e$ に関する始動時の過渡現象について計算せよ.

### 解答

まず, 図6.9に示すような軸ずれを考慮した電流源駆動誘導機間接形フィールドオリエンテーションシステムを考える. ここで, 解析を行う上でいくつかの条件がある. その条件を以下に示す.

1) 解析において回転子速度 $\omega_r$ は $\omega_r = 0$, つまり $\theta_r = 0$
2) 磁束指令 $\lambda_{dr}^{e*}$ は $\lambda_{dr}^{e*} = 1.0\text{pu}$ 一定
3) すべての初期値は零
4) パラメータ誤差はない(チューニング時), つまり $\hat{\tau}_r = \tau_r$

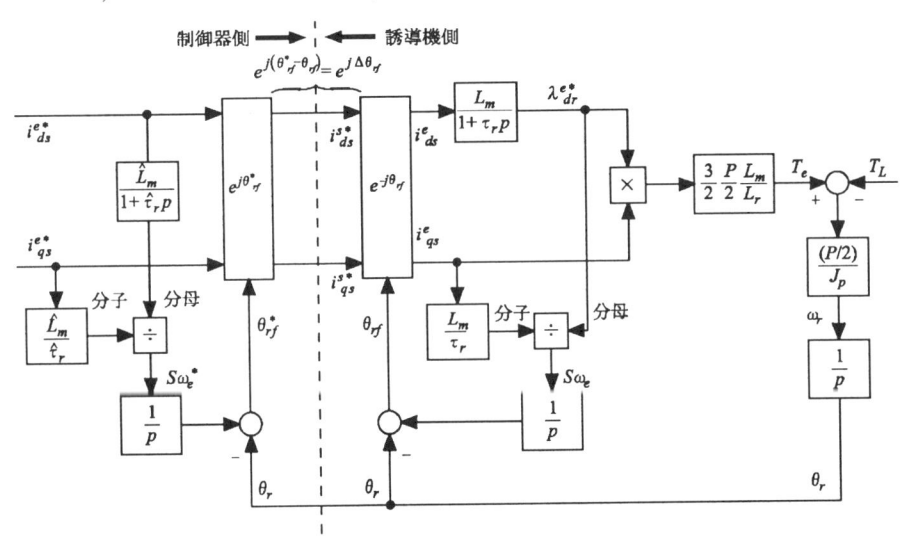

図6.9 軸ずれ $\Delta\theta_{rf}$ を考慮した電流源駆動誘導機間接形フィールドオリエンテーションシステム

制御器側は，解析条件 2)より $\lambda_{dr}^{e*} = 1.0\mathrm{pu}$ 一定，また $x_m = 3.0$ であるので $i_{ds}^{e*}$ は次のように求めることができる．

$$i_{ds}^{e*} = \frac{1}{L_m}(1 + \tau_r p)\lambda_{dr}^{e*} = \frac{\lambda_{dr}^{e*}}{L_m} = \frac{1.0}{3.0} = 0.333 \quad \text{一定} \tag{6-13}$$

また，$i_{qs}^{e*}$ については $\beta = \dfrac{i_{qs}^{e*}}{i_{ds}^{e*}}$ より次式となる．

$$i_{qs}^{e*} = \beta\, i_{ds}^{e*} \tag{6-14}$$

$S\omega_e^*$, $\theta_{rf}^*$ についてはそれぞれ，

$$S\omega_e^* = \frac{\dfrac{\hat{L}_m}{\hat{\tau}_r} i_{qs}^{e*}}{\lambda_{dr}^{e*}} = \frac{\hat{L}_m}{\hat{\tau}_r} i_{qs}^{e*} \tag{6-15}$$

$$\theta_{rf}^* = \frac{1}{p} S\omega_e^* + \theta_r \tag{6-16}$$

となる．ここで，解析条件 1)の $\theta_r = 0$ および解析条件 3)の $\hat{\tau}_r = \tau_r$ を式(6-15)と式(6-16)に適用すると，

$$S\omega_e^* = \frac{\dfrac{L_m}{\tau_r} i_{qs}^{e*}}{\lambda_{dr}^{e*}} = \frac{L_m}{\tau_r} i_{qs}^{e*} \tag{6-17}$$

$$\theta_{rf}^* = \frac{1}{p} S\omega_e^* \tag{6-18}$$

となる．ここで，

$$\hat{\tau}_r = \tau_r = \frac{\hat{L}_r}{\hat{r}_r} = \frac{L_r}{r_r} \tag{6-19}$$

である．また，$\theta_{rf}^*$ は $S\omega_e^*$ が一定であり，解析条件 3)より初期値はすべて零であるので，式(6-18)を変形して次式を得る．

$$\theta_{rf}^* = \frac{L_m}{\tau_r} i_{qs}^{e*} t \tag{6-20}$$

次に，誘導機側について考える．まず，$i_{ds}^e$, $i_{qs}^e$ は制御器側の $i_{ds}^{e*}$, $i_{qs}^{e*}$ を軸ずれ $\Delta\theta_{rf}$ で座標変換することで得られる．ここで，軸ずれ $\Delta\theta_{rf}$ は制御器軸の角 $\theta_{rf}^*$ と誘導機軸の角 $\theta_{rf}$ の差である．$\Delta\theta_{rf}$, $i_{ds}^e$, $i_{qs}^e$ はそれぞれ，

$$\Delta\theta_{rf} = \theta_{rf}^* - \theta_{rf} \tag{6-21}$$

## 問題 6.3 間接形フィールドオリエンテーションでの誘導機始動時の過渡現象

$$i_{ds}^e = i_{ds}^{e*}\cos\Delta\theta_{rf} - i_{qs}^{e*}\sin\Delta\theta_{rf} \tag{6-22}$$

$$i_{qs}^e = i_{qs}^{e*}\cos\Delta\theta_{rf} + i_{ds}^{e*}\sin\Delta\theta_{rf} \tag{6-23}$$

となる．次に，回転子磁束 $\lambda_{dr}^e$ は以下のように表される．

$$\lambda_{dr}^e = \frac{L_m}{1+\tau_r p}i_{ds}^e \tag{6-24}$$

この式を変形し，式(6-21)，式(6-22)を代入すると，

$$p\lambda_{dr}^e = \frac{1}{\tau_r}\left\{-\lambda_{dr}^e + L_m\left(i_{ds}^{e*}\cos\left(\theta_{rf}^* - \theta_{rf}\right) - i_{qs}^{e*}\sin\left(\theta_{rf}^* - \theta_{rf}\right)\right)\right\} \tag{6-25}$$

となる．$S\omega_e$，$\theta_{rf}$ も制御器側と同様に求めると，式(6-23)を用いて

$$S\omega_e = \frac{\dfrac{L_m}{\tau_r}i_{qs}^e}{\lambda_{dr}^e} = \frac{L_m}{\tau_r\lambda_{dr}^e}\left\{i_{qs}^{e*}\cos\left(\theta_{rf}^* - \theta_{rf}\right) + i_{ds}^{e*}\sin\left(\theta_{rf}^* - \theta_{rf}\right)\right\} \tag{6-26}$$

$$\theta_{rf} = \frac{1}{p}S\omega_e \tag{6-27}$$

となる．ここで，$\theta_{rf}$ は(6-27)式に(6-26)式を代入し，変形すると，

$$p\theta_{rf} = \frac{L_m}{\tau_r\lambda_{dr}^e}\left\{i_{qs}^{e*}\cos\left(\theta_{rf}^* - \theta_{rf}\right) + i_{ds}^{e*}\sin\left(\theta_{rf}^* - \theta_{rf}\right)\right\} \tag{6-28}$$

となる．

$\lambda_{dr}^e$ と $\theta_{rf}$ に関する2元連立微分方程式の式(6-25), (6-28)を解けばよい．また，$i_{ds}^e$，$\Delta\theta_{rf}$ については連立微分方程式の結果を式(6-21), (6-22), (6-26)に代入して計算すれば求めることができる．解析結果を図6.10と図6.11に示す．

図6.10は，$S\omega_e$ と $\Delta\theta_{rf}$ の $t=0$ 付近の波形である．(a)の $S\omega_e$ は，$t=0$ において $\lambda_{dr}^e = 0$ となるので非常に大きい値となる．(b)の $\Delta\theta_{rf}$ は，(a)の積分値で表されるので，このような波形となる．

図6.11は，$\lambda_{dr}^e$，$i_{ds}^e$，$\Delta\theta_{rf}$ および $S\omega_e$ の始動時の過渡現象から定常状態に落ち着くまでの状態を示している．$i_{ds}^e$，$\Delta\theta_{rf}$，$S\omega_e$ の波形において $\beta=0$ では過渡現象が生じないことが分かる．これは $i_{qs}^{e*}=0$，つまり $\theta_{rf}^* = \theta_{rf} = 0$ であるので，指令値と実際値に誤差が生じないためである．また，$\beta$ の値が始動時の過渡現象に大きく影響することが分かる．

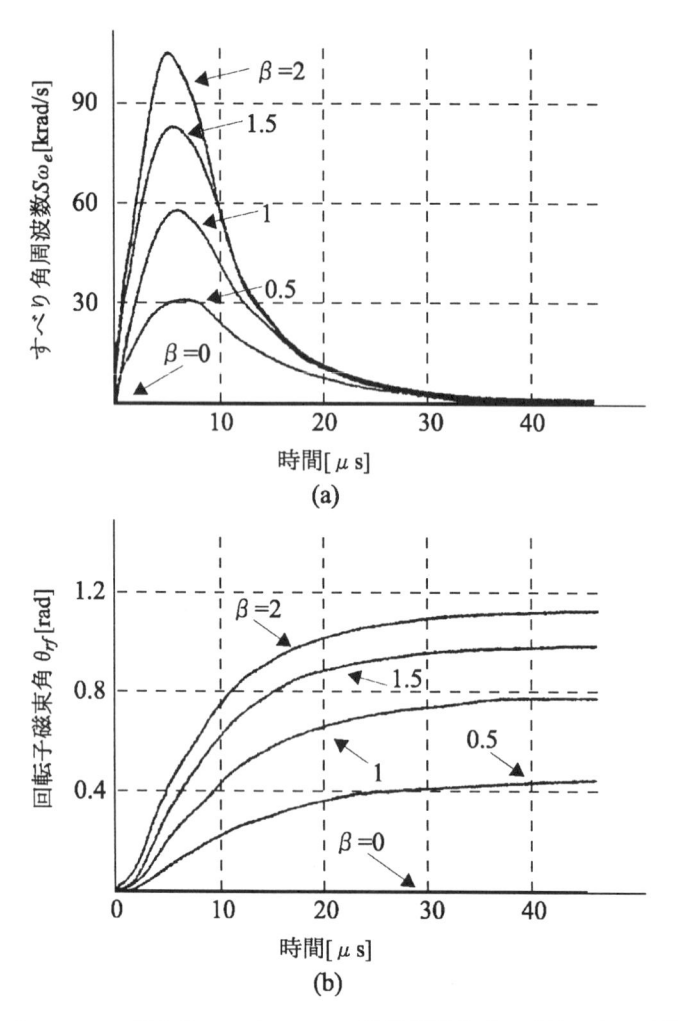

図 6.10 フィールドオリエンテーション誘導機始動時の過渡現象の計算において その初期値を零とおいたとき，この初期値が適切な値になるまでの過程

問題 6.3 間接形フィールドオリエンテーションでの誘導機始動時の過渡現象 215

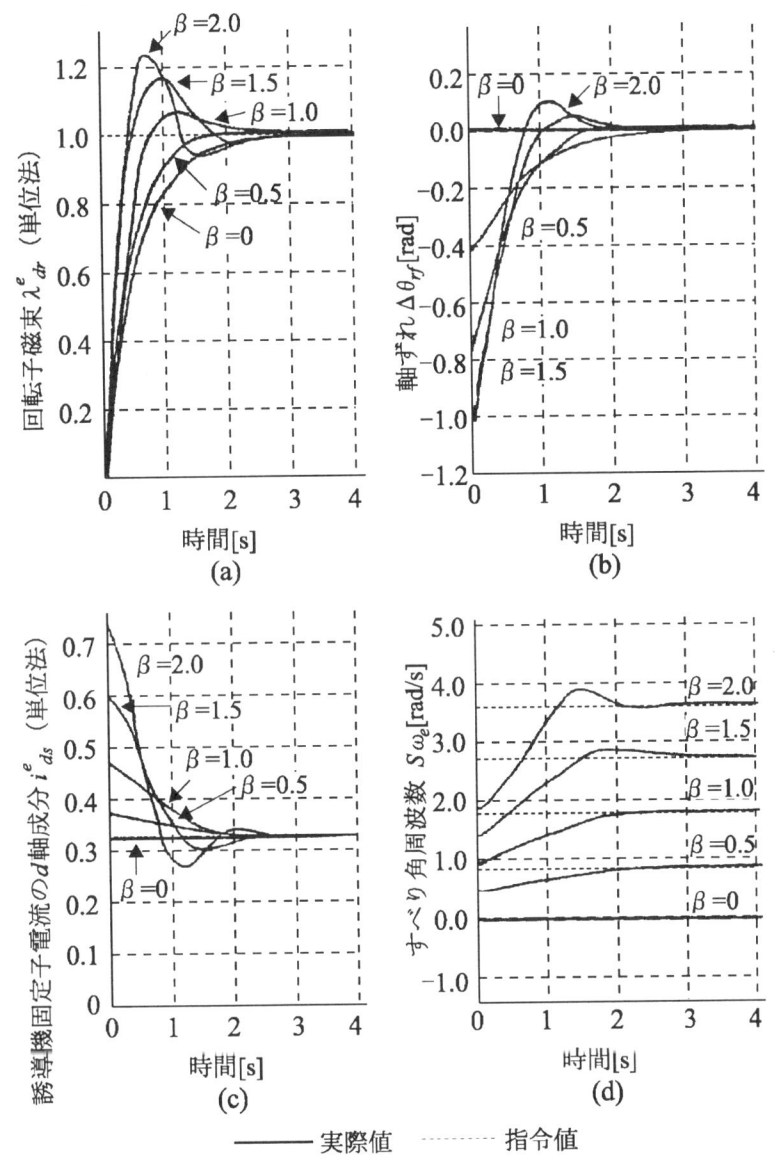

図 6.11 間接形フィールドオリエンテーションでの誘導機始動時の過渡現象

## 7. 電力変換器における電流制御

一般に電流制御器は，ヒステリシス制御器，三角波比較制御器，予測制御器の三つのグループに分類できる．

1) ヒステリシス制御器

非常に単純で，優れた電流振幅制御が可能であるが，スイッチング回数の変化が非常に激しいという欠点がある．

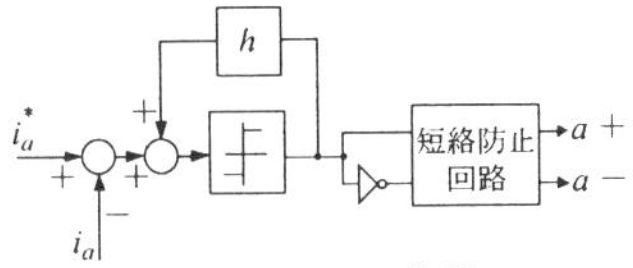

ヒステリシス制御器

2) 三角波比較制御器

スイッチング周波数が一定．制御を静止座標で行うか同期座標で行うかで2種類の制御器のタイプがある．

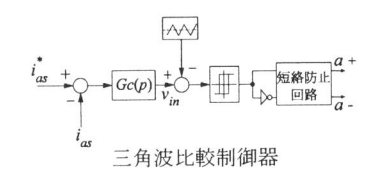

三角波比較制御器

2-1 静止座標制御器

構成は簡単であるが，交流を制御するので，積分を用いてもPI制御器の周波数依存性のために定常状態における電流誤差を零にすることができない．

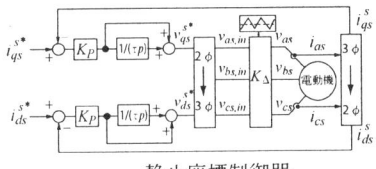

静止座標制御器

2-2 同期座標制御器

同期座標では定常状態の電流が直流となるので，この座標においてPI制御を用いると定常状態における電流誤差を零にできるが，三角波比較制御器を静止座標で用いるためシステムが複雑になり，実現に多くのハードウェアを必要とする．

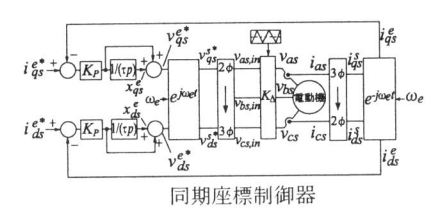

同期座標制御器

3) 予測制御器

指令電圧ベクトルを電動機モデルによって予測し，この指令電圧ベクトルを二つの隣接した非零ベクトルと零ベクトルを用いて時間平均的に出力する．

右図の例では，各ベクトルを次式のように出力する．

$$\underline{v}_s^{s*}(0) = \frac{T_1}{T}\underline{v}_1 + \frac{T_2}{T}\underline{v}_2 + \frac{T-(T_1+T_2)}{T}\underline{v}_7$$

ここで $T$ はスイッチング間隔である．

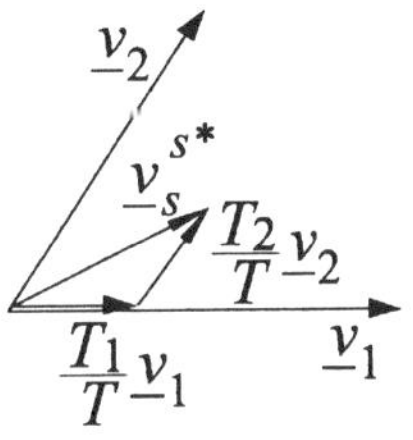

$\underline{v}_s^{s*}$ の空間ベクトルによる合成

**問題7.1　固定子座標三角波比較電流制御器の設計と特性　[訳本の問題7-1]**

100馬力，460V（線間）の誘導電導機が60Hzで以下のパラメータ

$r_s = 0.015$[pu], $X_{ls} = 0.10$[pu], $X_m = 2.0$[pu],
$r_r = 0.020$[pu], $X_{lr} = 0.10$[pu]　（定格周波数）

を有している．この電動機に用いる固定子座標三角波比較電流制御器について以下の問に答えよ．ただし$K_\Delta = 10$とする．

a) PI制御器の零点の大きさが電動機の固定子過渡時定数の逆数に一致し，定常状態における電流制御器の位相誤差が，固定子周波数10Hzおよび定格すべり角周波数という条件に対して3°となるようにPI制御器のパラメータ$K_P$（比例ゲイン）と$\tau$（積分時定数）を決定せよ[※]．

b) 上記a)のPI制御器のパラメータを用い，定格すべり角周波数時および無負荷時のそれぞれに対して固定子周波数0, 10, 20, 40, 60Hzの各定常状態における伝達関数$i_s^s(j\omega_e)/i_s^{s*}(j\omega_e)$の大きさおよび位相誤差を計算せよ[※※]．

---

※　注：PI制御器の伝達関数は，$G_C = K_P(\tau p+1)/\tau p$である．したがって，$\tau$については題意より，$G_C$の零点の大きさが$1/\tau'_s = r_s/L'_s$に等しくなるように選べばよい．なお，$\tau$をこのように決めると誘導機の過渡インピーダンスに基づいた伝達関数$1/Z_t(j\omega_e)$の極と，PI制御器の零点がキャンセルし，全体の伝達関数が簡単になるというメリットがある．$K_P$については，伝達関数
$i_s^s(j\omega_e)/i_s^{s*}(j\omega_e) = 1/\{1 + Z_{in}(j\omega_e, js\omega_e)/K_\Delta G_C(j\omega_e)\}$に$G_C = K_P\{\tau j\omega_e+1\}/\tau j\omega_e$, $Z_{in} = \{j\omega_e \cdot jS\omega_e L'_s + jS\omega_e r_s + j\omega_e L_s/\tau_r + r_s/\tau_r\}/\{js\omega_e+1/\tau_r\}$を代入し，$K_P$を変化させて$i_s^s(j\omega_e)/i_s^{s*}(j\omega_e)$の位相誤差が固定子周波数10Hzおよび定格すべり角周波数という条件に対して3°となるような$K_P$を見つければよい．ここで，上記の伝達関数の計算に必要な定格すべり角周波数$S\omega_e$は，定格電圧460V，定格角周波数$2\pi \times 60$rad/sにおいて定格出力100馬力を発生するすべりS（定格すべり）を数値計算によって求め（S=0.0248となる），これに定格角周波数を掛けることで得られる．

※※注：すべり角周波数$S\omega_e$は定格値で一定であるので，すべり$S$は各固定子周波数に対して異なることに注意．

問題7.1 固定子座標三角波比較電流制御器の設計と特性　　　　　　　　　219

## 解答

a)

まず，問題の解答に先立って誘導機の定数を実際の値に直しておく．

$$I_B = \frac{P_R/3}{V_R} = \frac{746 \times 100/3}{460/\sqrt{3}} = 93.6 [\text{A}], \quad Z_B = \frac{V_B}{I_B} = \frac{460/\sqrt{3}}{93.63} = 2.84 [\Omega]$$

$$\omega_B = 2\pi 60 = 377 \ [\text{rad}/\text{s}]$$

以上より，

$$r_s = 0.015[\text{pu}] \times 2.84 = 0.0426[\Omega], \quad L_{ls} = 0.1[\text{pu}] \times \frac{Z_B}{\omega_B} = \frac{0.1 \times 2.84}{377} = 0.753[\text{mH}]$$

$$L_m = \frac{2[\text{pu}] \times 2.84}{377} = 15.0[\text{mH}], \quad r_r = 0.02[\text{pu}] \times 2.84 = 0.0568[\Omega]$$

$$L_{lr} = 0.753[\text{mH}], \quad L_s = L_{ls} + L_m = 0.753 + 15 = 15.753[\text{mH}]$$

$$L'_s = L_{ls} + L_m - \frac{L_m^2}{L_{lr} + L_m} = 0.753 + 15 - \frac{15^2}{0.753 + 15} = 15.753 - \frac{15^2}{15.753} = 1.47[\text{mH}]$$

電流ＰＩ制御器のブロック線図は，以下のようになる．

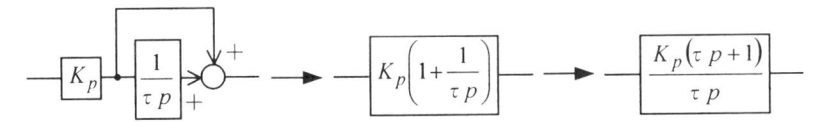

$$\boxed{K_p} \ \boxed{\frac{1}{\tau p}} \xrightarrow{+\ +} \longrightarrow \boxed{K_p\left(1 + \frac{1}{\tau p}\right)} \longrightarrow \boxed{\frac{K_p(\tau p + 1)}{\tau p}}$$

この零点の大きさを固定子過渡時定数の逆数 $r_s/L'_s$ に等しくとるので，

$$\left|-\frac{1}{\tau}\right| = \frac{r_s}{L'_s} \quad \therefore \ \tau = \frac{L'_s}{r_s} = \frac{1.47 \times 10^{-3}}{0.0426} = 0.0345 \ [\text{s}]$$

また

$$\tau_r = \frac{L_r}{r_r} = \frac{15.753 \times 10^{-3}}{0.0568} = 0.2773 \ [\text{s}]$$

次に，周波数領域での制御器の伝達関数は $p$ を $j\omega_e$ で置き換えることにより，

$$\underline{G}_c(j\omega_e) = K_p\left(1 + \frac{1}{j\omega_e\tau}\right) = \frac{K_p(j\omega_e\tau + 1)}{j\omega_e\tau}$$

となる．よって，誘導機の伝達関数として次式

$$\underline{Z}_{in}(j\omega_e, jS\omega_e) = \frac{p^2 L'_s + p[r_s + L_s/\tau_r - j\omega_e(1-S)L'_s] + r_s[1/\tau_r - j\omega_e(1-S)]}{p + 1/\tau_r - j\omega_e(1-S)} \quad (7\text{-}1)$$

を用いれば，ブロック線図は以下のようになる．

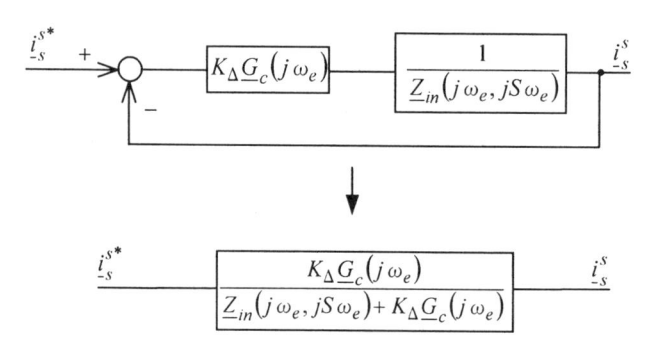

```
   i_s^{s*}  +  ┌──────────────┐   ┌──────────────────────┐   i_s^s
  ──────→(○)──→│ K_Δ G_c(jω_e)│──→│  1 / Z_in(jω_e,jSω_e) │──┬──→
           ↑- └──────────────┘   └──────────────────────┘  │
           └──────────────────────────────────────────────┘
```

$$\downarrow$$

$$\underline{i}_s^{s*} \longrightarrow \boxed{\frac{K_\Delta \underline{G}_c(j\omega_e)}{\underline{Z}_{in}(j\omega_e, jS\omega_e) + K_\Delta \underline{G}_c(j\omega_e)}} \longrightarrow \underline{i}_s^s$$

ただし $\underline{G}_c(j\omega_e) = \dfrac{K_p(j\omega_e \tau + 1)}{j\omega_e \tau}$ である．また，式(7-1)に $p = j\omega_e$ を代入すると，

$$\begin{aligned}
\underline{Z}_{in}(j\omega_e, jS\omega_e) &= \frac{p^2 L'_s + p\left\{r_s + \dfrac{L_s}{\tau_r} - j\omega_e(1-S)L'_s\right\} + r_s\left\{\dfrac{1}{\tau_r} - j\omega_e(1-S)\right\}}{p + \dfrac{1}{\tau_r} - j\omega_e(1-S)} \\
&= \frac{(j\omega_e)^2 L'_s + j\omega_e\left\{r_s + \dfrac{L_s}{\tau_r} - j\omega_e(1-S)L'_s\right\} + r_s\left\{\dfrac{1}{\tau_r} - j\omega_e(1-S)\right\}}{j\omega_e + \dfrac{1}{\tau_r} - j\omega_e + j\omega_e S} \\
&= \frac{(j\omega_e)^2 SL'_s + j\omega_e\left(Sr_s + \dfrac{L_s}{\tau_r}\right) + \dfrac{r_s}{\tau_r}}{j\omega_e S + \dfrac{1}{\tau_r}}
\end{aligned}$$

※ $S=0$ のときは $\underline{Z}_{in}(j\omega_e) = \dfrac{j\omega_e \dfrac{L_s}{\tau_r} + \dfrac{r_s}{\tau_r}}{\dfrac{1}{\tau_r}} = r_s + j\omega_e L_s$

以上のブロック線図および定数を用いてMATLABで複素計算を行い，$K_p$ を変

問題7.1 固定子座標三角波比較電流制御器の設計と特性

化させたときの$f$=10Hzにおける位相誤差を求め表7.1に示す.

表7.1　$K_P$変化時の位相誤差（$f$=10Hz）※

| $K_P$ | $K = \dfrac{K_\Delta K_P}{\tau}$ | 位相誤差（遅れ, deg） |
|---|---|---|
| 0.587 | 170 | 2.86 |
| 0.518 | 150 | 3.22 |
| 0.552 | 160 | 3.03 |
| 0.555 | 161 | 3.01 |
| 0.559 | 162 | 2.99 |
| 0.557 | 161.5 | 3.001 |
| 0.5573 | 161.55 | 3.0001 |
| 0.5574 | 161.556 | 3.0000 |

※表には，位相誤差3°を探索した順にデータを示してある．

表より $K_P = 0.557$ のとき位相誤差が3°となる．

　　　a)の解答　$K_P = 0.557$，　$\tau = 0.0345[\text{s}]$

b)

$K_P = 0.557$, $\tau = 0.345$ s としてMATLABで複素計算を行い,周波数 $f$ を変化させたときの振幅誤差,位相誤差を求めて表7.2に示す.

表7.2 周波数と伝達関数 $\underline{i}_s^s(j\omega_e)/\underline{i}_s^{s*}(j\omega_e)$ の大きさおよび位相誤差の関係

| $f$(Hz) | $S\omega_e = 9.349$ (定格すべり角周波数時) | | $S\omega_e = 0$ (無負荷時) | |
|---|---|---|---|---|
| | $\left\|\underline{i}_s^s/\underline{i}_s^{s*}\right\|$ | $\angle \underline{i}_s^s/\underline{i}_s^{s*}$ [°] | $\left\|\underline{i}_s^s/\underline{i}_s^{s*}\right\|$ | $\angle \underline{i}_s^s/\underline{i}_s^{s*}$ [°] |
| 0 | 1.00 | 0.00 | 1.00 | 0.00 |
| 10 | 0.96 | -3.00 | 1.05 | -9.04 |
| 20 | 0.91 | -5.04 | 1.01 | -20.03 |
| 40 | 0.82 | -8.19 | 0.86 | -37.14 |
| 60 | 0.75 | -10.72 | 0.71 | -48.85 |

※$f=0$のとき $\underline{Z}_{in} = \dfrac{r_s/\tau_r}{1/\tau_r} = r_s$ ,また $\underline{G}_c(0) = \lim\limits_{\omega_e \to 0}\left\{K\tau\left(\dfrac{\tau j\omega_e + 1}{\tau j\omega_e}\right)\right\} = \infty$

よって $\dfrac{\underline{i}_s^s}{\underline{i}_s^{s*}} = \lim\limits_{\omega_e \to 0}\left(\dfrac{1}{1+\underline{Z}_{in}/\underline{G}_c}\right) = 1$

このとき振幅誤差,位相誤差とも零になる.

## 問題7.2 三つの独立したヒステリシス制御器を用いて電流制御を行ったときのPWMインバータのシミュレーション波形［訳本の図7.4，図7.9，図7.10］

以下のようなパラメータを持つ10馬力，4極，60Hzの誘導機がある．
$r_s = 0.195\,\Omega$, $r'_r = 0.195\,\Omega$, $L_s = 1.72$ mH, $L'_r = 1.72$ mH
$L_m = 34.4$ mH

この誘導機の電流を三相独立のヒステリシスコンパレータ（ヒステリシス幅±1.5A，インバータ直流リンク電圧$V_{dc}$=300Vとする）を用いて制御するとき，以下を求めなさい．

a) 電源周波数30Hz，定格の1/2速度，無負荷，相電流指令振幅12.3A時の相電流・逆起電力（相電圧）波形（図7.1）および相電流指令と相電流の誤差波形（図7.2）
b) 電源周波数30Hz，停止，すべり1.0，相電流指令振幅12.3A時の電流波形（図7.3）

### 解答

同期回転座標における誘導機の基本式

$$\begin{bmatrix} v_{ds} \\ v_{qs} \\ 0 \\ 0 \end{bmatrix} = \begin{bmatrix} r_s + L_s p & -\omega_e L_s & L_m p & -\omega_e L_m \\ \omega_e L_s & r_s + L_s p & \omega_e L_m & L_m p \\ L_m p & -(\omega_e - \omega_r) L_m & r'_r + L'_r p & -(\omega_e - \omega_r) L'_r \\ (\omega_e - \omega_r) L_m & L_m p & (\omega_e - \omega_r) L'_r & r'_r + L'_r p \end{bmatrix} \cdot \begin{bmatrix} i_{ds} \\ i_{qs} \\ i'_{dr} \\ i'_{qr} \end{bmatrix} \quad (7\text{-}2)$$

より以下の4元連立微分方程式が得られる．

$$p\begin{bmatrix} i_{ds} \\ i_{qs} \\ i'_{dr} \\ i'_{qr} \end{bmatrix} = \frac{1}{\Delta} \begin{bmatrix} -r_s L'_r & \omega_e L_s L'_r - (\omega_e - \omega_r) L_m^2 & r'_r L_m & \omega_r L_m L'_r \\ -\omega_e L_s L'_r + (\omega_e - \omega_r) L_m^2 & -r_s L'_r & \omega_r L_m L'_r & r'_r L_m \\ r_s L_m & -\omega_r L_m L_s & -r'_r L_s & -\omega_e L_m^2 + (\omega_e - \omega_r) L_s L'_r \\ \omega_r L_s L_m & r_s L_m & \omega_e L_m^2 - (\omega_e - \omega_r) L_s L'_r & -r'_r L_s \end{bmatrix} \begin{bmatrix} i_{ds} \\ i_{qs} \\ i'_{dr} \\ i'_{qr} \end{bmatrix}$$

$$+ \frac{1}{\Delta} \begin{bmatrix} L'_r v_{ds} \\ L'_r v_{qs} \\ -L_m v_{ds} \\ -L_m v_{qs} \end{bmatrix} \quad \text{ここで}\Delta = L_s L'_r - L_m^2 \quad (7\text{-}3)$$

a) 電源周波数30[Hz],定格の1/2速度,無負荷,相電流指令振幅12.3[A]時の相電流・逆起電力(相電圧)波形(図7.1)および相電流指令と相電流の誤差波形(図7.2)

題意より,

$$f = 30[\text{Hz}], \quad S = 0, \quad i_u^* = 12.3\sin(2\pi ft), \quad i_v^* = 12.3\sin\left(2\pi ft - \frac{2}{3}\pi\right),$$

$$i_w^* = 12.3\sin\left(2\pi ft + \frac{2}{3}\pi\right)$$

の条件の下で式(7-3)の4元連立1階微分方程式を解く.

まず,各電流 $i_u$, $i_v$, $i_w$ の初期値を零,各相電圧 $v_u$, $v_v$, $v_w$ の初期値を $\frac{V_{dc}}{2}$ とし,これらを三相-$dq$変換して, $i_{ds}$, $i_{qs}$, $v_{ds}$, $v_{qs}$ を求めて式(7-3)に与え,ルンゲクッタ・ジル法を用いてきざみ幅 $H=0.1[\mu s]$で1きざみ分だけ解く.これで得られた0.1[$\mu$s]後の固定子電流を$dq$-三相変換し, $i_u^* - i_u$ が, +1.5[A]以上あるいは-1.5[A]以下となった場合には,u相の電圧を $V_u = \frac{V_{dc}}{2}$ あるいは $V_u = -\frac{V_{dc}}{2}$ に切り替える.v相,w相でも同様の操作を行い,得られた三相電圧 $v_u$, $v_v$, $v_w$ を再度, $dq$量 $v_{ds}$, $v_{qs}$ に変換して,0.1[$\mu$s]時の各電流値とともに次の区間の初期値として式(7-3)に与える.

以上の手順を繰り返すことで,図7.1の結果が得られる.図では初期の過渡的な影響を取り除くため,最初の10周期分のデータを捨てて,11周期目からの波形を示してある.

また,逆起電力 $e_u$ については,基本式の1, 2行目より $\omega_e$ を含む要素のみを取り出すことで,以下の式を得ることができる.この式に各電流の値を代入することで $e_{ds}$, $e_{qs}$ が求まる.

$$\begin{bmatrix} e_{ds} \\ e_{qs} \end{bmatrix} = \begin{bmatrix} 0 & -\omega_e L_s & 0 & -\omega_e L_m \\ \omega_e L_s & 0 & \omega_e L_m & 0 \end{bmatrix} \cdot \begin{bmatrix} i_{ds} \\ i_{qs} \\ i'_{dr} \\ i'_{qr} \end{bmatrix} \quad (7\text{-}4)$$

これを$dq$-三相変換することによって $e_u$ を求めることが可能である.

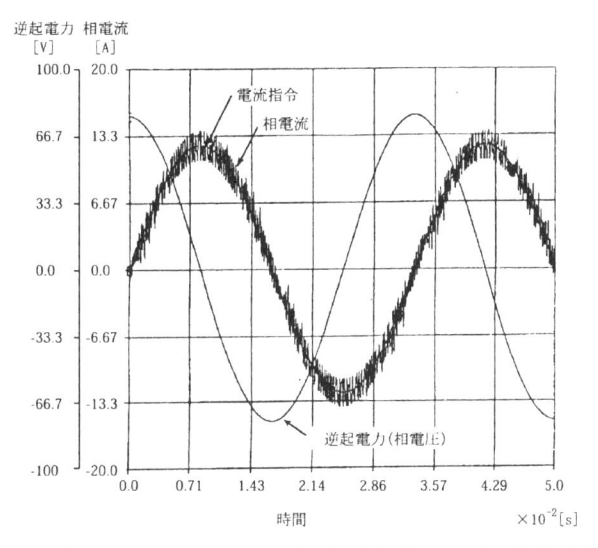

図7.1 三つの独立したヒステリシス制御器を用いて電流制御を行ったときの
PWMインバータのシミュレーション波形

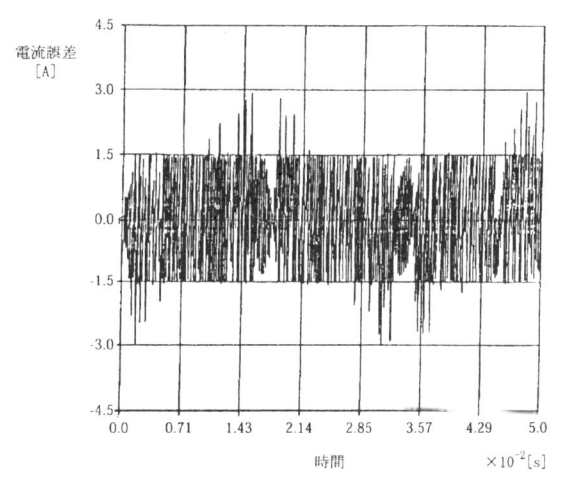

図7.2 ヒステリシス制御器を使用して，一般的な10馬力の誘導電動機を
30[Hz]，無負荷状態で駆動した場合のシミュレーション結果（大きな
電流誤差がランダムに見られる）

b) 電源周波数30[Hz]，停止，すべり1.0，相電流指令振幅12.3[A]時の電流波形（図7.3）

$$f = 30[\text{Hz}], \quad S = 1, \quad i_u^* = 12.3\sin(2\pi ft), \quad i_v^* = 12.3\sin\left(2\pi ft - \frac{2}{3}\pi\right),$$

$$i_w^* = 12.3\sin\left(2\pi ft + \frac{2}{3}\pi\right)$$

の条件に対して，①と同様のやり方で計算を行えば，以下の結果が得られる．

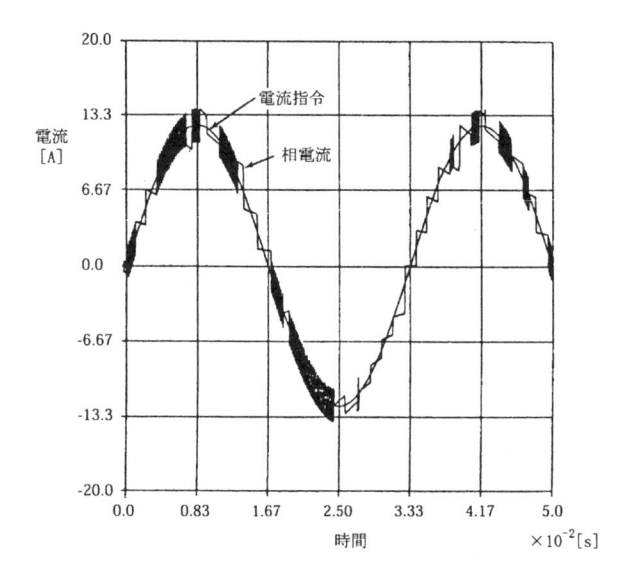

図7.3 ヒステリシス制御器を使用して，一般的な10馬力の誘導機を速度零で駆動した場合のシミュレーション結果（電動機相電流に時々高周波リミットサイクルが発生している）

問題7.3 三角波比較電流制御器使用時の$v_{out}$と$m_i$ の関係および$K_\Delta$と$m_i$の関係　227

> **問題7.3** 三角波比較電流制御器使用時のインバータ出力相電圧の基本波成分最大値$v_{out}$と変調度$m_i$ の関係およびインバータゲイン$K_\Delta$と変調度$m_i$の関係　[訳本の図7.13, 図7.14]
>
> 三角波比較ＰＷＭ方式において変調度を0から5まで変化させたときの，出力電圧の基本波振幅の変化およびインバータゲインの変化をグラフに示せ．

**解答**
　正弦波-三角波比較において変調度$m_i$が1を超えた場合，出力電圧のピークは$\dfrac{V_i}{2}$で飽和するので，以下のような（ⅰ）入力電圧，（ⅱ）リミッタおよび（ⅲ）出力電圧を考える．

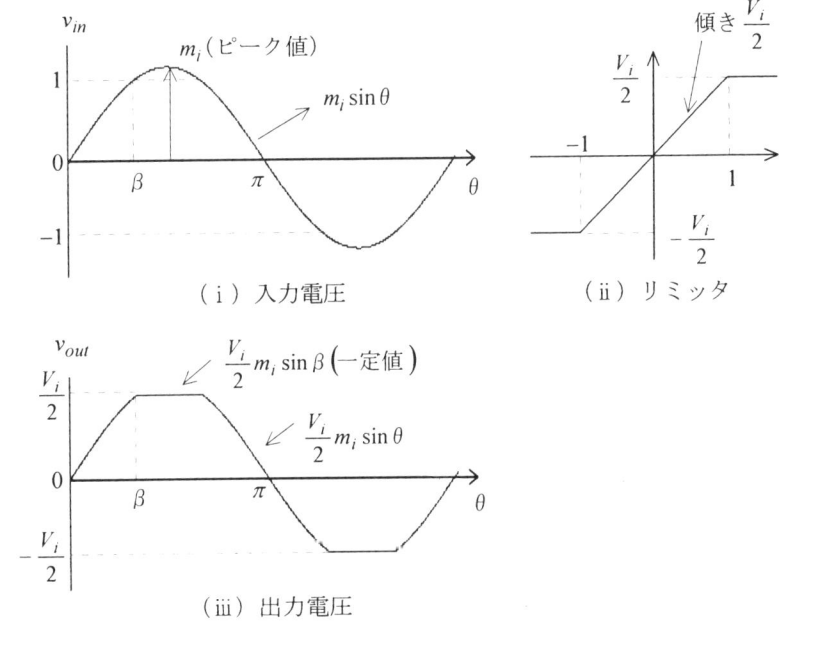

（ⅰ）入力電圧

（ⅱ）リミッタ

（ⅲ）出力電圧

図7.4　三角波比較ＰＷＭ方式における過変調時の入力電圧，出力電圧の平均値

$$v_{out} = \begin{cases} \dfrac{V_i}{2} m_i \sin\theta & (0 \leqq \theta \leqq \beta,\ \pi-\beta \leqq \theta \leqq \pi+\beta,\ 2\pi-\beta \leqq \theta \leqq 2\pi) \quad (7\text{-}5) \\ \dfrac{V_i}{2} m_i \sin\beta & (\beta < \theta < \pi-\beta,\ \pi+\beta < \theta < 2\pi-\beta) \quad (7\text{-}6) \end{cases}$$

また，(i) 図より $m_i \sin\beta = 1$   $\therefore m_i = \dfrac{1}{\sin\beta}$ (7-7)

求めるのは，(iii) 図の基本波振幅である．この波形は奇関数であるので $0 \leqq \theta \leqq \pi$ 区間のみで考えると，

$$v_{out} = \begin{cases} \dfrac{V_i}{2} m_i \sin\theta & (0 \leqq \theta \leqq \beta) \quad (7\text{-}8) \\ \dfrac{V_i}{2} & (\beta < \theta < \pi-\theta) \quad (7\text{-}9) \\ \dfrac{V_i}{2} m_i \sin\theta & (\pi-\beta \leqq \theta \leqq \pi) \quad (7\text{-}10) \end{cases}$$

よって変調度が1を超えた場合の基本波振幅 $V_{out1}$ は，

$$V_{out1} = \dfrac{2}{\pi}\left[\int_0^\beta \dfrac{V_i}{2} m_i \sin\theta \sin\theta\, d\theta + \int_\beta^{\pi-\beta} \dfrac{V_i}{2} \sin\theta\, d\theta + \int_{\pi-\beta}^\pi \dfrac{V_i}{2} m_i \sin\theta \sin\theta\, d\theta\right]$$

ここで $\sin^2\theta = \dfrac{1-\cos 2\theta}{2}$ より，

$$\int \dfrac{V_i}{2} m_i \sin^2\theta\, d\theta = \dfrac{V_i m_i}{2}\int \dfrac{1-\cos 2\theta}{2}\, d\theta = \dfrac{V_i m_i}{4}\int (1-\cos 2\theta)d\theta = \dfrac{V_i m_i}{4}\left(\theta - \dfrac{1}{2}\sin 2\theta\right) + C$$

これを用いると，

$$V_{out1} = \dfrac{2}{\pi}\left[\dfrac{V_i m_i}{4}\left[\theta - \dfrac{1}{2}\sin 2\theta\right]_0^\beta + \dfrac{V_i}{2}[-\cos\theta]_\beta^{\pi-\beta} + \dfrac{V_i m_i}{4}\left[\theta - \dfrac{1}{2}\sin 2\theta\right]_{\pi-\beta}^\pi\right]$$

$$= \dfrac{V_i m_i}{2\pi}\left[\beta - \dfrac{1}{2}\sin 2\beta + \dfrac{2}{m_i}(-\cos(\pi-\beta) + \cos\beta) + \pi - \dfrac{1}{2}\sin 2\pi - \left(\pi - \beta - \dfrac{1}{2}\sin 2(\pi-\beta)\right)\right]$$

$$= \dfrac{V_i m_i}{2\pi}\left[\beta - \dfrac{1}{2}\sin 2\beta + \dfrac{4}{m_i}\cos\beta + \pi - \pi + \beta - \dfrac{1}{2}\sin 2\beta\right]$$

$$= \dfrac{V_i m_i}{2\pi}\left[2\beta - \sin 2\beta + \dfrac{4}{m_i}\cos\beta\right] = \dfrac{V_i m_i}{2\pi}\left[2\beta - 2\sin\beta\cos\beta + \dfrac{4}{m_i}\cos\beta\right]$$

問題7.3 三角波比較電流制御器使用時の$v_{out}$と$m_i$の関係および$K_1$と$m_i$の関係

ここで式(7-7)より $\beta = \sin^{-1}\dfrac{1}{m_i}$

また $\cos\beta = \sqrt{1-\sin^2\beta} = \sqrt{1-\left(\dfrac{1}{m_i}\right)^2}$

よって

$$V_{out1} = \dfrac{V_i m_i}{2\pi}\left[2\sin^{-1}\left(\dfrac{1}{m_i}\right) - 2\dfrac{1}{m_i}\sqrt{1-\left(\dfrac{1}{m_i}\right)^2} + \dfrac{4}{m_i}\sqrt{1-\left(\dfrac{1}{m_i}\right)^2}\right]$$

$$= m_i \dfrac{V_i}{\pi}\left[\sin^{-1}\left(\dfrac{1}{m_i}\right) + \dfrac{1}{m_i}\sqrt{1-\left(\dfrac{1}{m_i}\right)^2}\right]$$

(7-11)

また $0 \leqq m_i \leqq 1$ のときは $V_{out} = \dfrac{V_i}{2}m_i$ である．よって$m_i$を0から5まで変化させた場合の基本波振幅は次のようになる．

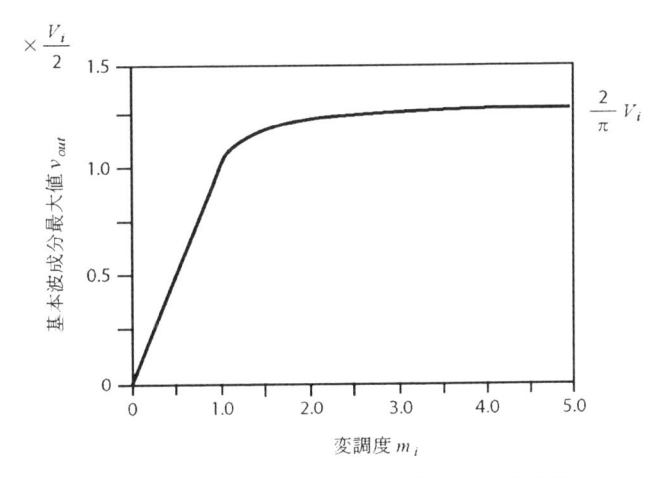

図7.5 相電圧の基本波成分最大値$v_{out}$と変調度$m_i$

次に，変調度が1を超えた場合のインバータゲインは次式で表せる．

$$K_\Delta = \frac{V_{out1}}{m_i V_\Delta} = \frac{V_i}{\pi V_\Delta}\left[ sin^{-1}\left(\frac{1}{m_i}\right) + \left(\frac{1}{m_i}\right)\sqrt{1-\left(\frac{1}{m_i}\right)^2} \right] \qquad (7\text{-}12)$$

また $0 \leqq m_i \leqq 1$ のとき $K_\Delta = \dfrac{V_i}{2V_\Delta} =$ 一定である．よって，$m_i$ を0から5まで変化させた場合のインバータゲインは次のようになる．

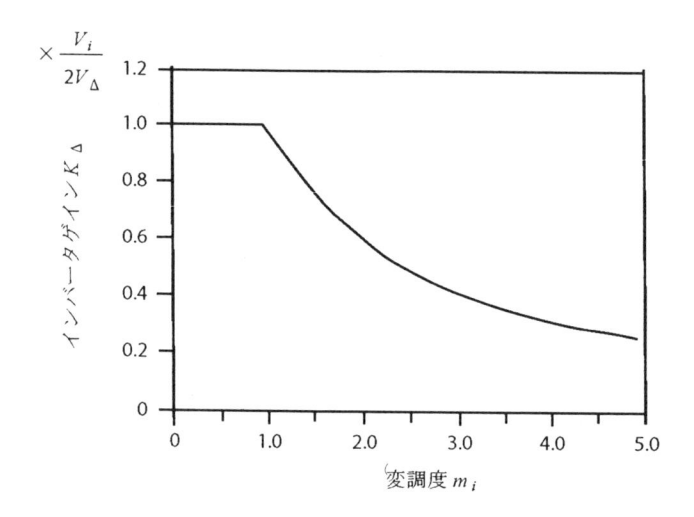

図7.6　基本波成分の最大値に対するインバータゲイン $K_\Delta$ と変調度 $m_i$

# 8. 間接形フィールドオリエンテーションにおけるパラメータ感度と飽和の影響

ここでは，フィールドオリエンテーション時にパラメータの誤差が生じた場合の制御の悪化（デチューニング）を取り扱う．

すべりゲイン誤差 $\alpha = \dfrac{\tau_r}{\hat{\tau}_r}$ を導入すれば，すべりの関係式は，

$$S\omega_e \tau_r = \alpha \frac{I_{sT}}{I_{s\phi}} \tag{8-1}$$

のように書ける．

フィールドオリエンテーション時のトルクの式にすべりゲイン誤差およびこれを含んだすべりの関係式を適用すると，デチューニング時のトルクの式が得られる．

$$T_e = 3\frac{P}{2}I_{s\phi}^2 \frac{L_m^2}{L_r} \frac{1+\left(\dfrac{I_{sT}}{I_{s\phi}}\right)^2}{1+\left(\alpha\dfrac{I_{sT}}{I_{s\phi}}\right)^2} \alpha \frac{I_{sT}}{I_{s\phi}} \tag{8-2}$$

この式に $\beta = \dfrac{I_{sT}}{I_{s\phi}}$ の関係を用いれば，次式が得られる．

$$\frac{T_e}{T_0} = \frac{1+\beta^2}{1+(\alpha\beta)^2}\alpha\beta \tag{8-3}$$

ここで，

$$T_0 = 3\frac{P}{2}I_{s\phi}^2 \frac{L_m^2}{L_r} \tag{8-4}$$

（$T_0$ は $\dfrac{I_{sT}}{I_{s\phi}}=1$ におけるフィールドオリエンテーショントルク）

本章では，これらの式を用いて，デチューニング時の動作について検討していく．

**問題8.1 フィールドオリエンテーションがデチューニングされた状態での定常トルク [訳本の問題8-1]**

定格周波数において単位法表記のパラメータ $r_s$=0.03, $X_{ls}$=0.10, $X_m$=2.0, $r_r$=0.03, $X_{lr}$=0.10を有する誘導機が間接形フィールドオリエンテーション制御の下で定格周波数で運転されている。以下の問に答えよ。

a) チューニング状態（α=1.0）において，電動機が定格磁束を発生するような磁束成分電流 $i_{ds}^e$ で運転されたときのトルク $T_e$－トルク成分電流 $i_{qs}^e$ 特性を計算し，0から定格の150%までの特性を描け。

b) a)において，すべり演算器のすべりゲイン誤差αが1.5および0.5の場合に対するトルク $T_e$－トルク成分電流 $i_{qs}^e$ 特性を描け。

**解答**

a) まず，等価回路より，定格電圧，定格出力での運転に対する定格電流およびこのときの磁束成分電流を求める。この結果をトルクの式に適用してトルク $T$ とトルク成分電流 $i_{ds}^e$ の関係を求めればよい。

右の等価回路において，

$$X_s - \frac{X_m^2}{X_r} = 2.0 + 0.1 - \frac{2.0^2}{2.0 + 0.1} = 0.195$$

$$\frac{X_m^2}{X_r} = \frac{2^2}{2.1} = 1.905$$

$$\left(\frac{X_m}{X_r}\right)^2 r_r = 0.907 \times 0.03 = 0.0272$$

よって

$$\tilde{I}_s = \frac{1.0}{0.03 + j0.195 + \dfrac{j1.905 \times 0.0272/S}{0.0272/S + j1.905}} \tag{8-5}$$

また，

$$\tilde{I}_{sT} = \frac{j1.905}{0.0272/S + j1.905} \tilde{I}_s = \frac{j1.905}{(0.0272/S + j1.905)(0.03 + j0.195) + j0.0518/S} \tag{8-6}$$

問題8.1 フィールドオリエンテーションがデチューニングされた状態での定常トルク    233

$$P_{out} = \frac{1-S}{S} 0.0272 \times \left|\widetilde{I}_{sT}\right|^2 \tag{8-7}$$

式(8-6), (8-7)より, $S$を変えた繰り返し計算を行い, $P_{out} = 1.0$ となるすべり $S_R$(定格すべり)を求める. 繰り返し計算の結果, $S=0.0391306$のとき, $P_{out} = 1.000001446$ より$S_R=0.0391$とする. このとき, $\widetilde{I}_s = 1.092 - j0.7106$, $\widetilde{I}_{s\phi} = -0.10055 - j0.43501$, $\widetilde{I}_{sT} = 1.19217 - j0.27557$ となる. また, 定格磁束 $\lambda_{drR} = L_m |\underline{I}_{ds}|$ において, 単位法の場合, $\underline{I}_{ds} = 0 - j|\widetilde{I}_{s\phi}|$, $|\underline{I}_{ds}| = |\widetilde{I}_{s\phi}|$ であるので

$$\lambda_{drR} = L_m |\widetilde{I}_{s\phi}| = \frac{2.0}{1.0} \times \sqrt{(0.1005)^2 + (0.435)^2} = 0.893 \,[\text{pu}]$$

このときのトルクは以下のようになる.

$$T_e = |\underline{I}_{ds}||\underline{I}_{qs}| = \frac{2.0^2}{2.1} \times 0.4465|\underline{I}_{qs}| = 0.850|\underline{I}_{qs}| \qquad \therefore T_e = 0.850 i^e_{qs}$$

数値計算結果および特性曲線はそれぞれ表8.1および図8.1に示す.

b) デチューニングを考慮したトルクの式は, すべりゲイン誤差 $\alpha$ を用いて次のように書ける (pu表現).

$$T_e = |\underline{I}_{ds}|^2 \frac{L_m^2}{L_r} \frac{1 + \left(\frac{|\underline{I}_{qs}|}{|\underline{I}_{ds}|}\right)^2}{1 + \left(\alpha \frac{|\underline{I}_{qs}|}{|\underline{I}_{ds}|}\right)^2} \cdot \alpha \cdot \frac{|\underline{I}_{qs}|}{|\underline{I}_{ds}|} = \frac{L_m^2}{L_r} |\underline{I}_{ds}| \cdot \frac{|\underline{I}_{ds}|^2 + |\underline{I}_{qs}|^2}{|\underline{I}_{ds}|^2 + \alpha^2 |\underline{I}_{qs}|^2} \alpha |\underline{I}_{qs}|$$

ここでa)での計算結果 $\frac{L_m^2}{L_r} = \frac{2.0^2}{2.1} = 1.905$, $|\underline{I}_{ds}| = 0.4465$ を代入すれば,

$$T_e = 1.905 \times 0.4465 \times \frac{0.4465^2 + |\underline{I}_{qs}|^2}{0.4465^2 + \alpha^2 |\underline{I}_{qs}|^2} \times \alpha \times |\underline{I}_{qs}| = \frac{0.85058 \left(0.1994 + |\underline{I}_{qs}|^2\right)\alpha}{0.1994 + \alpha^2 |\underline{I}_{qs}|^2} |\underline{I}_{qs}| \tag{8-8}$$

式(8-8)において $\alpha = 1.5$ に対して

$$T_e = 1.276 \frac{0.1994 + |\underline{I}_{qs}|^2}{0.1994 + 2.25|\underline{I}_{qs}|^2} |\underline{I}_{qs}| \qquad \therefore T_e = 1.276 \frac{0.1994 + i^{e\,2}_{qs}}{0.1994 + 2.25 i^{e\,2}_{qs}} i^e_{qs}$$

8. 間接形フィールドオリエンテーションにおけるパラメータ感度と飽和の影響

$\alpha=0.5$ に対して

$$T_e = 0.4253 \frac{0.1994 + \left|\underline{I}_{qs}\right|^2}{0.1994 + 0.25\left|\underline{I}_{qs}\right|^2}\left|\underline{I}_{qs}\right| \quad \therefore T_e = 0.4253 \frac{0.1994 + i_{qs}^{e\,2}}{0.1994 + 0.25 i_{qs}^{e\,2}} i_{qs}^e$$

となる.

以上の各式に対して計算した結果を表にまとめると以下のようになる.

表8.1 トルク成分電流とトルクの関係

| $i_{qs}^e$ [pu] | $T_e$[pu] | | |
|---|---|---|---|
| | チューニング時 | デチューニング時 | |
| | $\alpha=1.0$ | $\alpha=0.5$ | $\alpha=1.5$ |
| 0.0 | 0.000 | 0.000 | 0.000 |
| 0.2 | 0.170 | 0.097 | 0.211 |
| 0.4 | 0.340 | 0.255 | 0.328 |
| 0.6 | 0.510 | 0.493 | 0.424 |
| 0.8 | 0.680 | 0.795 | 0.523 |
| 1.0 | 0.850 | 1.135 | 0.625 |
| 1.2 | 1.020 | 1.496 | 0.730 |
| 1.4 | 1.190 | 1.865 | 0.837 |
| 1.6 | 1.360 | 2.237 | 0.945 |

問題8.1 フィールドオリエンテーションがデチューニングされた状態での定常トルク

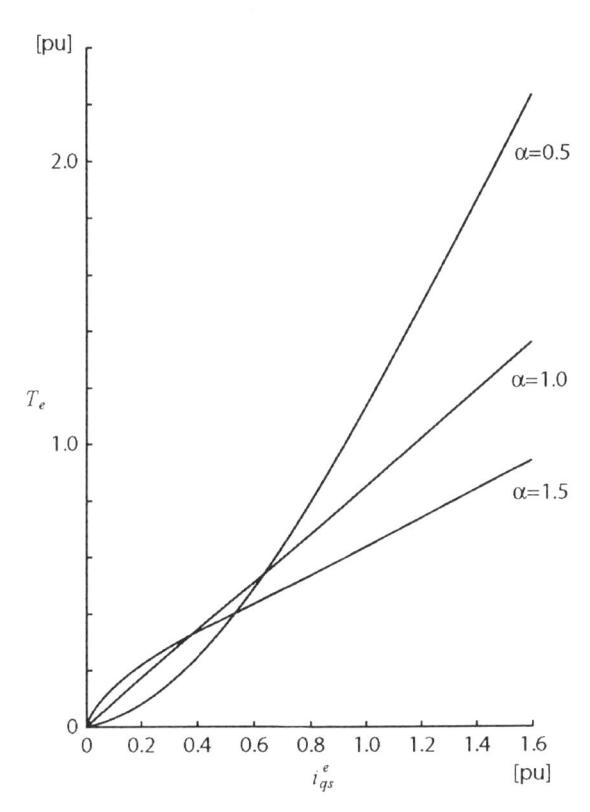

図8.1 トルク-トルク成分電流特性（α=0.5, 1.0および1.5）

## 問題8.2　トルク/電流が最大の運転に対する$V/f$　[訳本の問題8-2]

問題5.2の結果を使って，与えられた電動機に対して電源周波数が60Hzのときにトルク/電流が最大となる点（問題5.2a）の曲線のピーク点）で運転を行うのに必要とされる$V/f$の値を求めよ．次に，電源周波数が5Hzのとき，同様の運転を行うのに必要とされる$V/f$の値を求めよ※．また，主磁束の飽和がこれらの結果にどのような影響を与えるかについて述べよ．さらに，60Hzと5Hzの結果をもとに，オープンループの可調整速度駆動において望ましい始動トルク（トルク/電流が最大）を発生させるのが難しいことを説明せよ．

**解答**

問題5.2のパラメータは次のとおりである（60[Hz]のとき）．

$r_s$=0.02[pu], $X_{ls}$=0.08[pu], $X_m$=2.2[pu], $r_r$=0.02[pu], $X_{lr}$=0.14[pu]

a)　定格電流の計算（問題8.1a）参照）

問題8.1と同じ等価回路を用いる．この等価回路に60[Hz]時の定数を代入すれば，右図のようになる．

ただし，

$$X_s - \frac{X_m^2}{X_r} = 2.28 - \frac{2.2^2}{2.28} = 0.212$$

$$\frac{X_m^2}{X_r} = 2.068, \quad \left(\frac{X_m}{X_r}\right)^2 r_r = 0.0176$$

定格電流は，$\tilde{V}_s = 1.0$ のとき，すべりを変化させ出力$P_{out}$=1.0となるときの電流$\tilde{I}_s$を求めればよい．

$$\tilde{I}_s = \frac{1.0}{0.02 + j0.212 + \dfrac{j2.068 \times 0.0176/S}{0.0176/S + j2.068}} \tag{8-9}$$

また，

$$\tilde{I}_{sT} = \frac{j2.068}{0.0176/s + j2.068}\tilde{I}_s = \frac{j2.068}{(0.0176/S + j2.068)(0.02 + j0.212) + j0.0364/S} \tag{8-10}$$

よって出力は，

$$P_{out} = \frac{1-S}{S} \times 0.0176 \times \left|\tilde{I}_{sT}\right|^2 \tag{8-11}$$

式(8-10)，(8-11)を用いてSを変えた繰り返し計算を行い，$P_{out}$=1.0となる$\tilde{I}_s$

---

※注：$S\omega_e\tau_r = 1$ より，電流源駆動時のトルク/電流の値が最大になるすべりを求め，このすべりに対して定格電流を流したときの固定子端子電圧を求めればよい．

問題8.2 トルク/電流が最大の運転に対するV/f    237

（定格電流）を求める．
　計算の結果より，$S=0.02462$のとき$P_{out}=1.000, |\tilde{I}_{sT}|=1.2649$
　よって，定格電流の大きさは，1.2649[pu]，定格すべり $S=0.02462$

b) 電流源によるトルク/電流最大運転（60[Hz]）時の$V/f$値を求める
　電流一定のトルクカーブにおいてトルク/電流が最大になるすべり周波数は$S\omega_e\tau_r=1$を満足する．以下のトルクの式

$$T_e = 3 \cdot \frac{P}{2} \cdot I_s^2 \cdot \frac{L_m^2}{L_r} \cdot \frac{S\omega_e\tau_r}{1+(S\omega_e\tau_r)^2} \quad \left(単位法では \quad T_e = I_s^2 \cdot \frac{L_m^2}{L_r} \cdot \frac{S\omega_e\tau_r}{1+(S\omega_e\tau_r)^2}\right)$$

において，トルクは$S\omega_e\tau_r=1$のとき$\frac{3}{4}PI_s^2\frac{L_m^2}{L_r}$（単位法では$I_s^2\frac{L_m^2}{L_r}$）の最大トルクを持つことがわかる．ここで，$\tau_r = \frac{L_r}{r_r} = \frac{X_{lr\text{pu}}+X_{m\text{pu}}}{\omega_B r_{r\text{pu}}} = \frac{2.34}{2\pi 60\times 0.02}$
$=0.31035$であるので，60[Hz]電源に対してトルク/電流の値を最大にするすべりは，

$$S = \frac{1}{\omega_e\tau_r} = \frac{1}{2\pi 60 \times 0.31035} = 0.0085471$$

となる．
　等価回路に対して1.2649[pu]（定格電流）の電流源，すべり0.0085471を適用し，このときの1次電圧$\tilde{V}_s$を求める．

$$\tilde{V}_s = 1.2649(0.02+j0.212)+2.05918\times 1.2649$$
$$\times\frac{j2.068}{2.05918+j2.068} = 1.3332+j1.5705$$
$$= 2.06\angle 49.7°$$

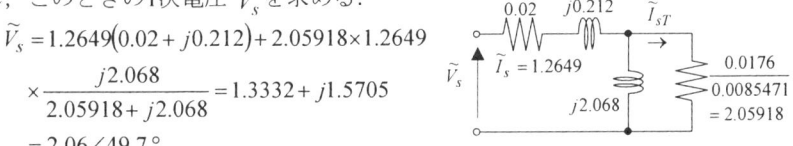

よって，トルク/電流が最大になる点における$V/f$の値は，

$$V/f = \frac{2.06[\text{pu}]}{1[\text{pu}]} = 2.06[\text{pu}]$$

c) 同様の運転を5[Hz]で行うときの$V/f$の値
　$S\omega_e\tau_r=1$より，60[Hz]を5[Hz]に変えれば
$S = 0.0085471\times 60/5 = 0.1025652$ となる．
このとき等価回路を右図に示す．

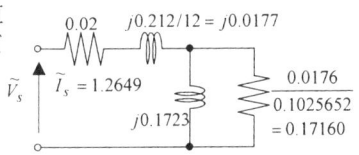

$$\tilde{V}_s = 1.2649(0.02 + j0.0177) + 0.1716 \times 1.2649 \times \frac{j0.1723}{0.1716 + j0.1723} = 0.1875\angle 44.3°$$

よって，$f = 5$Hz のときトルク/電流が最大になる点における$V/f$の値は，

$$V/f = \frac{0.1875[\text{pu}]}{1/12[\text{pu}]} = 2.25[\text{pu}]$$

d) 主磁束の飽和は，60[Hz]および5[Hz]において必要とされる$V/f$の値にどのような影響を与えるか．

　主磁束が飽和した場合，そのままの$V/f$値では同じ磁束成分電流に対する磁束が下がりトルクも低下する．このトルクの低下は，電流一定動作において磁束成分電流（すなわち$V/f$値）を主磁束が飽和しないレベルまで下げ逆にトルク成分電流を上げることにより，ある程度回復できる（このときすべり角周波数は増加する）．この動作点が，主磁束飽和時にトルク/電流の値を最大にする新たな動作点である．以上より，主磁束が飽和した場合には，トルク/電流の値を最大にする$V/f$の値は下がる．

e) 60[Hz]と5[Hz]の結果をもとにオープンループの可調整速度駆動において望ましい始動トルク（トルク/電流が最大）を発生させるのが難しいことを説明せよ．

　始動時には，トルク/電流の値が最大になる動作点を用いようとすると，非常に低い周波数および電圧となる．この場合，固定子抵抗の電圧降下のために十分な磁束が得られず，トルクも非常に小さくなる．対策として，低速時に固定子抵抗の電圧降下分を推測し，$V/f$の値を増やす方法が用いられるが，オープンループで運転する場合，推測した電圧降下と実際の電圧降下にずれを生じ，必要なトルクを得るのが困難である．これに対し，固定子電流をフィードバックしてクローズドループでこの電圧降下を補償すれば，容易に所望のトルクを得ることができる．

問題8.3 デチューニング状態でのトルク成分電流の変化と過渡トルク

**問題8.3 フィールドオリエンテーションがデチューニングされた状態でのトルク成分電流の変化と過渡トルク ［訳本の問題8-3］**
以下のようなパラメータおよび性能データを持つ誘導機について考える．

   460V（線間）  100馬力  60Hz  4極
   $Z_B = 2.836[\Omega]$  $V_B = 265.6[V]$  $I_B = 93.63[A]$  $T_B = 395.77[N\cdot m]$
   $r_s = r_r = 0.015[pu] = 0.04254[\Omega]$  $X_{ls} = X_{lr} = 0.100[pu] = 0.2836[\Omega]$
   $X_m = 3.0[pu] = 8.508[\Omega]$  $J = 2.0[kg\cdot m^2]$（リアクタンスは60Hzに対する値）定格運転において $S_R = 0.01774$  $I_R = 1.175[pu]$  $\cos\theta_R = 0.884$

この誘導機は，電流制御可変周波数電源によって運転される．また，以下の問題に対しては，理想的な電流制御器を仮定する．

a) 定格端子電圧 $V_R = 1.0[pu]$，定格電流 $I_R = 1.175[pu]$，定格周波数 $v_R = 1.0[pu]$ 定格トルク $T_R = 1.018[pu]$ での運転に対して $I_{sT}$ と $I_{s\phi}$ を求めよ．

b) 5Hzにおいて，同じ $I_{sT}, I_{s\phi}$ およびトルクを維持するのに必要な端子電圧 $V_s$ を求めよ．また，この値を $V/f$ 一定運転に対応する電圧と比較せよ．

c) $I_{s\phi}$ の値（指令値）は，a)の値で一定に維持されるものとする．すべりゲイン誤差が0.5のとき，$I_{sT}$ がa)の値で一定に保たれている場合のトルクの値を求めよ．また，トルクをa)の値に戻すために必要とされる新しい $I_{sT}$ の値を求めよ．さらに，元の $I_{sT}$ の値に対する回転子磁束鎖交数，固定子磁束鎖交数を求めよ．（これらの磁束鎖交数については，定格運転に対する値の倍数として表現せよ．）

d) 正確なチューニング状態およびc)のすべりゲイン誤差の状態に対し，$I_{sT}$ が0からa)の値へステップ変化したときのトルクの過渡応答を求めよ（シミュレーションを行え）．また予測される定常状態のトルクとc)における定常状態のトルクを比較せよ．なお $I_{s\phi}$ の値（指令値）はa)の値で一定に保たれるものとする．

**解答**
初めに，単位法の基準値を求めておく．
$$V_B = 460/\sqrt{3} = 265.581[V]$$
$$I_B = \frac{100 \times 746}{3V_B} = 93.631[A]$$
$$Z_B = \frac{V_B}{I_B} = \frac{265.581}{93.631} = 2.83646[\Omega]$$

## 8. 間接形フィールドオリエンテーションにおけるパラメータ感度と飽和の影響

$r_s = r_r = 0.015$[pu], $X_{ls} = X_{lr} = 0.100$[pu], $X_m = 3.0$[pu] より, 下図の等価回路に $\tilde{V}_s = 1.0$[pu] を印加し, $P_{out} = 1.0$[pu] となるときのすべり $S_R$, 一次電流 $I_R$, 力率 $\cos\theta_R$, トルク $T_R$ は, それぞれ以下のようになる。

$$\begin{cases} S_R = 0.01774 \\ I_R = 1.175 \\ \cos\theta_R = 0.8839 \\ T_R = 1.018 \end{cases}$$

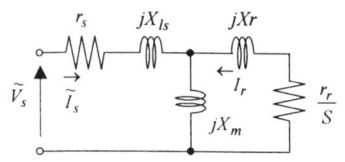

a) $I_R$ の $I_{sT}, I_{s\phi}$ への分離

上で求めた定格電流をすべりの関係式を用いて $I_{sT}, I_{s\phi}$ に分ける。

$$|\tilde{I}_s| = I_r = 1.175[pu]$$

$$\left\{\frac{S\omega_e L_r |I_{s\phi}|}{r_r}\right\}^2 = I_R^2 - |I_{s\phi}|^2 \quad \left(S\omega_e \tau_r = \frac{I_{sT}}{I_{s\phi}}\right)$$

$$\left\{\frac{0.01774 \times 1.0 \times (3.0 + 0.1)}{0.015}|I_{s\phi}|\right\}^2 = 1.175^2 - |I_{s\phi}|^2$$

$$|I_{s\phi}|^2 = 0.0956$$

よって, $|I_{s\phi}| = 0.3092$[pu], $|I_{sT}| = \sqrt{I_R^2 - |I_{s\phi}|^2} = 1.134$[pu]

b) 5[Hz]において, 同じ $I_{sT}, I_{s\phi}$ およびトルクを維持するのに必要な端子電圧 $V_s$

$I_{sT}, I_{s\phi}$ は a) と同じであるので, $S\omega_e \tau_r = \dfrac{1.134}{0.309} = 3.668$

ここで, トルクは $I_{sT}, I_{s\phi}$ が同じであるので不変である。この状態でのすべりは,

$$S = \frac{3.668}{\omega_e \tau_r} = \frac{3.668}{\dfrac{3.1}{0.015}} = 0.01775$$

今, $\omega_e$ を 1 から $\dfrac{5}{60}$ に変えるとすべりは $S = 0.01775 \times 12 = 0.213$ また,

$$\omega_e = \frac{5}{60} = 0.08333[pu]$$

このときの等価回路は以下のようになる。

問題8.3 デチューニング状態でのトルク成分電流の変化と過渡トルク    241

$$\begin{cases} X_s - \dfrac{X_m^2}{X_r} = (3+0.1) \times 0.08333 - \dfrac{3^2}{3.1} \times 0.08333 = 0.0164 \\ \dfrac{X_m^2}{X_r} = \dfrac{3^2}{3.1} \times 0.08333 = 0.2419 \\ \left(\dfrac{X_m}{X_r}\right)^2 \dfrac{r_r}{S} = \left(\dfrac{3}{3.1}\right)^2 \dfrac{0.015}{0.213} = 0.0666 \end{cases}$$

a)と同じ $\tilde{I}_s = I_{sT} - jI_{s\phi} = 1.134 - j0.3092$ を流したときの $\tilde{V}_s$ を求める.

$\tilde{V}_s = \tilde{I}_s(0.015 + j0.0164) + \tilde{I}_{sT} \times 0.06595 = 0.09687 + j0.01396 = 0.0979 \angle 8.2°$

$V/f$ 一定運転の場合は,60[Hz]において $V_s=1.0$[pu]であるので5[Hz]においては $V'_s = \dfrac{5}{60} = 0.08333$ となる.

したがって,$V/f$ 一定運転の場合には,フィールドオリエンテーションの場合(所望のトルクを発生するのに必要な電圧を発生)よりも低い電圧しか発生できないことがわかる.

c) デチューニング運転
デチューニング時のトルクは次式で表される.

$$\dfrac{T_e}{T_0} = \dfrac{1+\beta^2}{1+(\alpha\beta)^2}\alpha\beta \tag{8-12}$$

ここで,$T_e$ はデチューニング時のトルク,$\beta = \dfrac{I_{sT}}{I_{s\phi}}$ であり,$T_0$ はチューニング時で $\beta=1.0$ の場合のフィールドオリエンテーショントルクである.

① $\alpha=0.5$ のときのトルク
まずa)の場合のトルクは,$T_e=1.018$[pu]である.このとき $\beta = \dfrac{I_{sT}}{I_{s\phi}} = 3.668$

8．間接形フィールドオリエンテーションにおけるパラメータ感度と飽和の影響

すべりゲイン誤差 $\alpha$ が0.5になったので，式(8.32)より，

$$\left(\frac{T_e}{T_0}\right)_{\alpha=0.5} = \frac{1+\beta^2}{1+(0.5\beta)^2} 0.5 \times \beta = 6.075$$

ここで，a)のときは，

$$\left(\frac{T_e}{T_0}\right)_{\alpha=1.0} = \beta = 3.668$$

よって，$\alpha=0.5$ のときのトルクは，$\alpha=1.0$ のときのトルクの $n$ 倍，すなわち，

$$n = \frac{\left(\dfrac{T_e}{T_0}\right)_{\alpha=0.5}}{\left(\dfrac{T_e}{T_0}\right)_{\alpha=1.0}} = \frac{6.075}{3.668} = 1.656 \text{倍}$$

となる．

$\alpha=1.0$ のときのトルクは $T_{e\,\alpha=1} = 1.018$ であるから $\alpha=0.5$ の場合のトルクは $T_{e\,\alpha=0.5} = nT_{e\,\alpha=1} = 1.656 \times 1.018 = \underline{1.686\text{[pu]}}$ となる．

② トルクをa)の場合と同じトルクに戻すのに必要な $I_{sT}$

式(8.32)の右辺において $\alpha=0.5$ とし，右辺の値が $\left(\dfrac{T_e}{T_0}\right)_{\alpha=1.0}$ と等しくなるような $\beta'$ を見つける．

$$3.668 = \frac{1+\beta'^2}{1+(0.5\beta')^2}(0.5\beta')$$

$$3.668 + 0.9170\beta'^2 = 0.5\beta' + 0.5\beta'^3$$

$$\therefore \beta'^3 - 1.834\beta'^2 + \beta' - 7.338 = 0$$

この三次方程式を解くと，以下の解を得る．

$$\beta' = 2.562, \quad -0.3639 \pm j1.653$$

ここで $\beta'$ は実数より，$\beta' = 2.562$ となる．求める新しい $I_{sT}$ を $I'_{sT}$ と表せば，

$$\beta' = \frac{I'_{sT}}{I_{s\phi}} \quad \therefore I'_{sT} = \beta I_{s\phi} = 0.3092 \times 2.562 = \underline{0.7922\text{[pu]}}$$

③ 元の $I_{sT}$ に対する回転子磁束鎖交数，固定子磁束鎖交数

まず，定格運転時の磁束鎖交数を求める．

## 問題8.3 デチューニング状態でのトルク成分電流の変化と過渡トルク

```
    0.015   j0.1      j0.1  Ĩr
  ○──WWW──mmm──┬──mmm──┐
       →       │        │
  1.0  Ĩs     j3  ↓Ĩm   ▨   0.015/0.01774 = 0.8455
  ○─────────────┴────────┘
```

$$\tilde{I}_s = \cfrac{1.0}{0.015 + j0.1 + \cfrac{j3(0.8455 + j0.1)}{0.8455 + j3.1}} = 1.039 - j0.5495 \text{[pu]}$$

$$\tilde{I}_r = \frac{j3.0}{j3.0 + 0.8455 + j0.1}\tilde{I}_s = 1.071 - j0.24 \text{ [pu]}$$

$$\tilde{I}_m = \frac{0.8455 + j0.1}{0.8455 + j3.1}\tilde{I}_s = -0.03169 - j0.31 \text{[pu]}$$

よって定格運転時の固定子磁束鎖交数および回転子磁束鎖交数は,

$$\begin{cases} \tilde{\lambda}_s = 0.1\tilde{I}_s + 3.0\tilde{I}_m = 0.00883 - j0.985 = 0.985\angle -89.49° \text{ [pu]} \\ \tilde{\lambda}_r = -0.1\tilde{I}_r + 3.0\tilde{I}_m = -0.2021 - j0.9060 = 0.928\angle -102.58° \text{ [pu]} \end{cases}$$

次に, $I_{sT}$, $I_{s\phi}$ を同じ値に保ったまま $\alpha = 0.5$ になっても, 電源周波数や二次時定数は変化しないので, 以下の式が成り立つ.

$$S\omega_e\tau_r = \frac{I_{sT}}{I_{s\phi}} \Rightarrow S'\omega_e\tau_r = \frac{\alpha I_{sT}}{I_{s\phi}}$$

デチューニング時には, $\alpha$ に応じてすべり $S'$ が変化する. すなわち $S'$ が $\alpha$ 倍になる. このことを考慮して, 5[Hz]において同 $\tilde{I}_s$ の値に対する新しい分流 $\tilde{I}'_r$, $\tilde{I}'_m$ を求める.

```
    0.015   j0.1      j0.1  Ĩr'
  ○──WWW──mmm──┬──mmm──┐
       →       │        │
       Ĩs    j3.0 ↓Ĩm'  ▨   0.015/(0.01774×0.5) = 1.691
  ○─────────────┴────────┘
```

$\tilde{I}_s = 1.175$ として $\tilde{I}'_r, \tilde{I}'_m$ を求める.

$$\tilde{I}'_r = \frac{j3.0 \times \tilde{I}_s}{1.691 + j3.1} = 0.8765 + j0.478 \text{ [pu]}$$

$$\tilde{I}'_m = \frac{(1.691+j0.1)}{1.691+j3.1}\tilde{I}_s = 0.2986 - j0.478 \quad [pu]$$

よって元の$I_{sT}$に対する固定子磁束鎖交数および回転子磁束鎖交数は,

$$\tilde{\lambda}'_s = 0.1\tilde{I}_s + 3.0\tilde{I}'_m = 1.013 - j1.434 = 1.756\angle -54.76° \quad [pu]$$
$$\tilde{\lambda}'_r = -0.1\tilde{I}'_r + 3.0\tilde{I}'_m = 0.8082 - j1.482 = 1.688\angle -61.39° \quad [pu]$$

題意より,それぞれ定格運転時の磁束鎖交数との比をとれば,

$$\begin{cases} \therefore \dfrac{|\tilde{\lambda}'_s|}{|\tilde{\lambda}_s|} = \dfrac{1.756}{0.985} = 1.782 倍 \\[2mm] \dfrac{|\tilde{\lambda}'_r|}{|\tilde{\lambda}_r|} = \dfrac{1.688}{0.928} = 1.818 倍 \end{cases}$$

d)
① 過渡応答
ⅰ）α=1のチューニング時について
　α=1のチューニング時には過渡現象は起こらず,$t=0$の瞬間$T_e$は0から1.018[pu]にステップ変化する.

ⅱ）α=0.5のデチューニング時について
　c)の場合は$\alpha = \tau_r/\hat{\tau}_r = 0.5$であり,これより$\hat{\tau}_r = 2\tau_r$である.
ここで,デチューニング時の計算に対して以下の式を用いる.

$$\Delta \tau_r = \hat{\tau}_r - \tau_r, \quad \Delta \lambda^e_{qr} = \lambda^e_{qr} - \lambda^{e*}_{qr} = \lambda^e_{qr}, \quad \Delta \lambda^e_{dr} = \lambda^e_{dr} - \lambda^{e*}_{dr}, \quad \Delta T_e = T_e - T^*_e$$

また,回転子磁束鎖交数指令およびすべり角周波数指令の式は以下のようになる.

$$\begin{cases} \lambda^{e*}_{dr} = L_m I^{e*}_{ds} \\[2mm] \omega^*_s = \dfrac{L_m i^{e*}_{qs}}{\lambda^{e*}_{dr}} \cdot \dfrac{1}{\hat{\tau}_r} \end{cases} \quad (8\text{-}13)$$
$$\quad (8\text{-}14)$$

さらに,回転子磁束鎖交数およびトルクに対して,以下の式が成立する.

問題8.3 デチューニング状態でのトルク成分電流の変化と過渡トルク

$$\begin{cases} p\Delta \lambda_{qr}^e = -\dfrac{1}{\tau_r}\Delta \lambda_{qr}^e - \omega_s^* \Delta \lambda_{dr}^e + \dfrac{L_m i_{qs}^{e*}}{\tau_r}\cdot \dfrac{\Delta \tau_r}{\hat{\tau}_r} & (8\text{-}15)\\[4pt] p\Delta \lambda_{dr}^e = -\dfrac{1}{\tau_r}\Delta \lambda_{dr}^e + \omega_s^* \Delta \lambda_{qr}^e & (8\text{-}16) \end{cases}$$

$$\Delta T_e = \frac{3}{2}\cdot\frac{P}{2}\cdot\frac{L_m}{L_r}\left(\Delta \lambda_{dr}^e i_{qs}^{e*} - \Delta \lambda_{qr}^e I_{ds}^{e*}\right) \qquad (8\text{-}17)$$

ここで，すべての値を実際の物理量に戻す．

$P = 4,\ r_r = 0.015\times 2.836 = 0.04254[\Omega],\ L_{lr} = \dfrac{0.1\times 2.836}{120\pi} = 0.7523[\text{mH}]$

$L_m = \dfrac{3.0\times 2.836}{120\pi} = 22.57[\text{mH}],\ L_r = L_m + L_{lr} = 23.32[\text{mH}]$

$\tau_r = \dfrac{L_r}{r_r} = \dfrac{23.32\times 10^{-3}}{0.04254} = 0.5482[\text{s}]$

a)の結果より，

$I_{ds\,\text{pu}} = I_{s\phi\,\text{pu}},\ I_{ds} = 0.3092\times 93.63\times \sqrt{2} = 40.94\,[\text{A}]$

$I_{qs\,\text{pu}} I_{sT\,\text{pu}},\ I_{qs} = 1.134\times 93.63\times \sqrt{2} = 150.2\,[\text{A}]$

式(8-13)より

$\lambda_{dr}^{e*} = L_m I_{ds}^{e*} = 22.57\times 10^{-3}\times 40.94 = 0.9240\,[\text{Wb}\cdot\text{T}]$

式(8-14)より

$\omega_s^* = \dfrac{L_m i_{qs}^{e*}}{\lambda_{dr}^{e*}\hat{\tau}_r} = \dfrac{22.57\times 10^{-3}}{0.9240\times 2\times 0.5482} = 3.346[\text{rad}/\text{s}]$

ここで，式(8-15)の右辺第三項を求める．

$\dfrac{L_m i_{qs}^{e*}}{\tau_r}\cdot\dfrac{\Delta \tau_r}{\hat{\tau}_r} = \dfrac{L_m i_{qs}^{e*}\tau_r}{\tau_r\cdot 2\tau_r} = \dfrac{22.57\times 10^{-3}\times 150.2}{2\times 0.5482} = 3.092$

このとき式(8-15)，(8-16)は以下のようになる．

$$\begin{cases} p\Delta \lambda_{qr}^e = -1.824\Delta \lambda_{qr}^e - 3.346\Delta \lambda_{dr}^e + 3.092 & (8\text{-}18)\\ p\Delta \lambda_{dr}^e = 3.346\Delta \lambda_{qr}^e - 1.824\Delta \lambda_{dr}^e & (8\text{-}19) \end{cases}$$

また，$i_{qs}^{e*} = 0$ のとき，式(8-18)，(8-19)は以下のようになる．

$$\begin{cases} p\Delta \lambda_{qr}^e = -1.824\Delta \lambda_{qr}^e & (8\text{-}20)\\ p\Delta \lambda_{dr}^e = -1.824\Delta \lambda_{dr}^e & (8\text{-}21) \end{cases}$$

## 8. 間接形フィールドオリエンテーションにおけるパラメータ感度と飽和の影響

この場合, 解は,

$$\begin{cases} \Delta \lambda_{qr}^e = \Delta \lambda_{qr0}^e e^{-1.824t} \\ \Delta \lambda_{dr}^e = \Delta \lambda_{dr0}^e e^{-1.824t} \end{cases}$$

$t=0$ のときには誤差はないものとすれば $\Delta \lambda_{qr0} = \Delta \lambda_{dr0} = 0$, よって, $\Delta \lambda_{dr}^e = \Delta \lambda_{qr}^e = 0$. よって, 式(8-18), (8-19)を $t=0$ で $\Delta \lambda_{qr}^e = \Delta \lambda_{dr}^e = 0$ の条件に対して解く. 式(8-18), (8-19)をラプラス変換すれば,

$$\begin{cases} (S+1.824)\Delta\Lambda_{qr}(s) + 3.346\Delta\Lambda_{dr}(s) = \dfrac{3.092}{S} \\ -3.346\Delta\Lambda_{qr}(s) + (S+1.824)\Delta\Lambda_{dr}(s) = 0 \end{cases}$$

よって,

$$\Delta\Lambda_{qr}(s) = \frac{(3.092/S)(S+1.824)}{(S+1.824)^2 + 3.346^2} = \frac{3.092(S+1.824)}{S(S+1.824+j3.346)(S+1.824-j3.346)}$$

$$= \frac{C_1}{S} + \frac{C_2}{S+1.824+j3.346} + \frac{C_3}{S+1.824-j3.346} \qquad (8\text{-}22)$$

$$\Delta\Lambda_{dr}(s) = \frac{10.332}{S(S+1.824+j3.346)(S+1.824-j3.346)}$$

$$= \frac{C_4}{S} + \frac{C_5}{S+1.824+j3.346} + \frac{C_6}{S+1.824-j3.346} \qquad (8\text{-}23)$$

ここで,

$$C_1 = \frac{3.092 \times 1.824}{1.824^2 + 3.346^2} = 0.3883$$

$$C_2 = \frac{3.092(-j3.346)}{(-1.824-j3.346)(-j2\times3.346)} = -\frac{3.092}{(1.824+j3.346)\times 2} = -0.1942 + j0.3561$$

$$C_3 = \frac{3.092(j3.346)}{(-1.824+j3.346)(j2\times3.346)} = -\frac{3.092}{(1.824-j3.346)\times 2} = -0.1942 - j0.3561$$

$$C_4 = \frac{-10.35}{1.824^2 + 3.346^2} = 0.7127$$

$$C_5 = \frac{-10.35}{(-1.824+j3.346)(j2\times3.346)} = -0.3563 - j0.1943$$

$$C_6 = \frac{-10.35}{(-1.824+j3.346)(j2\times3.346)} = -0.3563 + j0.1943$$

式(8-22), (8-23)に $C_1 \sim C_6$ を代入して,

問題8.3 デチューニング状態でのトルク成分電流の変化と過渡トルク

$$\begin{cases} \Delta\Lambda_{qr}(s) = \dfrac{0.3883}{S} + \dfrac{-0.1943+j0.3563}{S+1.824+j3.346} + \dfrac{-0.1943-j0.3563}{S+1.824-j3.346} & (8\text{-}24)\\ \Delta\Lambda_{dr}(s) = \dfrac{0.7127}{S} + \dfrac{-0.3563-j0.1943}{S+1.824+j3.346} + \dfrac{-0.3563+j0.1943}{S+1.824-j3.346} & (8\text{-}25) \end{cases}$$

これらを逆変換する．式(8-24)より，

$\Delta\lambda_{qr}(t) = 0.3883 + 0.4058e^{j118.6°}e^{(-1.824-j3.346)t} + 0.4058e^{-j118.6°}e^{(-1.824+j3.346)t}$

$= 0.3883 + 0.8116e^{-1.824t}\cos(3.346t - 118.6°)$

また，式(8-25)より，

$\Delta\lambda_{dr}^e(t) = 0.7127 + 0.4058e^{-j151.4°}e^{(-1.824-j3.346)t} + 0.4058e^{j151.4°}e^{(-1.824+j3.346)t}$

$= 0.7127 + 0.8116e^{-1.824t}\cos(3.346t + 151.4°)$

このときのトルク $T_e$ は，

$T_e = T_e^* + \Delta T_e = \dfrac{3}{2}\cdot\dfrac{P}{2}\cdot\dfrac{L_m}{L_r}\left(\lambda_{dr}^{e*}i_{qs}^{e*} + \Delta\lambda_{dr}^e i_{qs}^{e*} - \Delta\lambda_{qr}^e I_{ds}^{e*}\right)$

$= \dfrac{3}{2}\cdot\dfrac{4}{2}\cdot\dfrac{22.57}{23.32}\cdot[0.9240\times 150.2 + 150.2\times\{0.7127 + 0.8116e^{-1.824t}\cos(3.346t+151.4°)\}$

$\quad - 40.94\times\{0.3883 + 0.8116e^{-1.824t}\cos(3.346t-118.6°)\}]$

$= 667.6 + 353.9e^{-1.824t}\cos(3.346t+151.4°) - 96.47e^{-1.824t}\cos(3.346t-118.6°)$
(8-26)

定格出力が100馬力、定格すべりが$S=0.01774$より定格トルクは

$$T_R = \dfrac{100\times 746\times 4/2}{(1-0.01774)\times 2\pi\times 60} = 402.9\ [\text{N}\cdot\text{m}]$$

これがpuでは $T_{R\text{pu}} = \dfrac{1}{1-S} = 1.018$ であるから基準値，すなわち，1.0[pu]となるトルク $T_B$ は，

$$T_B = \dfrac{402.9}{1.018} = 395.8[\text{N}\cdot\text{m}]$$

よって，トルクの式(8-26)をpuに直すためには，$T_B$で割ればよい．puで表示したトルクステップ応答の式は，

$T_{e\text{pu}} = \dfrac{T_e}{T_B} = \dfrac{667.6}{395.8} + \dfrac{353.9}{395.8}e^{-1.824t}\cos(3.346t+151.4°) - \dfrac{96.47}{395.8}e^{-1.824t}\cos(3.346t-118.6°)$

248　8．間接形フィールドオリエンテーションにおけるパラメータ感度と飽和の影響

$$= 1.687 + 0.894\,e^{-1.824t}\cos(3.346t + 151.4°) - 0.2437 e^{-1.824t}\cos(3.346t - 118.6°)$$
(8-27)

この波形を以下に示す．

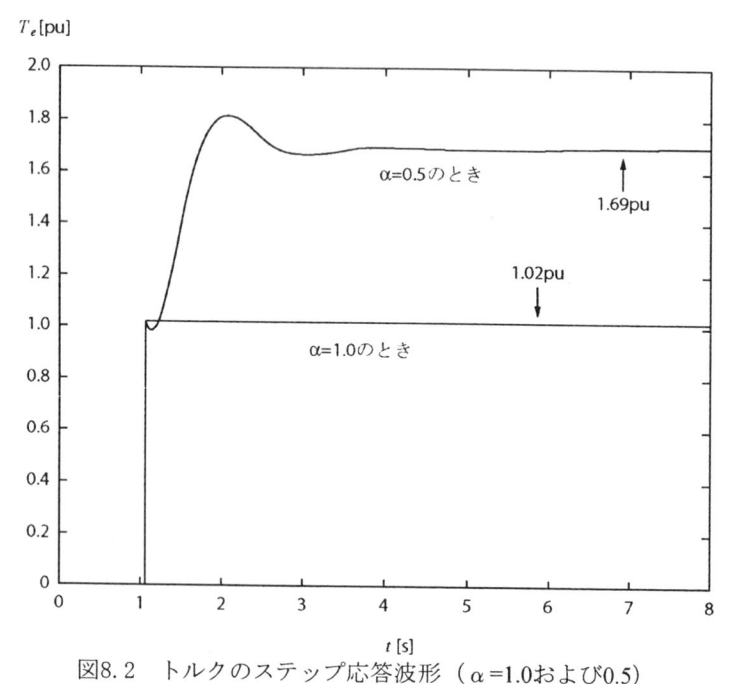

図8.2　トルクのステップ応答波形（α=1.0および0.5）

② シミュレーション結果の定常トルクとc)における定常トルクの比較
　 i ) シミュレーション結果の定常トルクは式(8-27)において $t \to \infty$ とすれば，
　　　　1.69[pu]

　ii ) c)における定常トルクはc)の①の結果より，
　　　　1.69[pu]
　　よって，両者は等しくなっている．

## 問題8.4 フィールドオリエンテーション時の回転子磁束特性(飽和無視)
[訳本の図8.7]

$I_{S\phi}$=一定でフィールドオリエンテーションを行う場合の正規化磁束鎖交数－すべりゲイン誤差特性を$I_{ST}/I_{S\phi}$=0.5,1,2,4に対して求めよ．ただし，$L_m$の飽和は無視するものとする．

### 解答

チューニング時における回転子磁束鎖交数の式は以下のようになる．

$$\lambda_r = L_m I_{S\phi} \frac{\sqrt{1+(I_{ST}/I_{S\phi})^2}}{\sqrt{1+(S\omega_e \tau_r)^2}} \tag{8-28}$$

デチューニング時に対して，すべりゲイン誤差を$\alpha$とすると，

$$S\omega_e \tau_r = \alpha \frac{I_{ST}}{I_{S\phi}} \tag{8-29}$$

ここで，$\dfrac{I_{ST}}{I_{S\phi}} = A$ とおくと式(8-28)は以下のようになる．

$$\lambda_r = L_m I_{S\phi} \frac{\sqrt{1+A^2}}{\sqrt{1+(\alpha A)^2}} \tag{8-30}$$

$\lambda_r$をチューニング時の磁束鎖交数$L_m I_{S\phi}$で正規化したものを$\lambda_{rn}$とすると，

$$\lambda_{rn} = \sqrt{\frac{1+A^2}{1+(\alpha A)^2}} \tag{8-31}$$

この式より，$\lambda_{rn}$は$\alpha$が小さくなると大きくなることがわかる．よって式(8-31)に対して$A$の値が0.5,1,2,4の場合に対してそれぞれ$0.25<\alpha<3.0$の範囲でグラフを描くと以下のようになる．

250　8．間接形フィールドオリエンテーションにおけるパラメータ感度と飽和の影響

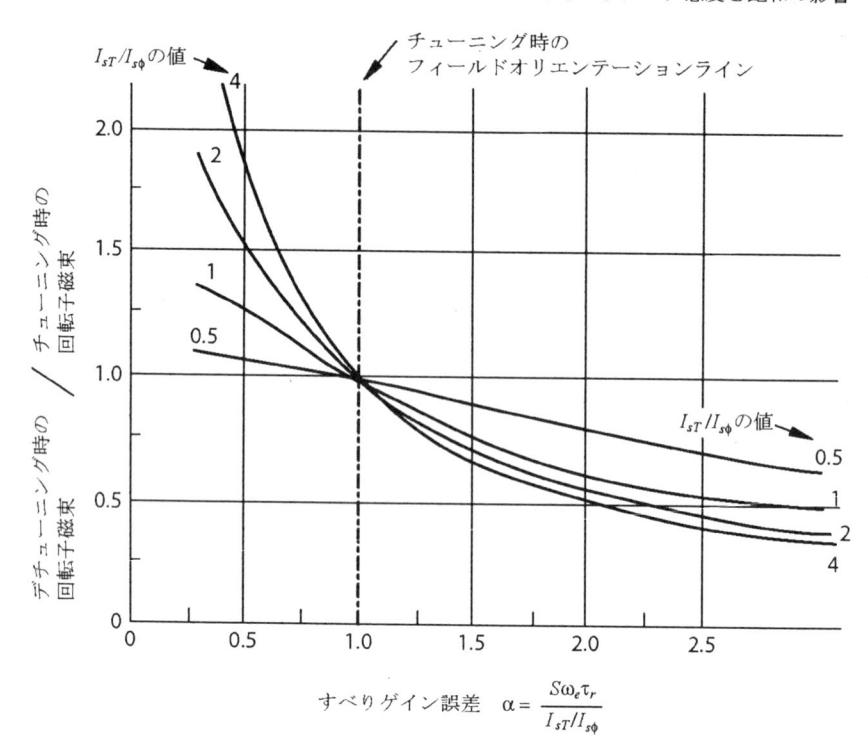

図8.3　フィールドオリエンテーション時の回転子磁束特性（飽和無視）

すべりゲイン誤差　$\alpha = \dfrac{S\omega_e \tau_r}{I_{sT}/I_{s\phi}}$

問題8.5 デチューニングの影響                                      251

---

**問題8.5 デチューニングの影響** [訳本の図8.11]

以下のパラメータを持つ誘導機A，Bを定格速度，定格出力で運転する．$L_m$ の磁気飽和の影響を考慮してすべりゲイン誤差を0.5から2.0まで変化させた場合の $I_{ST}$，$\lambda_r$ の特性を求めよ．また，それぞれのすべりゲイン誤差に対する損失の増減をチューニング時の損失に対するパーセントで表せ．ただし，回転数および出力は常に定格値で一定とし，デチューニングによってインバータ周波数，損失および入力電力が変化するものとする．損失の計算に対してのみ，鉄損抵抗 $r_m$ を励磁インダクタンスに並列に接続して考慮すること．

また，飽和を考慮した磁束鎖交数 $\lambda$ ($=\lambda_r/\lambda_r^*$) と励磁電流 $i_m$ ($=i_{ds}/i_{ds}^*$) の関係式として，$i_m=\alpha\lambda+(1-\alpha)\lambda^S$ [pu]を用いること．ここで $\alpha$ (実機では0.5〜0.9程度)は飽和の始まるポイントを左右するパラメータ，$S$(実機では5〜7程度)は飽和の度合いを左右するパラメータであり，これらは，使用する機器の飽和曲線に応じて選択される．なお，$\lambda$，$i_m$ は，それぞれ，定格時の回転子磁束鎖交数 $\lambda_r$ および $i_{ds}^*$ で正規化されている．

誘導機A

　　三相，1馬力，200V，60Hz，4極，1741rpm
　　$r_s$=0.049pu，$X_{ls}$=0.04pu，$X_r$=0.75pu，$r_r$=0.025pu，$X_{lr}$=0.05pu
　　$r_m$=22.0pu，$\alpha=0.7$，$S=7$

誘導機B

　　三相，100馬力，460V，60Hz，4極，1775rpm
　　$r_s$=0.017pu，$X_{ls}$=0.07pu，$X_r$=2.57pu，$r_r$=0.01pu，$X_{lr}$=0.07pu，
　　$r_m$=25.0pu，$\alpha=0.9$，$S=7$

---

**解答**

(I) 手順

(1) チューニング時の計算

　チューニング時に対し，定格出力，定格すべりに対する電流指令，定格磁束鎖交数，定格入力を求める．ここで求めた磁束成分電流指令 $i_{ds}^*$，回転数 $\omega_r$ およびトルク $T_e$ は，題意よりデチューニング時も同じ値のままである．

## (2) 飽和の考慮

飽和を考慮した磁束鎖交数 $\lambda$ と励磁電流 $i_m$ の関係式は以下のように書ける．

$$i_m = \alpha\lambda + (1-\alpha)\lambda^s \quad [\text{pu}] \tag{8-32}$$

参考までに，$\alpha$ および $s$ を変えた場合の $\lambda$-$i_m$ 特性を以下に示す．

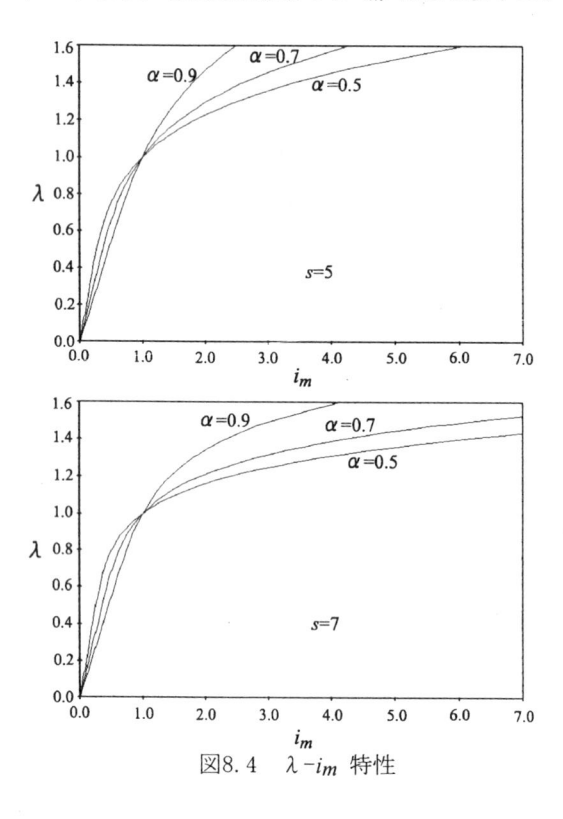

図8.4 $\lambda$-$i_m$ 特性

ある $\lambda_r$ に対して式(8-32)に $\lambda = \lambda_r / \lambda_r^*$ を代入してこれに対応する $i_m$ を求め，求めた $i_m$ と $\lambda_r$ を励磁インダクタンスの式 $L_m = \lambda_r / (i_m i_{ds}^*)$ に代入すれば，飽和を考慮した $L_m$ を求めることができる．

## (3) デチューニング時にトルクを同じ値に保つ $i_{qs}^*$ の計算

誘導機のトルクの式を回転子電流，固定子電流を用いて単位法表記で表せば，次式となる．

問題8.5 デチューニングの影響

$$T_e = L_m \, \text{Im}\{\underline{i}^{\dagger}_{qdr}\underline{i}_{qds}\} \tag{8-33}$$

ここで，$L_m$は(2)で求めたものである．デチューニングの有無に関わらず，固定子電流制御が成立するものとすると$i_{qds} = i^*_{qds}$ である．これに，図8.5の等価回路より得られる次式

$$\underline{i}_{qdr} = \frac{-\omega_s L_m}{r_r + j\omega_s L_r}\underline{i}_{qds} \tag{8-34}$$

およびすべりの関係式

$$\omega_s = \frac{i^*_{qs}}{i^*_{ds}}\frac{\hat{r}_r}{\hat{L}_r} \tag{8-35}$$

を代入して整理すると，$i^*_{qs}$に関する三次方程式

$$L_m^2 \frac{\hat{r}_r}{r_r}\frac{1}{\hat{L}_r}\frac{i^{*3}_{qs}}{i^*_{ds}} - \left(\frac{\hat{r}_r}{r_r}\right)^2 \frac{(L_m + L_{lr})^2}{\hat{L}_r^2}\frac{i^{*2}_{qs}}{i^{*2}_{ds}}T_e + \frac{L_m^2}{\hat{L}_r}\frac{\hat{r}_r}{r_r}i^*_{ds}i^*_{qs} - T_e = 0 \tag{8-36}$$

が得られる．この式を用いれば，デチューニング時に，与えられた誘導機定数および$i_{ds}*$，$\hat{r}_r$，$\hat{L}_r$，$L_m$に対してあるトルク$T_e$を発生するために必要な$i^*_{qs}$が計算できる．

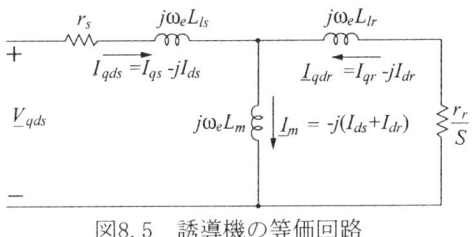

図8.5 誘導機の等価回路

(4) $\lambda'_r$の計算

等価回路から得られる次式を用いて，与えられた誘導機定数および電流指令，$\hat{r}_r$，$\hat{L}_r$，$L_m$に対する$\lambda'_r$が計算できる．

$$\lambda'_r = |\underline{\lambda}'_r| = \left| \frac{L_m i^*_{qds}}{1 + j\frac{i^*_{qs}}{i^*_{ds}}\frac{\hat{r}_r}{r_r}\frac{L_m + L_{lr}}{\hat{L}_r}} \right| \tag{8-37}$$

この $\lambda'_r$ が最初に仮定した $\lambda_r$ と同じ値になったとき，その動作点は，飽和とデチューニング，双方の条件を満足している動作点である．

(5) 繰り返し計算

実際の計算では，まず，チューニング時に対する計算により，初期の動作点を決定したあと，仮の $\lambda_{r0}$ を決め，これに対する励磁インダクタンス $L_m$ を求める．次に式(8-36)より，デチューニング時に所望のトルクを出力するのに必要な $i^*_{qs}$ を求め，この電流指令や誘導機の定数等を用いて，式(8-37)で回転子磁束鎖交数 $\lambda'_r$ を計算する．ここで計算された $\lambda'_r$ はと一致しなければならないので，両者が一致しない場合，$\lambda_{r0} > \lambda'_r$ であれば $\lambda_{r0}$ をわずかに減らし，$\lambda_{r0} < \lambda'_r$ であれば $\lambda_{r0}$ をわずかに増やして，一致するまで繰り返し計算を行う．

(6) 入力電力の計算

$\lambda'_r = \lambda_{r0}$ となったときの各値を用いて，入力電力を計算し，入力電力の変化分を定格出力電力のパーセントで表す．

まず，回転速度は定格速度一定であるので $\omega_r = 1.0 - S$ である．ところが，デチューニングですべりが変わるので，$\omega_e = \omega_s + \omega_r$ となる．さらに，この周波数における各インピーダンスを求めると，$X_{lr} = \omega_e L_{lr}$，$X_{ls} = \omega_e L_{ls}$，$X_m = \omega_e L_m$ となる．励磁インダクタンス両端電圧 $\underline{V_m}$ は，次式で表される．

$$\underline{V}_m = \frac{(r_r/S + jX_{ls})jX_m}{r_r/S + jX_r} \underline{i}^*_{qds} \tag{8-38}$$

鉄損抵抗を考慮した場合の全入力電流は，$\underline{i}_T = \underline{i}^*_{qds} + \underline{V}_m/r_m$，また，式(8-38)における $\underline{i}^*_{qds}$ の係数部分を $\underline{Z}_p$ とおくと入力電力の式は以下のようになる．

$$P_{in} = r_s |\underline{i}_T|^2 + |\underline{V}_m|^2/r_m + \text{Re}\{\underline{Z}_p\}|\underline{i}^*_{qds}|^2 \tag{8-39}$$

一次銅損　　鉄損　　二次銅損＋出力

(Ⅱ) 具体的な計算

(ⅰ) 誘導機Aに対して

(1) チューニング時の計算

定格動作点を調べるために，出力 $P_{out} = 1.0[\text{pu}]$ となるすべりおよび固定子電流（大きさ）を繰り返し計算で求める（すべりを変えて計算し，出力 $P_{out} = 1.0[\text{pu}]$ となるすべりの値，固定子電流を求める）と $S = 0.03285$ のとき $P_{out} = 1.0[\text{pu}]$，$T_e$

問題8.5 デチューニングの影響

$=1.034[\text{pu}]$, また $I_s = 1.779[\text{pu}]$ となる.

$I_s$ を $I_{ds}$ と $I_{qs}$ に分ける.

$$\left(\frac{S\omega_e L_r |I_{ds}|}{r_r}\right)^2 = |I_s|^2 - |I_{ds}|^2$$

$$|I_{ds}| = \sqrt{\frac{|I_s|^2}{1+\left(\frac{S\omega_e L_r}{r_r}\right)^2}} = \sqrt{\frac{1.779^2}{1+\left(\frac{0.03285 \times 0.75}{0.025}\right)^2}} = 1.267[\text{pu}]$$

$$|I_{qs}| = \sqrt{|I_s|^2 - |I_{ds}|^2} = 1.249[\text{pu}]$$

定格磁束鎖交数を求め, この値を $\lambda_{dr}^{e*}$ とする.

$$\lambda_{dr}^{e*} = L_m I_{ds} = 0.75 \times 1.267 = 0.887[\text{pu}]$$

以後, $i_{ds}* = i_{ds} = 1.267[\text{pu}]$ を用いる.

(2) デチューニング時の計算

$\dfrac{\hat{r}_r}{r_r} = 0.5$ に対し, $\lambda_{r0} = 0.887[\text{pu}]$ を仮定して, これに対する $L_m$ を求める. 求めた $L_m$ および $T_e = 1.034[\text{pu}]$, $\dfrac{\hat{r}_r}{r_r} = 0.5$, $i_{ds}* = 1.267[\text{pu}]$ 等の値を用いて式(8-36)より $\dfrac{\hat{r}_r}{r_r} = 0.5$ のデチューニング時に定格トルクを発生するための $i_{qs}*$ を求める.

求めた値を式(8-37)に代入して $\lambda'_r$ を求め, これと $\lambda_{r0}$ が一致するまで $\lambda_{r0}$ の値をわずかに変えながら繰り返し, $\lambda_r$ および $i_{qs}*$ を確定させる. さらに, 確定した値を用いて, 式(8-38), 式(8-39)より入力電力を求める.

(3) 同様に $\dfrac{\hat{r}_r}{r_r} = 0.6, 0.7, \cdots, 2.0$ について繰り返し計算を行う.

(4) 以上の結果をグラフにまとめると, 図8.6(a)となる.

(ii) 誘導機Bに対して

誘導機Bに対しても, (i)と同じ手順で繰り返し計算を行えば, 図8.6(b)の結果が得られる.

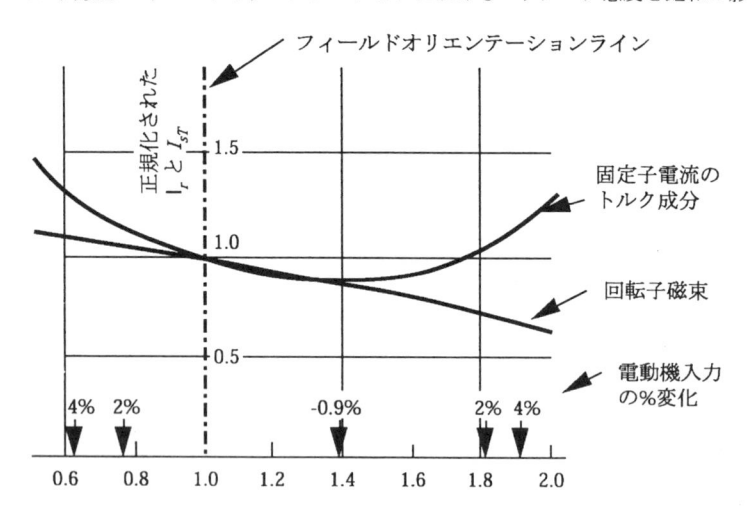

256    8. 間接形フィールドオリエンテーションにおけるパラメータ感度と飽和の影響

図中ラベル:
- フィールドオリエンテーションライン
- 正規化された $I_r$ と $I_{sT}$
- 固定子電流のトルク成分
- 回転子磁束
- 電動機入力の%変化
- 制御器の回転子抵抗／実際の回転子抵抗　$\hat{r}_r/r_r$

a) の値: 4%, 2%, -0.9%, 2%, 4%

a)　1馬力誘導機

b) の値: 2%, -0.1%, 2%, 4%, 8%

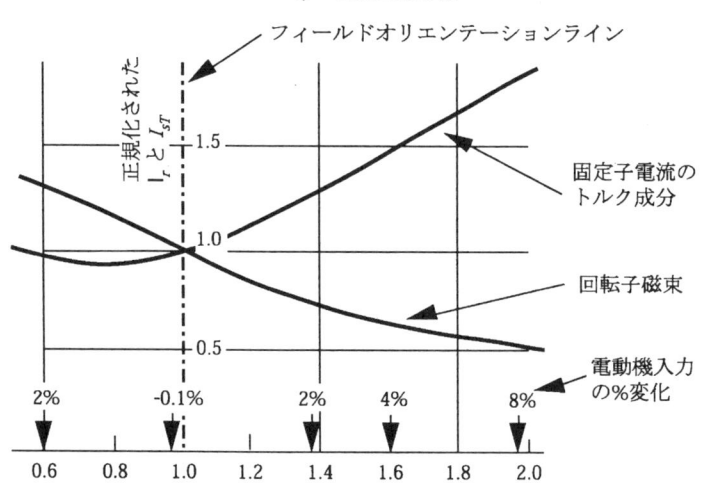

b)　100馬力誘導機

図8.6　デチューニングの影響

### 問題8.6 トルク電流指令に対する出力トルクの伝達関数における極と零点 (すべりゲイン誤差＝2) [訳本の図8.12]

以下のようなパラメータを持つ二つの誘導機がある．

誘導機A

　　三相，1馬力，200V，60Hz，4極，1741rpm
　　$r_s$=0.049pu，$X_{ls}$=0.04pu，$X_m$=0.7pu，$r_r$=0.025pu，$X_{lr}$=0.05pu
　　$r_m$=22.0pu

誘導機B

　　三相，100馬力，460V，60Hz，4極，1775rpm
　　$r_s$=0.017pu，$X_{ls}$=0.07pu，$X_m$=2.5pu，$r_r$=0.01pu，$X_{lr}$=0.07pu，
　　$r_m$=25.0pu

これらの誘導機をベクトル制御器で駆動する．すべりゲイン誤差＝2のデチューニング状態にあるとき，トルク電流指令に対する出力トルクの伝達関数を求め，極および零点を描け．ただし，トルク電流指令に対する出力トルクの伝達関数は次式で与えられるものとする．

$$\frac{\Delta T_e}{\Delta i_{qs}^{e*}} = \frac{3}{2} \cdot \frac{P}{2} \cdot \frac{L_m}{L_r} \left[ \frac{a_1 p^2 + a_2 p + (a_3 + a_4)}{p^2 + a_5 p + a_6} \right]$$

ここで

$a_1 = \lambda_{dr0}$, $a_2 = \frac{1}{\tau_r}\left(2\lambda_{dr0} + \lambda_{qr0}\omega_{s0}\tau_r - L_m I_{ds0} + \lambda_{dr0}b\right)$

$a_3 = \frac{\omega_{s0}}{\tau_r}\left(I_{qs0}L_m + \lambda_{qr0} + \lambda_{qr0}b\right)$

$a_4 = \frac{1}{\tau_r^2}\left(\lambda_{dr0} - L_m I_{ds0} + \lambda_{dr0}b\right)$, $a_5 = \frac{2}{\tau_r}$, $a_6 = \frac{1}{\tau_r^2} + \omega_{s0}^2$, $b = \frac{\tau_r}{\hat{\tau}_r}$

### 解答

(I) 誘導機Aに対して

(i) チューニング時定格動作点の決定

(1) 定格動作点を調べるために，出力 $P_{out}$ = 1.0[pu] となるすべりおよび固定子電流（大きさ）を繰り返し計算で求める（すべりを変えて計算し，出力 $P_{out}$ = 1.0[pu] となったときのすべりの値，固定子電流を求める）．と

258　8．間接形フィールドオリエンテーションにおけるパラメータ感度と飽和の影響

$S=0.03285$ のとき，$P_{out}=1.0[pu]$ また $I_s=1.779[pu]$ となる．

(2) $I_s$ を $I_{ds}$ と $I_{qs}$ に分ける．

$$\left(\frac{S\omega_e L_r |I_{ds}|}{r_r}\right)^2 = |I_s|^2 - |I_{ds}|^2$$

$$|I_{ds}| = \sqrt{\frac{|I_s|^2}{1+\left(\frac{S\omega_e L_r}{r_r}\right)^2}} = \sqrt{\frac{1.779^2}{1+\left(\frac{0.03285\times 0.75}{0.025}\right)^2}} = 1.267[pu]$$

$$|I_{qs}| = \sqrt{|I_s|^2 - |I_{ds}|^2} = 1.249[pu]$$

(3) 定格磁束鎖交数を求め，この値を $\lambda_{dr}^{e*}$ とする．

$$\lambda_{dr}^{e*} = L_m I_{ds} = 0.75\times 1.267 = 0.8871[pu]$$

以上より，$\lambda_{dr}^{e*} = 0.8871[pu]$，$i_{ds}^* = 1.267$ [pu]，$\omega_r = 0.967[pu]$

(ii) デチューニング時の定常動作点

　トルク $T_e=1.0[pu]$ に対して，すべりゲイン誤差＝2に対する定常動作点を求めるために，問題8.5で用いたトルクの式(8-36)を用いる．

$$L_m^2 \frac{\hat{r}_r}{r_r}\frac{1}{\hat{L}_r}\frac{i_{qs}^{*3}}{i_{ds}^*} - \left(\frac{\hat{r}_r}{r_r}\right)^2 \frac{(L_m+L_{lr})^2}{\hat{L}_r^2}\frac{i_{qs}^{*2}}{i_{ds}^{*2}}T_e + L_m^2 \frac{\hat{r}_r}{\hat{L}_r}\frac{1}{r_r}i_{ds}^* i_{qs}^* - T_e = 0$$

この式に，$T_e=1.0[pu]$，$i_{ds}^*=1.267$ [pu]，$\hat{L}_r=L_r=0.75$ [pu]，$L_m=0.7$ [pu]，$L_{lr}=0.05$ [pu]，$\frac{\hat{r}_r}{r_r}=2.0$ を代入して，デチューニング時に $T_e=1.0[pu]$ を出力できる $i_{qs}^*$ を計算する．これより，$\omega_s^* = \frac{i_{qs}^*}{i_{ds}^*}\frac{\hat{r}_r}{\hat{L}_r}$ を求める．得られた値から，

$$\lambda_{qr} = \text{Re}\{\underline{\lambda}_{qdr}\} = \text{Re}\left\{\frac{L_m i_{qds}^*}{1+j\frac{i_{qs}^*}{i_{ds}^*}\frac{\hat{r}_r}{r_r}\frac{L_r}{\hat{L}_r}}\right\}$$

を使って $\lambda qr$ が求まる．

以上の計算より，$Iqs0 = i_{qs}^*$，$Ids0 = i_{ds}^*$，$\lambda qr0 = \lambda qr$，$\lambda dr0 = \lambda_{dr}^*$，$\omega_{s0} = \omega_s^*$ が得られる．

問題8.6 トルク電流指令に対する出力トルクの伝達関数における極と零点

(iii) 伝達関数の極と零点の計算

これらを定常動作点として，伝達関数の係数を求めて，極零点を計算すれば極として-12.57+j38.69，零点として-8.47+j32.99が求まる．トルク$T_e=$0.8, 1.2, 1.4についても同様の計算を行った結果を以下の表にまとめる．

| $T/\tau$ | $T_e$[pu] | 極 | 零点 |
|---|---|---|---|
| 2 | 0.8 | -12.57+j24.5 | -10.62+j16.91 |
|   | 1.0 | -12.57+j38.69 | -8.47+j32.99 |
|   | 1.2 | -12.57+j50.95 | -7.65+j46.36 |
|   | 1.4 | -12.57+j62.37 | -7.23+j58.51 |
| 1 | 0.8 | -12.57+j9.58 | -12.57+j9.58 |
|   | 1.0 | -12.57+j11.98 | -12.57+j11.98 |
|   | 1.2 | -12.57+j14.38 | -12.57+j14.38 |
|   | 1.4 | -12.57+j16.77 | -12.57+j16.77 |

この結果を用いてグラフを描くと図8.7(a)のようになる．

(II) 誘導機Bに対して

誘導機Bに対しても同様の手順で極零点を計算しグラフに描けば，図8.7(b)のようになる．

260    8. 間接形フィールドオリエンテーションにおけるパラメータ感度と飽和の影響

極　　　零点

× 　　　○ $T_e = 1.4$ pu　　　60

× 　　　○ $T_e = 1.2$ pu　　　45

× 　　　○ $T_e = 1.0$ pu　　　30

× 　　　○ $T_e = 0.8$ pu　　　15

虚部 [rad/s]

-20　-15　-10　-5　0
実部 [S$^{-1}$]

(a) 1馬力誘導機

極　　　零点

× 　　　○ $T_e = 1.4$ pu　　　22.5

× 　　　○ $T_e = 1.2$ pu

× 　　　○ $T_e = 1.0$ pu　　　15

× 　　　○ $T_e = 0.8$ pu

7.5

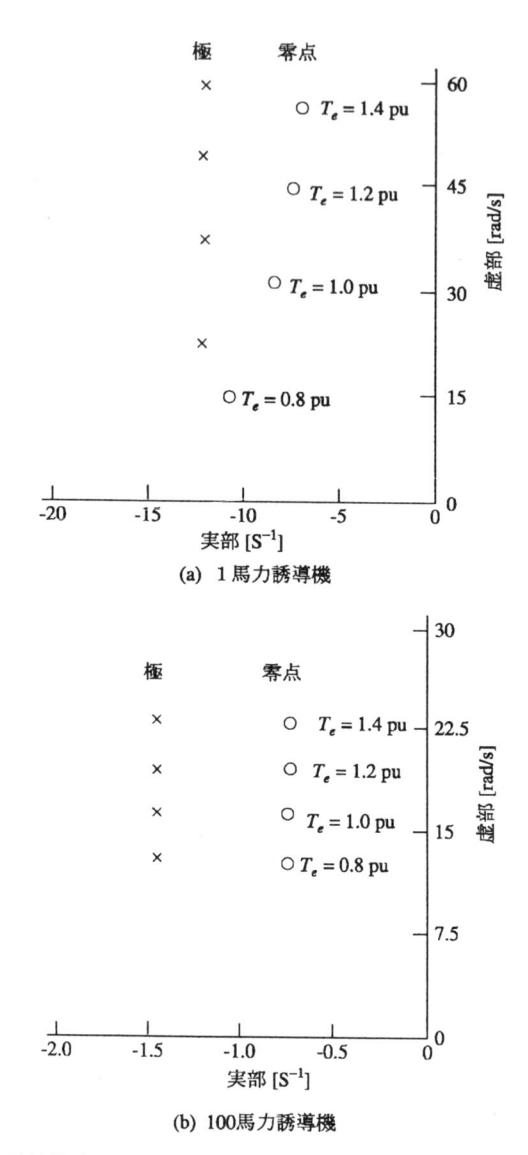

虚部 [rad/s]

-2.0　-1.5　-1.0　-0.5　0
実部 [S$^{-1}$]

(b) 100馬力誘導機

図8.7　トルク電流指令に対する出力トルクの伝達関数における極と零点（すべりゲイン誤差＝2）

## 問題8.7 フィールドオリエンテーション制御(オープンループ運転)時のトルクのステップ応答 [訳本の図8.13]

以下のパラメータを有する二つの誘導機A,B

誘導機A

1馬力,200V

$r_s$=0.049pu, $X_{ls}$=0.04pu, $X_m$=0.7pu, $r_r$=0.025pu, $X_{lr}$=0.05pu,

誘導機B

100馬力,460V

$r_s$=0.017pu, $X_{ls}$=0.07pu, $X_m$=2.5pu, $r_r$=0.01pu, $X_{lr}$=0.07pu,

がある.それぞれの誘導機に対し $\tau_r/\hat{\tau}_r = 0.5, 1.0, 2.0$ のときトルク指令を $t=0$ で0から定格までステップ変化させた場合のステップ応答を求めよ.

### 解答

(I) 誘導機Aに対して

$$X_r = X_{lr} + X_m = 0.75 \text{[pu]}, \quad \tau_r = L_r/r_r = 0.75/(0.025 \times 377) = 0.079576$$

(1) チューニング時の定常動作の計算

$V=1.0$ に対して $P_{out}=P_1-P_c=1.0$[pu]となるすべりは $S_R=0.0329$.
このとき,$P_{out}=1.000$[pu],$i_1=1.779$[pu],$T_{eR}=1.034$[pu]となり,$i_1$を$i_{ds}$,$i_{qs}$に分けると,

$$\left(\frac{S\omega_e L_r |I_{ds}|}{r_r}\right)^2 = |I_1|^2 - |I_d|^2 \quad \therefore \left(\frac{0.0329 \times 0.75}{0.025}\right)^2 |I_{ds}|^2 = 1.779^2 - |I_{ds}|^2$$

$$\begin{cases} |I_{ds}| = \sqrt{\dfrac{1.779^2}{1 + \left(\dfrac{0.0329 \times 0.75}{0.025}\right)^2}} = 1.267 \text{pu} = 3.859 \text{[A]} \\ |I_{qs}| = \left(\dfrac{0.0329 \times 0.75}{0.025}\right) \times |I_{ds}| = 1.249 \text{pu} = 3.803 \text{[A]} \end{cases}$$

8. 間接形フィールドオリエンテーションにおけるパラメータ感度と飽和の影響

定格磁束鎖交数は，

$$\begin{cases} \lambda_{dr}^{e*} = L_m I_{ds}^{e*} = 0.7 \times 1.267 = 0.8870 [\text{pu}] \\ \lambda_{qr}^{e*} = 0 [\text{pu}] \end{cases}$$

※ $V_B = 115.5 [\text{V}]$
$P_B = 746 [\text{W}]$
$I_B = \dfrac{746}{3 \times 115.5} = 2.153 [\text{A}]$

また，すべりの関係より $\omega_s^*$ は，

$$\omega_s^* = \frac{L_m i_{qs}^e}{\lambda_{dr}^{e*}} \cdot \frac{1}{\hat{\tau}_r} \quad \left( \hat{\tau}_r = \left.2\tau_r\right/0.5 \text{ または } \tau_r \text{ または } \left.\tau_r\right/2 \right)$$

(2) デチューニング時のトルク応答

(1)で求めた定数を用いて，誘導機回転子電圧方程式から得られた以下の三元連立1階微分方程式

$$p\Delta \lambda_{qr}^e = -\frac{1}{\tau_r} \Delta \lambda_{qr}^e - \omega_s^* \Delta \lambda_{dr}^e + \frac{L_m i_{qs}^{e*}}{\tau_r} \cdot \frac{\Delta \tau_r}{\hat{\tau}_r} \quad (8\text{-}40)$$

$$p\Delta \lambda_{dr}^e = -\frac{1}{\tau_r} \Delta \lambda_{dr}^e + \omega_s^* \Delta \lambda_{qr}^e \quad (8\text{-}41)$$

およびトルクの式

$$T_e = T_{eq} + \Delta T_e \quad \text{ただし} \quad \Delta T_e = \frac{3}{2} \cdot \frac{P}{2} \cdot \frac{L_m}{L_r} \left( \Delta \lambda_{dr}^e i_{qr}^{e*} - \Delta \lambda_{qr}^e I_{ds}^{e*} \right) \quad (8\text{-}42)$$

を解けば，図8.8(a)のステップ応答波形が得られる．


(II) 誘導機Bに対して

$X_r = 2.57 [\text{pu}]$, $\tau_r = L_r / r_r = 2.57/(0.01 \times 377) = 0.6817$

(1) チューニング時の定常動作点の計算

$V = 1.0$ に対して $P_{out} = 1.0 [\text{pu}]$ となるすべりは $S_R = 0.0113$，このとき，$P_{out} = 1.000 [\text{pu}]$，$i_1 = 1.164 [\text{pu}]$，$T_{eR} = 1.011 [\text{pu}]$ となり，$i_1$ を $i_{ds}$, $i_{qs}$ に分けると

$$\left( \frac{S\omega_e L_r |I_{ds}|}{r_r} \right)^2 = |I_1|^2 - |I_d|^2 \quad \therefore \left( \frac{0.0113 \times 2.57}{0.01} \right)^2 |I_{ds}|^2 = 1.115^2 - |I_{ds}|^2$$

問題8.7 フィールドオリエンテーション制御時のトルクのステップ応答

$$\begin{cases} |I_{ds}| = \sqrt{\dfrac{1.164^2}{1+\left(\dfrac{0.0113\times 2.57}{0.01}\right)^2}} = 0.378[\text{pu}] = 50.01[\text{A}] \\ |I_{qs}| = \left(\dfrac{0.0113\times 2.57}{0.01}\right)\times |I_{ds}| = 1.101[\text{pu}] = 145.82[\text{A}] \end{cases}$$

定格磁束鎖交数は，

$$\begin{cases} \lambda_{dr}^{e*} = L_m I_{ds}^{e*} = 2.5\times 0.3777 = 0.9442[\text{pu}] \\ \lambda_{qr}^{e*} = 0[\text{pu}] \end{cases}$$

※100馬力 460[V]

$$V_B = \dfrac{460}{\sqrt{3}} = 265.58[\text{V}]$$

$$I_B = \dfrac{74600}{\sqrt{3}\times 460} = 93.63[\text{A}]$$

また，すべりの関係より $\omega_s^*$ は，

$$\omega_s^* = \dfrac{L_m i_{qs}^{e*}}{\lambda_{dr}^{e*}}\cdot\dfrac{1}{\hat{\tau}_r} \quad \left(\hat{\tau}_r = {2\tau_r}/{0.5} \text{ または } \tau_r \text{ または } {\tau_r}/{2}\right)$$

(2) デチューニング時のトルク応答

以上の定数を用いて，誘導機Aの場合と同様に図8.8(b)のステップ応答波形を得る．

264　8．間接形フィールドオリエンテーションにおけるパラメータ感度と飽和の影響

(a) 1馬力誘導機

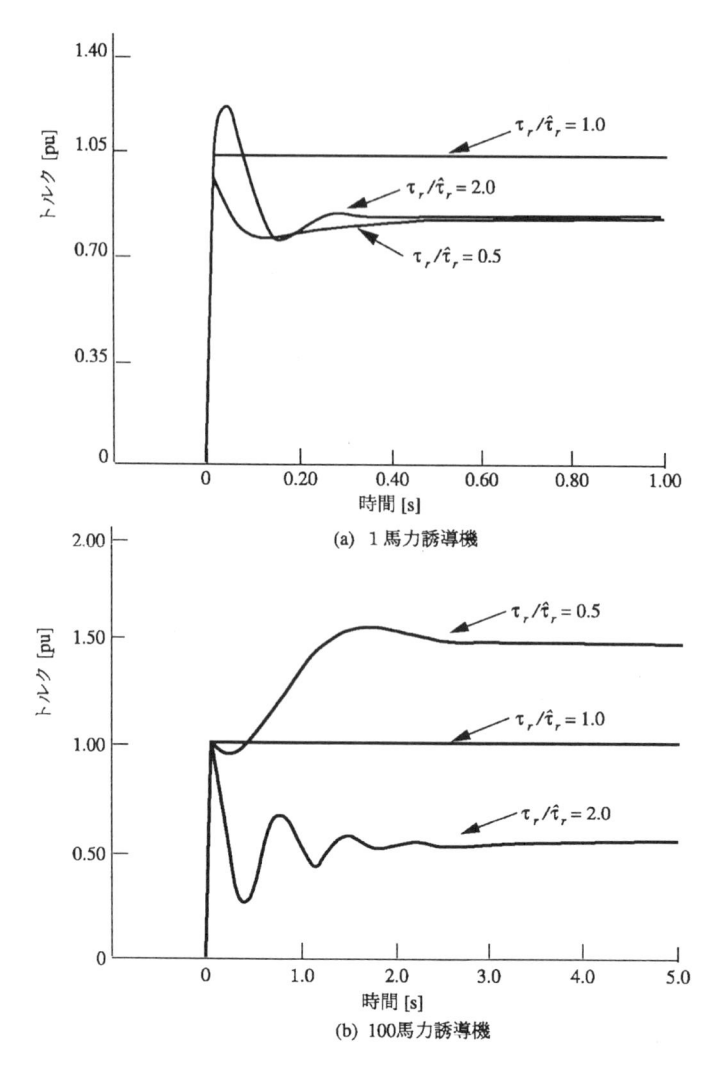

(b) 100馬力誘導機

図8.8　フィールドオリエンテーション制御（オープンループ運転）時のトルクのステップ応答

## 問題8.8 デチューニングがトルク，磁束，すべり周波数および軸ずれ角に与える影響［訳本の図8.15，図8.16］

100馬力，460V，60Hz，4極誘導電動機のパラメータの値は単位法で
- 固定子抵抗 $r_s = 0.01$
- 回転子抵抗 $r_r = 0.015$
- 励磁リアクタンス $x_m = 3.0$
- 固定子漏れリアクタンス $x_{ls} = 0.10$
- 回転子漏れリアクタンス $x_{lr} = 0.10$
- 慣性モーメント $H = 0.5$秒

である．デチューニングがある間接形フィールドオリエンテーションにおいて，磁束の指令値1.0，$i_{qs}^{e*}/i_{ds}^{e*} = 2.0$ の条件で，$t=0$ において停止からステップ状に起動し，その後，$t=4$s においてトルク指令電流 $i_{qs}^{e*}$ の値を1.3倍し，7sで元に戻すとき，$T_e$，$\lambda_{dr}^e$，$S\omega_e$，$\Delta\theta_{rf}$ に関する過渡現象を $\alpha = 0.5, 1.0, 1.5, 2.0$ の場合について計算せよ．ただし，常に $\omega_r=0$ とし，$L_m$ の飽和は考えないものとする．

### 解答

図8.9に軸ずれ角を考慮した間接形フィールドオリエンテーションシステムのブロック線図を示す．

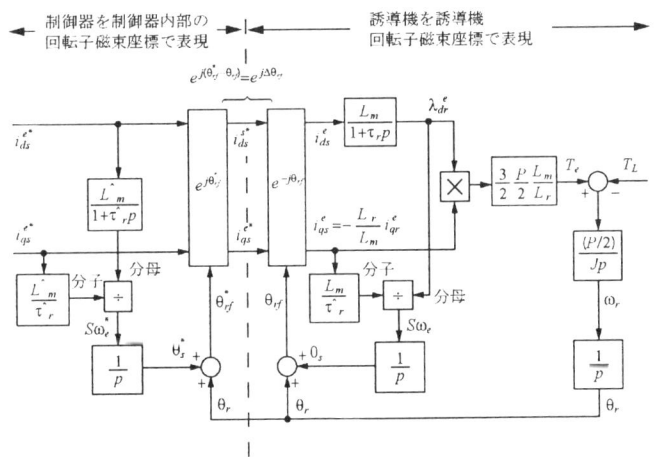

図8.9 軸ずれ角 $\Delta\theta_{rf}$ を考慮した電流源駆動誘導機間接形フィールドオリエンテーションシステム

磁束の指令値 $\lambda_{dr}^{e*}$ は1[pu]一定という条件でシミュレーションを行うので，

このブロック線図の制御器部分を以下のように変更する．

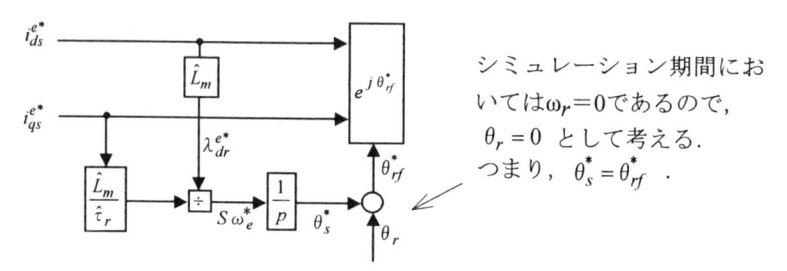

（ブロック線図）

シミュレーション期間においては$\omega_r=0$であるので，$\theta_r=0$ として考える．つまり，$\theta_s^*=\theta_{rf}^*$．

変更したブロック線図よりシミュレーションに用いる以下の式

$$\tau_r = \frac{L_r}{r_r \omega_b} \tag{8-43}$$

$$\hat{\tau}_r = \frac{\tau_r}{\alpha} \tag{8-44}$$

$$S\omega_e^* = \frac{L_m}{\hat{\tau}_r \lambda_{dr}^{e*}} i_{qs}^{e*} \tag{8-45}$$

$$S\omega_e = \frac{L_m}{\tau_r \lambda_{dr}^{e}} i_{qs}^{e} \tag{8-46}$$

$$\Delta\theta_{rf} = \theta_{rf}^* - \theta_{rf} \tag{8-47}$$

$$i_{qs}^e = i_{qs}^{e*} \cos\Delta\theta_{rf} + i_{ds}^{e*} \sin\Delta\theta_{rf} \tag{8-48}$$

$$i_{ds}^e = i_{ds}^{e*} \cos\Delta\theta_{rf} - i_{qs}^{e*} \sin\Delta\theta_{rf} \tag{8-49}$$

$$T_e = \frac{L_m \lambda_{dr}^e i_{qs}^e}{L_r} \tag{8-50}$$

および以下の微分方程式が得られる．

$$p\theta_{rf}^* = \frac{L_m}{\hat{\tau}_r \lambda_{dr}^{e*}} i_{qs}^{e*} \tag{8-51}$$

$$p\theta_{rf} = \frac{L_m}{\tau_r \lambda_{dr}^{e}} i_{qs}^{e} \tag{8-52}$$

$$p\lambda_{dr}^e = \frac{1}{\tau_r}\left\{L_m i_{ds}^e - \lambda_{dr}^e\right\} \tag{8-53}$$

これらを解くにあたり，まず，磁束指令 $\lambda_{dr}^{e*}=1.0[\text{pu}]$，$L_m=3.0$ より，

$$i_{ds}^{e*} = \frac{\lambda_{dr}^{e*}}{L_m} = \frac{1.0}{3.0} = 0.333$$

問題8.8 デチューニングがトルク，磁束，すべり周波数および軸ずれ角に与える影響

よって，$\beta = \dfrac{i_{qs}^{e*}}{i_{ds}^{e*}} = 2.0$ より $i_{qs}^{e*} = 0.666$，また，$i_{qs}^{e}$, $i_{ds}^{e}$, $\omega_e$, $\Delta\theta_{rf}$
はすべて起動時には0である．

$i_{qs}^{e*}$ の値を $t = 0$ で0から0.666へ，その後 $t = 4[s]$ で0.867にし，$t = 7[s]$ で0.666へ戻したときのシミュレーション結果を以下に示す．

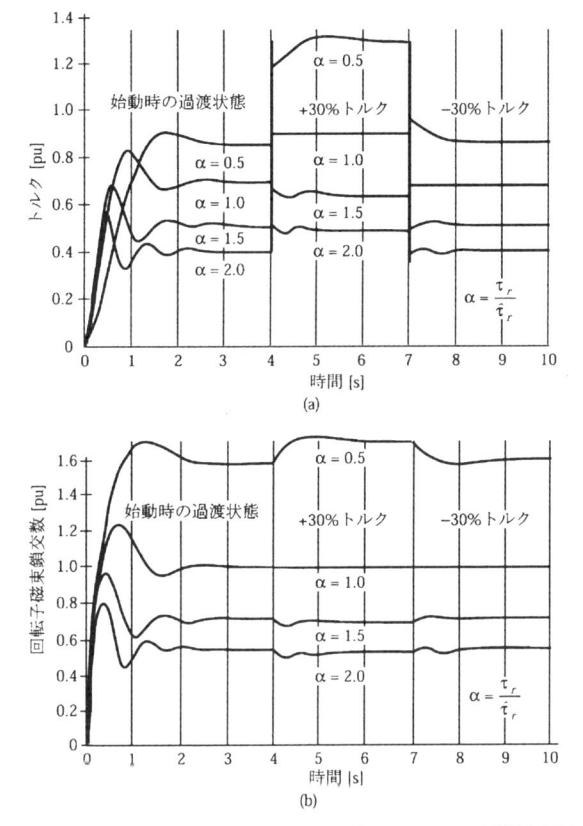

100馬力，460V，60Hz，4極誘導電動機のパラメータ（単位法表記）

固定子抵抗 $r_s$ = 0.010pu　　固定子漏れリアクタンス $X_{ls}$ = 0.10pu
回転子抵抗 $r_r$ = 0.015pu　　回転子漏れリアクタンス $X_{lr}$ = 0.10pu
励磁リアクタンス $X_m$ = 3.0pu　　イナーシャ定数 $H$ = 0.5秒

図8.10　デチューニングがトルクおよび磁束に与える影響（$\beta = 2.0$）

268    8．間接形フィールドオリエンテーションにおけるパラメータ感度と飽和の影響

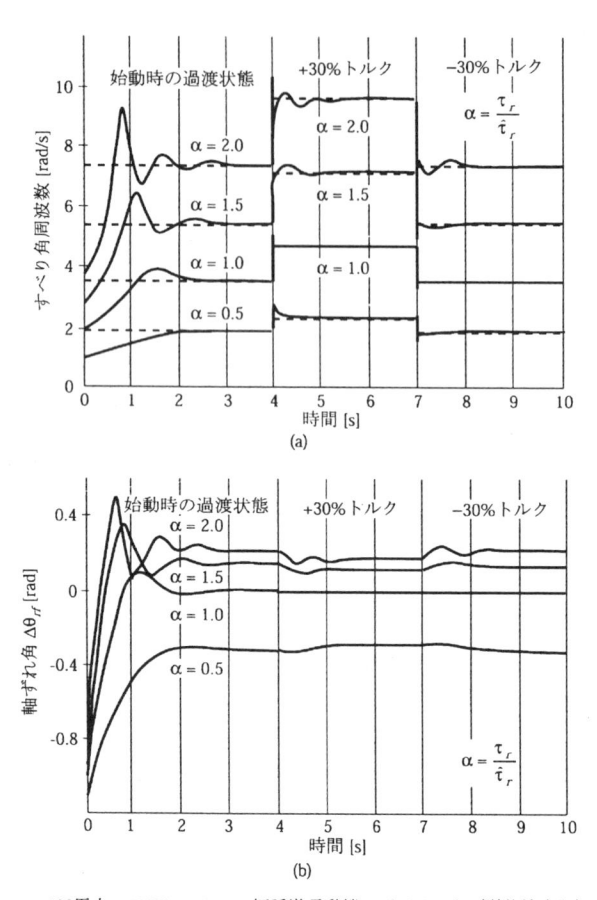

(a) すべり角周波数 [rad/s] 対 時間 [s]

始動時の過渡状態 / +30%トルク / -30%トルク

$\alpha = \dfrac{\tau_r}{\hat{\tau}_r}$

α = 2.0, α = 1.5, α = 1.0, α = 0.5

(b) 軸ずれ角 $\Delta\theta_{rf}$ [rad] 対 時間 [s]

始動時の過渡状態 / +30%トルク / -30%トルク

α = 2.0, α = 1.5, α = 1.0, α = 0.5

$\alpha = \dfrac{\tau_r}{\hat{\tau}_r}$

100馬力，460V，60Hz，4極誘導電動機のパラメータ（単位法表記）

固定子抵抗 $r_s = 0.010$pu　　固定子漏れリアクタンス $X_{ls} = 0.10$pu
回転子抵抗 $r_r = 0.015$pu　　回転子漏れリアクタンス $X_{lr} = 0.10$pu
励磁リアクタンス $X_m = 3.0$pu　イナーシャ定数 $H = 0.5$秒

電動機パラメータは図8.10と同じ

図8.11　デチューニングがすべり周波数および軸ずれに与える影響（$\beta = 2.0$）

## 9. 弱め界磁運転

ここでは，誘導機の弱め界磁運転について検討する．

### 1) 重要な式　（固定子電流振幅の制限）

#### 電流制限円の式

$$(I_{qs}^e)^2 + (I_{ds}^e)^2 \leq I_{max}^2 \tag{9-1}$$

#### 電圧制限楕円の式　（固定子電圧振幅の制限）

定常状態において，

$$\begin{cases} V_{qs}^e = r_s I_{qs}^e + \omega_e L_s I_{ds}^e \\ V_{ds}^e = r_s I_{ds}^e - \omega_e L'_s I_{qs}^e \end{cases} \quad \text{ただし}, L'_s = L_s - \frac{L_m^2}{L_r}$$

直流リンク電圧およびPWM方式より決定される最大固定子電圧$V_{max}$は，$(V_{qs}^e)^2 + (V_{ds}^e)^2 \leq V_{max}^2$ の式を満足しなければならない．これより，以下の電圧制限楕円の式を得る．

$$\left(\frac{I_{ds}^e}{V_{max}/(\omega_e L_s)}\right)^2 + \left(\frac{I_{qs}^e}{V_{max}/(\omega_e L'_s)}\right)^2 \leq 1 \tag{9-2}$$

#### 定トルク双曲線の式

フィールドオリエンテーション制御された誘導電動機のトルクの式より，次式を得る．

$$I_{qs}^e = \frac{4}{3P} \frac{L_r}{L_m^2} \frac{T_e}{I_{ds}^e} \tag{9-3}$$

この式は$I_{ds} - I_{qs}$平面上において一定トルクに対する双曲線を表している．

### 2) 弱め界磁制御

**従来法 I**　定格速度を超える領域において，$I_{ds} = \dfrac{I_{ds0}}{\omega_r}$, $I_{qs} = I_{ds} = $ 一定.

**従来法 II**　定格速度を超える領域において，$I_{ds} = \dfrac{I_{ds0}}{\omega_r}$, $I_{qs} = \sqrt{I_{max}^2 - I_{ds}^2}$

**最大トルク法**　$I_{ds} - I_{qs}$平面において，定格動作点が電圧制限楕円の外側になる状態において，電流制限楕円と電圧制限楕円の交点で運転，さらに電圧制限楕円と定トルク双曲線の接点で運転しながら速度を上げていく．

## 問題9.1 直流機のトルク−速度特性を満足する誘導機の電気的変数
### [訳本の図9.4]

以下のパラメータを持つ誘導機に対して電圧1puで$\omega_r$=4puとなるような弱め界磁運転を行ったときの$V_s, I_s, T, I_{ds}^{e\star}, I_{qs}^{e\star}, f_{slip}, \omega_e$の速度特性曲線を求めよ。ただし、定トルク領域において$f_{slip}$=1.0Hzとし、ここで用いる弱め界磁法では、$I_{qs}$=一定、$I_{ds} = \dfrac{I_{ds0}}{\omega_e}$とする。

$r_s$=0.015pu, $X_{ls}$=0.10pu, $X_m$=2.0pu, $r_r$=0.02pu, $X_{lr}$=0.10pu (60Hz)

### 解答

与えられたパラメータより,

$X_s$=2.1[pu], $X_r$=2.1[pu], $X_s' = X_s - \dfrac{X_m^2}{X_r} = 0.19523$[pu], $\tau_r = \dfrac{X_r}{r_r} = 105$[pu]

題意より$\omega_r = 1.0$[pu]の時は$f_{slip} = 1.0$[Hz]である.

ここで,

$$\omega_s = 2\pi \times 60 \times \omega_s[\text{pu}]$$

$$\therefore 2\pi f_{slip} = 2\pi \times 60 \times \omega_s[\text{pu}]$$

$$\therefore f_{slip} = 60 \times \omega_s[\text{pu}] = 60 \times S\omega_e[\text{pu}] = 60 \times S\dfrac{\omega_r}{1-S}[\text{pu}]$$

よって$\omega_r = 1.0$[pu], $f_{slip} = 1.0$[Hz] より

$$60 \times S\dfrac{1.0}{1-S} = 1.0 \quad \therefore 60S = 1-S \quad \therefore S = \dfrac{1}{61} = 0.01639$$

$$\therefore S\omega_s\tau_r = S\dfrac{\omega_r}{1-S}\tau_r = 0.01639 \times \dfrac{1}{1-0.01639} \times 105 = 1.75$$

これより定トルク領域では次式が成り立つ.

$$\therefore I_{qs0} = 1.75 I_{ds0} \tag{9-4}$$

また定常時の電圧方程式

$$\begin{cases} V_{qs}^e = r_s I_{qs}^e + \omega_e L_s I_{ds}^e \\ V_{ds}^e = r_s I_{ds}^e - \omega_e L_s' I_{qs}^e \end{cases} \tag{9-5}$$

$$\tag{9-6}$$

において$r_s$の電圧降下を無視すれば, $V_s$は以下のようになる.

問題9.1 直流機のトルク-速度特性を満足する誘導機の電気的変数

$$V_s = \sqrt{(\omega_e L_s I_{ds}^e)^2 + (\omega_e L'_s I_{qs}^e)^2} = \omega_e \sqrt{(L_s I_{ds}^e)^2 + (L'_s I_{qs}^e)^2}$$

題意より $I_{qs} = I_{qs0}$, $I_{ds} = \dfrac{I_{ds0}}{\omega_r}$, また, $\omega_r = (1-S)\omega_e$ より $\omega_e = \dfrac{\omega_r}{1-S}$

また, puを用いるので $L_s = X_s$, $L'_s = X'_s = X_s - \dfrac{X_m^2}{X_r}$ である. したがって,

$$V_s = \frac{\omega_r}{1-S}\sqrt{\left(\frac{X_s I_{ds0}}{\omega_r}\right)^2 + (X'_s I_{qs0})^2} \tag{9-7}$$

式(9-4)を式(9-7)に代入すれば

$$V_s = \frac{\omega_r}{1-S}\sqrt{(X_s I_{ds0}/\omega_r)^2 + (X'_s \times 1.75 I_{ds0})^2}$$

$$= \frac{1}{1-S} I_{ds0}\sqrt{X_s^2 + (1.75\omega_r X'_s)^2} \tag{9-8}$$

ここで,

$$S\omega_e \tau_r = \frac{I_{qs}}{I_{ds}} \text{ より } \quad S\frac{\omega_r}{1-S}\tau_r = \frac{1.75 I_{ds0}}{\dfrac{I_{ds0}}{\omega_r}}$$

$$\therefore \frac{S}{1-S}\tau_r = 1.75$$

よって,

$$S \times \frac{2.1}{0.02} = 1.75(1-S) \qquad \therefore 60S = (1-S)$$

$$\therefore S = \frac{1}{61} = 0.01639$$

これより, 弱め界磁領域ではすべりは速度によらず一定であることがわかる. また式(9-8)において $\omega_r = 4$ [pu] のとき $V_s = 1$ [pu] であるから,

$$1 = \frac{I_{ds0}}{1-0.01639}\sqrt{2.1^2 + (1.75 \times 4 \times 0.19523)^2}$$

$$\therefore \begin{cases} I_{ds0} = 0.393 \\ I_{qs0} = 1.75 \times 0.393 = 0.688 \end{cases}$$

この場合の定トルク領域に対するトルクは,

$$T = \frac{X_m^2}{X_r} I_{ds0} I_{qs0} = \frac{2^2}{2.1} \times 0.393 \times 0.688 = 0.515 \text{ [pu]}$$

諸量に対する式をまとめると

$$I_{qs} = I_{qs0} = 一定$$

$$I_{ds} = \begin{cases} I_{dso} & (定トルク領域) \\ I_{dso}/\omega_r & (弱め界磁領域) \end{cases}$$

$$I_s = \sqrt{I_{ds}^2 + I_{qs}^2}$$

$$T = \frac{X_m^2}{X_r} I_{ds} I_{qs}$$

$$V_s = \begin{cases} \dfrac{\omega_r}{1-S}\sqrt{(X_s I_{ds}^e)^2 + (X_s' I_{qs}^e)^2} & (定トルク領域) \\ \dfrac{I_{ds0}}{1-S}\sqrt{X_s^2 + (1.75\omega_r X_s')^2} & (弱め界磁領域) \end{cases}$$

$$f_{slip} = \begin{cases} 一定 & (定トルク領域, S\omega_e 一定) \\ \dfrac{S\omega_e}{2\pi} = \dfrac{S}{2\pi}\dfrac{\omega_r}{1-S} & (定トルク領域, S 一定) \end{cases}$$

以上より，求める各波形は以下のようになる．

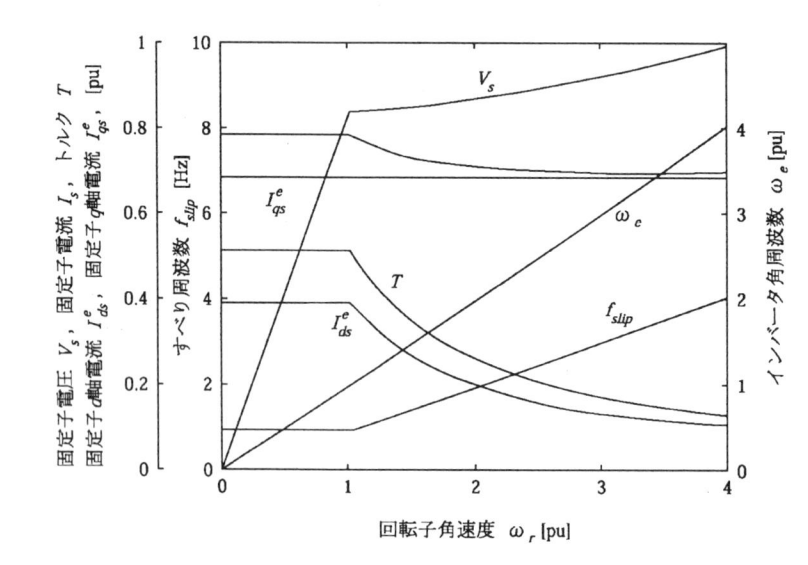

図9.1　直流機のトルクー速度特性を満足する誘導機の電気的変数

問題9.2 従来法と最大トルク法に対する磁束成分・トルク成分電流-速度特性　273

**問題9.2　従来法と最大トルク法に対する磁束成分・トルク成分電流-速度特性　[訳本の図9.10]**

以下のパラメータを持つ誘導機に対して従来法 I （弱め界磁領域において $I_{ds} = \dfrac{I_{ds0}}{\omega_r}$, $I_{qs} = I_{qs0} =$ 一定）, 従来法 II （弱め界磁領域において $I_{ds} = \dfrac{I_{ds0}}{\omega_r}$, $I_{qs} = \sqrt{I_{max}^2 - I_{ds}^2}$ ）, 最大トルク法（定トルク領域で最大トルク運転, 弱め界磁領域において電流制限円と電流制限楕円の交点での運転および電圧制限楕円と定トルク双曲線の接点での運転）を用いた場合の磁束成分・トルク成分電流-速度特性を描け.

$r_s$=0.015pu, $X_{ls}$=0.10pu, $X_m$=2.0pu, $r_r$=0.02pu, $X_{lr}$=0.10pu　(60Hz)

ただし, 従来法Iについては, 問題9.1(p.270)における値(P.281)と同じものとする.

**解答**

前提条件として, 電圧1.0[pu]で4:1の弱め界磁範囲が可能となるような動作点が選ばれる.

1）従来法 I について

$I_{qs}^e$ は常に一定 ($I_{qs0}$) とし, $I_{ds}^e$ は速度が $\omega_r = 1.0$ を超えると, $I_{ds}^e = \dfrac{I_{ds0}}{\omega_r}$ で下げる.

a) 定トルク領域 ($0 < \omega_r < 1.0$)

$\begin{cases} I_{ds}^e = I_{ds0} \\ I_{qs}^e = I_{qs0} = \text{一定} \end{cases}$

$I_{ds0}$, $I_{qs0}$ は $V_s = 1.0$[pu]で $\omega_r = 4.0$ [pu]が可能となるような値に決定する.

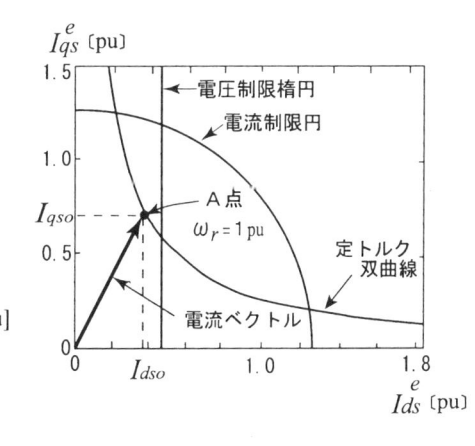

b) 定出力領域 (1.0<$\omega_r$)

$$\begin{cases} I_{ds}^e = \dfrac{I_{ds0}}{\omega_r} \\ I_{qs}^e = I_{qs0} = 一定 \end{cases}$$

$\omega_r = 1.0$[pu]を超えると $I_{ds}^e$ は $\omega_r$ に反比例して下がる．

c) 限界点 (4.0<$\omega_r$)

$\omega_r$ が増加すると，電圧制限楕円は小さくなり，電流制限円に含有される．

ここでは，$\omega_r$=4.0を超えると電圧制限楕円内に電流ベクトルが存在できなくなる．

この方式では，$\omega_r$=4.0までしか運転できない．

a)，b)，c)を整理すると，右図の電流，トルクー速度特性が得られる．

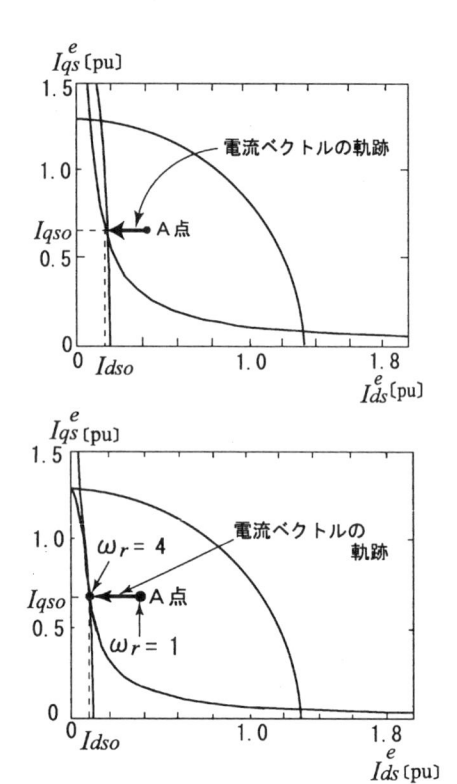

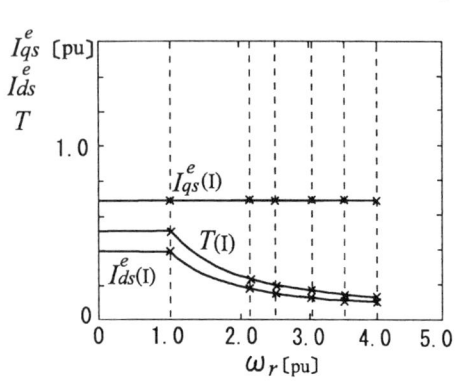

問題9.2 従来法と最大トルク法に対する磁束成分・トルク成分電流-速度特性

2) 従来法Ⅱについて

従来法Ⅰと同様に $I_{ds}^e = \dfrac{I_{dso}}{\omega_r}$

として下げるか,そのとき $I_{qs}^e$

は可能な限り増加できる.

a) 定トルク領域 ($0 < \omega_r < 1.0$)

$$\begin{cases} I_{ds}^e = I_{ds0} \\ I_{qs}^e = I_{qs1} = \sqrt{I_{\max}^2 - I_{ds0}^2} \end{cases}$$

$I_{ds}^e$ は,従来法Ⅰと同様である.
$I_{qs}^e$ は,電流制限円上を動く.

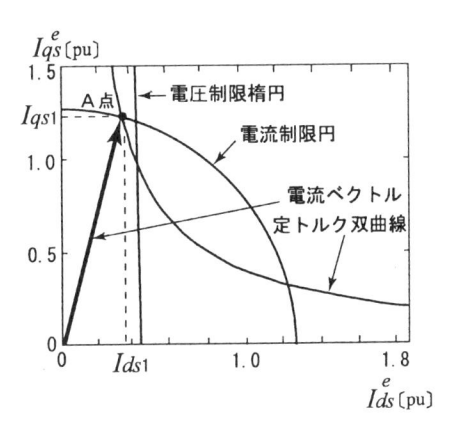

b) 定出力領域 ($1.0 < \omega_r$)

$$\begin{cases} I_{ds}^e = \dfrac{I_{ds0}}{\omega_r} \\ I_{qs}^e = \sqrt{I_{\max}^2 - I_{ds}^{e\,2}} \end{cases}$$

$I_{ds}^e$ は,従来法Ⅰと同様である.
$I_{qs}^e$ は,電流制限円上を動く.

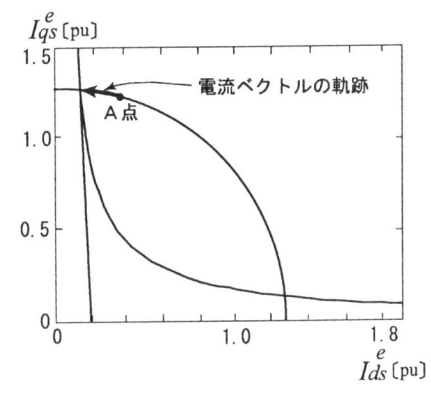

c) 限界点（4.0<$\omega_r$）

$\omega_r$が増加すると，電圧制限楕円は小さくなり，電流制限円に含有される

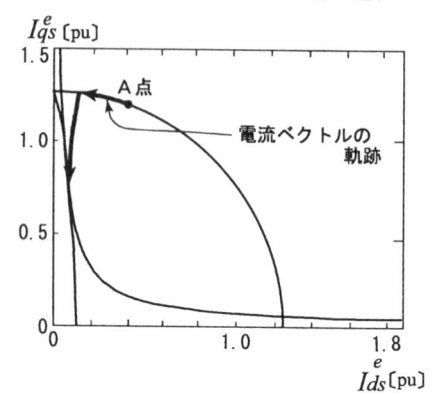

a), b), c)を整理すると，右図の電流，トルクー速度特性が得られる．

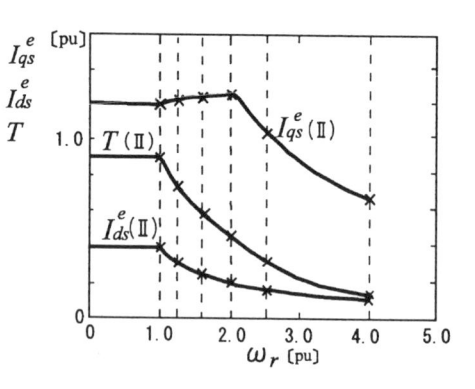

3) 最大トルク法

a) 定トルク領域（0<$\omega_r$<1.0）

$$\begin{cases} I_{ds}^e = I_{dsrated} \\ I_{qs}^e = I_{qsrated} \end{cases}$$

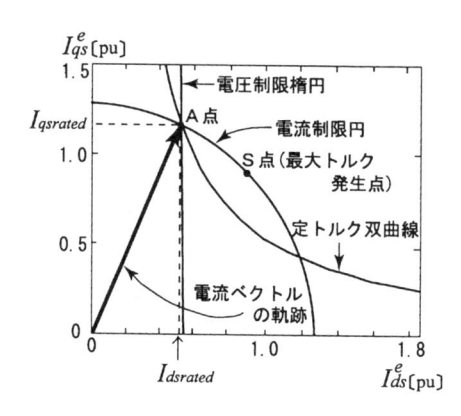

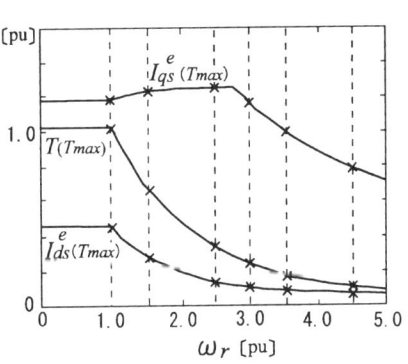

問題9.2 従来法と最大トルク法に対する磁束成分・トルク成分電流-速度特性　277

b) 定出力領域 （$1<\omega_r<2.74$）

$$\begin{cases} I_{ds}^e = \sqrt{\dfrac{(V_{s\max}/\omega_e)^2 - (X'_s - (X'_s I_{\max})^2}{X_s^2 - X'^2_s}} \\ I_{qs}^e = \sqrt{\dfrac{(X_s I_{\max})^2 - (V_{s\max}/\omega_e)^2}{X_s^2 - X'^2_s}} \end{cases}$$

（ただし，$X'_s = X_s - \dfrac{X_m^2}{X_r}$ ）

c) 速度出力積一定領域
　　（$2.74<\omega_r$）

$$\begin{cases} I_{ds}^e = \dfrac{V_{s\max}}{\sqrt{2}\omega_e X_s} \\ I_{qs}^e = \dfrac{V_{s\max}}{\sqrt{2}\omega_e X'_s} \end{cases}$$

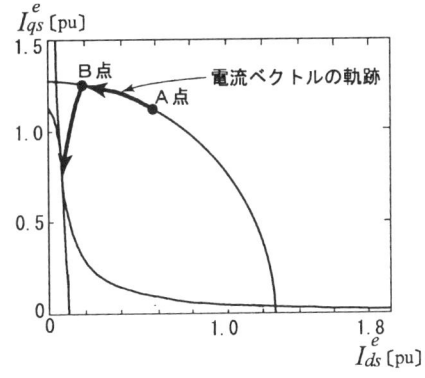

a)，b)，c) を整理すると，右図の電流，トルク－速度特性が得られる．

よって三つの運転の磁束成分，トルク成分電流－速度特性をまとめると次のようになる．

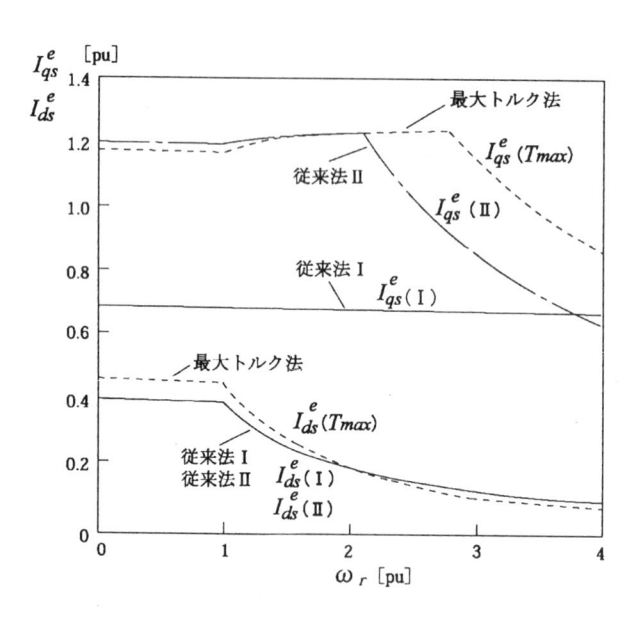

図9.2 従来法Ⅰ，Ⅱと最大トルク法に対する磁束成分・トルク成分電流-速度特性

## １０．単位法

ここでは，機械の定格出力(電動機なら軸出力，発電機なら端子の電気的な出力)を1とする単位法を取り扱う．主な基準量は以下の量である．

$V_B = V_{R,\text{rms}}$=定格相電圧の実効値，$V_{qdB} = V_{R,\text{peak}}$=定格相電圧の最大値

$P_B = P_R$=定格出力，$\omega_B = \omega_R$=定格角周波数(電気角)

これらより以下の二次的な基準量が導かれる．

$$I_B = \frac{P_B}{qV_B} = \frac{P_R}{qV_R}, \quad I_{qdB} = \frac{2P_R}{qV_{R,\text{peak}}}, \quad Z_B = \frac{V_B}{I_B} = \frac{qV_R^2}{P_R}, \quad \omega_{mB} = \frac{\omega_B}{P} = \frac{\omega_R}{P}$$

ここで$q$は相数，$P$は極対数であり，$\omega_{mB}$は回転子軸の基準角速度(機械角)を表している．添字の$B$と$R$はそれぞれbase(基準)とrated(定格)を表している．変数をその基準量で割ることによって単位法表記の量として表現できる．

| 物理量 | 基準量 | 実際量 | pu表示 |
|---|---|---|---|
| 電圧（実効値） | $V_B$(相電圧実効値$V_{R,\text{rms}}$) | $V$ | $V_{\text{pu}} = V/V_B$ |
| 電圧（$d, q$） | $V_{qdB}$(相電圧最大値 $V_{R,\text{peak}}$) | $V_{qd}$ | $V_{qd(\text{pu})} = V_{qd}/I_{qdB}$ |
| 出力（実効値） | $P_B$(定格出力 $P_R$) | $P$ | $P_{\text{pu}} = P/P_B$ |
| 出力（$d, q$） |  |  | $P_{\text{pu}} = V_{ds(\text{pu})}I_{ds(\text{pu})} + V_{qs(\text{pu})}I_{qs(\text{pu})}$ |
| 電源角周波数 | $\omega_B$ | $\omega$ | $\omega_{\text{pu}} = \omega/\omega_B$ |
| 回転角速度 | $\omega_{mB} = 2\omega_B/$極数 | $\omega_m$ | $\omega_{m(\text{pu})} = \omega_m/\omega_{mB}$ |
| 電流（実効値） | $I_B = P_B/(\text{相数} \times V_B)$ | $I$ | $I_{\text{pu}} = I/I_B$ |
| 電流（$d, q$） | $I_{qdB} = \dfrac{2P_B}{(\text{相数} \times V_{qdB})}$ | $I_{qd}$ | $I_{qd(\text{pu})} = I_{qd}/I_{qdB}$ |
| インピーダンス | $Z_B = V_B/I_B$ |  | $Z_{\text{pu}} = Z/Z_B$ |
| 抵抗 | $Z_B$ | $r$ | $r_{\text{pu}} = r/Z_B$ |
| リアクタンス（$\omega_B$に対して） | $Z_B$ | $\omega_B l$ | $X_{R(\text{pu})} = \omega_B l/Z_B$ |
| リアクタンス（任意の$\omega$に対して） | $Z_B$ | $\omega l$ | $X_{\text{pu}} = \omega l/Z_B$ |
| インダクタンス |  | $L$ | $L_{\text{pu}} = X_{R(\text{pu})}$ |

※磁束鎖交数やトルクについては，上記の表の規則に従い計算を行うことでそのpu値を得られるが，特別な意味を持つ基準量は存在しない．たとえば，誘導機の回転子磁束鎖交数は，$\lambda_{r(\text{pu})} = L_{m(\text{pu})}I_{s(\text{pu})} + L_{r(\text{pu})}I_{r(\text{pu})}$であるが，定格時$I_{s(\text{pu})}$, $I_{r(\text{pu})}$に対して$\lambda_{r(\text{pu})} \neq 1_{\text{pu}}$．

## 問題10.1 単位法表記から物理量への変換

以下の定数(単位法表記, 60Hz)を持つ三相, 1馬力, 200V, 60Hz, 4極の誘導機がある. 各定数を実際の物理量に直せ.

$r_s$=0.049pu, $r_r$=0.025, $X_{ls}$=0.04pu, $X_{lr}$=0.05pu, $X_m$=0.7pu, $r_m$=22.0pu

### 解答

1馬力=746[W]

$P = 746[W] = 3V_B I_B$

$$I_B = \frac{P}{3V_B} = \frac{746}{3 \times \frac{200}{\sqrt{3}}} = 2.15[A]$$

$$Z_B = \frac{V_B}{I_B} = \frac{\frac{200}{\sqrt{3}}}{2.15} = 53.7[\Omega]$$

これらを用いて

$r_s = r_s[\text{pu}] \times Z_B = 0.049 \times 53.7 = \underline{2.63[\Omega]}$

$r_r = r_r[\text{pu}] \times Z_B = 0.025 \times 53.7 = \underline{1.34[\Omega]}$

$X_{ls} = X_{ls}[\text{pu}] \times Z_B = 0.04 \times 53.7 = \underline{2.15[\Omega]}$

$X_{lr} = X_{lr}[\text{pu}] \times Z_B = 0.05 \times 53.7 = \underline{2.69[\Omega]}$

$X_m = X_m[\text{pu}] \times Z_B = 0.7 \times 53.7 = \underline{37.6[\Omega]}$

$r_m = r_m[\text{pu}] \times Z_B = 22.0 \times 53.7 = \underline{1181.4[\Omega]}$

## 問題10.2 物理量から単位法表記への変換

以下のパラメータを持つ三相，100馬力，460V，60Hz，4極の誘導電動機がある．

$r_s = r_r = 0.043\Omega$, $X_{ls} = X_{lr} = 0.28\Omega$, $X_m = 8.51\Omega$

a) パラメータを単位法表記に直せ．
b) 30Hzに対するリアクタンスは単位法表記でいくらになるか．
c) 定格出力時のトルクと固定子磁束鎖交数を実際の物理量および単位法表記で求めよ．ただし，定格すべりが0.0177，定格電流が $\widetilde{I}_s = 97.3 - j51.4\mathrm{A}$，$\widetilde{I}_r = 100.3 - j22.5\mathrm{A}$, $\widetilde{I}_m = -3 - j29.0\mathrm{A}$ で，鉄損は無視するものとする．

### 解答

a)

$$100\text{馬力} = 100 \times 746 = 74.6[\mathrm{kW}]$$

$$I_B = \frac{P}{3V_B} = \frac{74.6}{3 \times \frac{460}{\sqrt{3}}} = 93.63[\mathrm{A}]$$

$$Z_B = \frac{V_B}{I_B} = \frac{\frac{460}{\sqrt{3}}}{93.63} = 2.84[\Omega]$$

したがって，

$$r_s[\mathrm{pu}] = r_r[\mathrm{pu}] = \frac{r_s}{Z_B} = \frac{0.043}{2.84} = \underline{0.015[\mathrm{pu}]}$$

$$X_{ls}[\mathrm{pu}] = X_{lr}[\mathrm{pu}] = \frac{X_{ls}}{Z_B} = \frac{0.28}{2.84} = \underline{0.1[\mathrm{pu}]}$$

$$X_m[\mathrm{pu}] = \frac{X_m}{Z_B} = \frac{8.51}{2.84} = \underline{3.0[\mathrm{pu}]}$$

b)

各インダクタンスの値は以下のようにする．

$$L_{ls} = \frac{X_{ls}}{2\pi f} = \frac{0.28}{2\pi \times 60} = 7.43 \times 10^{-4}[\mathrm{H}] \quad \text{よって} \quad L_{lr} = L_{ls} = 7.43 \times 10^{-4}[\mathrm{H}]$$

$$L_m = \frac{X_m}{2\pi f} = \frac{8.51}{2\pi \times 60} = 0.0226[\text{H}]$$

$$L_r = L_{ls} + L_m = 0.0233[\text{H}]$$

よって30Hzに対する $\omega L_r$ の値は

$$\omega L_r = 2\pi f L_r = 4.39[\Omega]$$

よって30Hzに対するリアクタンスの値は

$$X_r[\text{pu}] = \frac{\omega L_r}{Z_B} = \frac{2\pi f L_r}{Z_B} = \frac{2\pi \times 30 \times 0.0233}{2.84} = \underline{1.55[\text{pu}]}$$

c)

定格すべりが0.0177より単位法表記の定格トルクは

$$T_R[\text{pu}] = \frac{1}{1 - 0.0177} = 1.018[\text{pu}]$$

また,

$$T_B = \frac{74600}{2\pi \times \frac{1800}{60}} = 395.77[\text{Nm}]$$

であるから実際の物理量表記のトルクは

$$T = T_R[\text{pu}] \times T_B = 1.018 \times 395.77 = 402.3[\text{Nm}]$$

また,定格時の固定子磁束鎖交数は

$$\lambda_s = L_{ls}\widetilde{I}_s + L_m \widetilde{I}_m$$
$$= 7.43 \times 10^{-4} \times (97.3 - j51.4) + 0.0226 \times (-3.0 - j29.0)$$
$$= \underline{0.0045 - j0.694[\text{Wb-T}]}$$

単位法表記では

$$\lambda_s[\text{pu}] = L_{ls}[\text{pu}]\widetilde{I}_s[\text{pu}] + L_m[\text{pu}]\widetilde{I}_m[\text{pu}]$$
$$= X_{ls}[\text{pu}]\widetilde{I}_s[\text{pu}] + X_m[\text{pu}]\widetilde{I}_m[\text{pu}]$$
$$= 0.1 \times \frac{1}{93.63}(97.3 - j51.4) + 3.0 \times \frac{1}{93.63}(-0.032 - j0.31)$$
$$= \underline{0.0079 - j0.985[\text{pu}]}$$

# 索　引

### 【欧文】
$d,q$ 軸 ･････････････････ 35

### 【い】
一般化した相変換 ･･････････ 70
インバータ ･･････････････ 1

### 【え】
永久磁石電動機 ･･････････ 47

### 【か】
回転子座標 ･･････････････ 16
回転子磁束鎖交数一定モデル ････ 140
回転子磁束鎖交数の式（同期機）
　････････････････････ 11
回転子に依存する極 ･･････････ 149
回転子巻線 ･･････････････ 11
回転子巻線の磁束鎖交数 ･･････ 11
回転子漏れインダクタンス ･･････ 31
かご形巻線 ･･････････････ 47
過渡応答 ･･････････････ 239
間接形フィールドオリエンテーション
　（誘導機）･･････････････ 211

### 【き】
逆相電圧 ･･････････････ 125
逆相分時間ベクトル等価回路（誘導機）
　･････････････････････ 150
ギャップ磁束 ･･････････････ 19
ギャップ磁束鎖交数 ･･････････ 19

### 【く】
空間ベクトル ･･････････････ 7

### 【こ】
固定子電圧と同期して回転する座標で
の $d,q$ 軸モデル（誘導機）･････ 39
固定子に依存する極 ･･････････ 149
固定子巻線 ･･････････････ 15
固定子漏れインダクタンス ･･････ 31
固有値の軌跡（回転子座標）････ 152
固有値の軌跡（静止座標）････ 149
固有値の軌跡（同期座標）････ 150

### 【さ】
三角波比較制御器 ･････････ 217
三相電力 ･･････････････ 15

### 【し】
磁気飽和 ･･････････････ 251
磁束鎖交数 ･･････････････ 8

### 【す】
すべりゲイン誤差 ･････････ 231

### 【せ】
静止座標 ･･････････････ 60, 67
静止座標制御器 ･･････････ 217
静止 $d,q,0$ 変数（誘導機）･････ 87
正相電圧 ･･････････････ 128
正相分時間ベクトル等価回路（誘導機）
　････････････････････ 129
制動トルク（同期機）･･････ 112
IGBT ･･････････････････ 2

### 【て】
定出力領域（誘導機）･･････ 275
定トルク ･･････････････ 269
デチューニング ･･････････ 231
デチューニング状態のフィールドオリ
エンテーションライン ･･････ 239
デチューニングの影響（損失の傾向）
　････････････････････ 251
デチューニングの影響（飽和時のトルク）
　････････････････････ 251
電圧形インバータ ･･････････ 1
電圧形インバータ駆動誘導機の基本波
に対する同期座標 $d,q$ モデル（基本波
モデル）････････････････ 1
電圧形インバータ駆動誘導機の静止座
標 $d,q$ モデル ･･････････ 107
電圧形インバータ駆動誘導機の同期座
標 $d,q$ モデル ･･････････ 108
電圧制限楕円 ･･････････ 269
電流形インバータ ･･････････ 1
電流制限円 ･･････････ 269

### 【と】
同期座標制御器 ･･････････ 217
トルク ･･････････････ 19

トルク-速度特性（誘導機）‥‥‥217
トルクのステップ応答‥‥‥‥‥248

【ひ】
ヒステリシス制御器‥‥‥‥‥‥223

【ふ】
フィールドオリエンテーション時のトルク特性‥‥‥‥‥‥‥‥‥‥‥‥231
フィールドオリエンテーション（同期機）‥‥‥‥‥‥‥‥‥‥‥‥‥‥159
フィールドオリエンテーション時のトルク特性（デチューニング時）‥‥231
フィールドオリエンテーション制御‥‥‥‥‥‥‥‥‥‥‥‥‥‥‥‥186
フィールドオリエンテーションの動力学‥‥‥‥‥‥‥‥‥‥‥‥‥‥201
フィールドオリエンテーションライン‥‥‥‥‥‥‥‥‥‥‥‥‥‥‥250

【へ】
ベクトル制御‥‥‥‥‥‥‥‥‥‥1
ベクトル制御（同期機）‥‥‥‥159
変調度‥‥‥‥‥‥‥‥‥‥‥‥227

【ほ】
飽和の影響‥‥‥‥‥‥‥‥‥‥231

【も】
漏れ係数‥‥‥‥‥‥‥‥‥‥‥147

【よ】
予測制御器‥‥‥‥‥‥‥‥‥‥217
弱め界磁（誘導機）‥‥‥‥‥‥269
弱め界磁運転‥‥‥‥‥‥‥‥‥269

【れ】
励磁インダクタンス‥‥‥‥‥‥‥7
励磁成分‥‥‥‥‥‥‥‥‥‥‥47
零相分‥‥‥‥‥‥‥‥‥‥‥‥15

●著者略歴●
篠原勝次（しのはら　かつじ）
　1968年　九州工業大学大学院工学研究科制御工学専攻修了
　1983年　工学博士
　現　在　鹿児島大学工学部教授
飯盛憲一（いいもり　けんいち）
　1974年　九州工業大学大学院工学研究科電気工学専攻修了
　1992年　博士（工学）
　現　在　鹿児島大学工学部助教授
山本吉朗（やまもと　きちろう）
　1898年　鹿児島大学大学院工学研究科電気工学専攻修了
　1996年　博士（工学）
　現　在　鹿児島大学工学部助手

　　　　　　　　　　　　　　Ⓒ Shinohara Katuzi　2005

演習　ベクトル制御と交流機駆動の動力学
　　　2005年12月20日　第1版第1刷発行

　　　　　　著　者　篠　原　　勝　次
　　　　　　　　　　飯　盛　　憲　一
　　　　　　　　　　山　本　　吉　朗
　　　　　発行者　田　中　久米四郎
　　　　　　　発　行　所
　　　　　　株式会社　電　気　書　院
　　　　　　　www.denkishoin.co.jp
　　　　　　振替口座　00190-5-18837
　　　　　　　〒 101-0051
　　　　東京都千代田区神田神保町1-3　ミヤタビル2F
　　　　　　　電話　(03)5259-9160
　　　　　　　FAX　(03)5259-9162

ISBN 4-485-66526-7　C3054　　　　　　　　　松浦印刷㈱
Printed in Japan

　●万一，落丁・乱丁の際は，送料当社負担にてお取り替えいたします．神田営業
　　所までお送りください．

　　┌─────────────────────────────────┐
　　│・本書の複製権は株式会社電気書院が保有します．　　　　　　　　　│
　　│ JCLS ＜日本著作出版権管理システム委託出版物＞　　　　　　　　　│
　　│・本書の無断複写は著作権法上での例外を除き禁じられています．複写され│
　　│　る場合は，そのつど事前に日本著作出版権管理システム（電話 03-3817-5670,│
　　│　FAX 03-3815-8199）の許諾を得てください．　　　　　　　　　　│
　　└─────────────────────────────────┘